调味品加工大全

严泽湘　主编

TIAOWEIPIN
JIAGONG DAQUAN

化学工业出版社

·北京·

本书介绍了单一型调味品、复合型调味品、粉末型调味品、油状型调味品、汤汁类调味品、鱼虾类调味品、菇菌类调味品、水果类调味品、酿造类调味品及部分西式调味品共240余种。

本书适合调味品生产厂家及餐饮业人员使用，亦可作为职业技术院校相关专业师生教学参考的读物。

图书在版编目（CIP）数据

调味品加工大全/严泽湘主编. —北京：化学工业出版社，2015.8（2023.4重印）

ISBN 978-7-122-24485-7

Ⅰ.①调… Ⅱ.①严… Ⅲ.①调味品-生产工艺 Ⅳ.①TS264

中国版本图书馆CIP数据核字（2015）第146581号

责任编辑：张　彦　　　　装帧设计：史利平
责任校对：吴　静

出版发行：化学工业出版社（北京市东城区青年湖南街13号　邮政编码100011）
印　　刷：北京云浩印刷有限责任公司
装　　订：三河市振勇印装有限公司
850mm×1168mm　1/32　印张10　字数270千字
2023年4月北京第1版第13次印刷

购书咨询：010-64518888　　　　售后服务：010-64518899
网　　址：http://www.cip.com.cn
凡购买本书，如有缺损质量问题，本社销售中心负责调换。

定　　价：49.00元

编写人员

刘建先　严新涛
严清波　朱学勤
刘　云　张　云
罗　科　严泽湘

前言

Forword

调味品与人们的日常生活息息相关，一日三餐均需使用。很难设想，如果没有调味品，鸡鸭鱼肉不知是何滋味。

随着改革开放的深入发展，人们的生活水平有了很大的提高，在解决温饱问题之后，人们对物质生活的追求有了更高的要求，“粗茶淡饭”已成为历史，开始讲究吃得有营养、有滋味，对食物要求色、香、味俱佳。因此，调味品便成了极为重要的一类生活必需品，具有重要的开发价值和广阔的市场前景。

调味品很早就有，但一直较为原始和单一，现在普通的酱油、醋、味精等已不能适应人们的需求。近年来，很多科研人员和生产厂家，为满足市场需要，研制开发了不少新的调味品，如粉末型调味品（辣椒粉、五香粉等）、复合型调味品（五味辣酱、姜汁醋等）、水果类调味品（苹果酱、草莓酱等）、菇菌类调味品（蘑菇王酱油、香菇糯米醋、灵芝保健醋等）、鱼虾类调味品（鱼露、虾头酱等）、油状型调味品（辣椒油、芥末油等）、汤汁类调味品（番茄调味汁、鱼香汁、怪味汁等）、酿造类调味品（黄山牌豆汁酱油、胡玉美蚕豆辣酱、镇江香醋等）、西式调味品（法式调味汁、美式烤肉酱、墨西哥咖喱酱等）。这些调味品色彩斑斓，营养丰富，风味各异，深受消费者的欢迎。

本书在编写时参阅和吸收了古今中外前人的部分研究资料，特此致谢！不妥之处恳请批评赐教！

编著者

2015 年 8 月

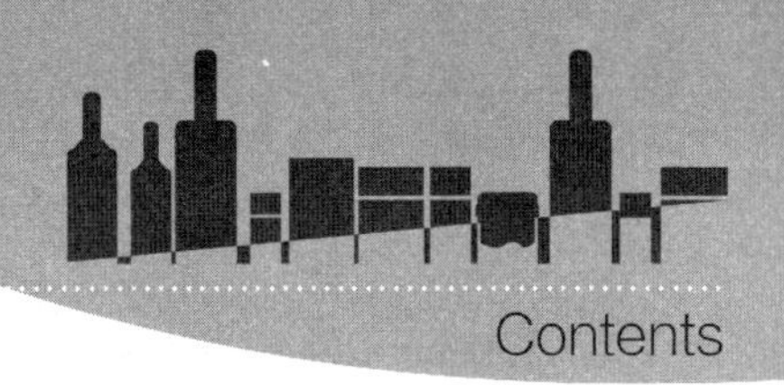

Contents

第四章 ▸ 复合型调味品 58

第五章 ▸ 粉末型调味品 76

第六章 油状型调味品 86

第七章 汤汁类调味品 106

第九章 菇菌类调味品

第一章

调味品加工的主要辅料

一、乳化增稠剂

1. 蔗糖脂肪酸酯

简称蔗糖酯，由蔗糖和食用脂肪酸形成的酯，是非离子型界面活性剂。由于其高度的安全性，已被日本、美国、中国等批准为食品添加剂和药用辅料，广泛应用于食品、药品、化妆品等工业。在面包制作中添加蔗糖酯可增加面团韧性，防止面包老化，提高货架期；添加在饼干生产中，使脂肪乳化稳定，防止对机械的黏附；添加在糖果生产中，可提高熔化糖和油的乳化性，防止油分离；在乳制品、调味品加工及饮料等生产中，均用作乳化剂，有助于工艺的改进和产品质量的提高。

生产厂家：浙江省金华第二制药厂，广东廉江食品厂。

2. 硬脂酸甘油酯

其纯度达到95%，是优良的食品乳化剂和表面活性剂，广泛应用于饼干、糕点、糖果、冰淇淋、人造奶油、花生酱、豆奶、调味汁、各种酱类等。

生产厂家：广州食品添加剂技术开发公司。

3. 聚甘油脂肪酸酯

为一种用途非常广泛的乳化剂，亲水亲油平衡值（HLB）4～14，分子量为1500～3000，聚合度为12～20，特别适合需高度泡沫的食品中，可作糖和油脂的结合剂、抗霜剂、涂膜材料的黏度调整剂等。可广泛用于各种食品加工中。

生产厂家：天津市轻工业化学研究所。

4. 丙二醇硬脂酸酯

为一种新型食品乳化剂，淡黄色片或块蜡状物。丙二醇单酯含量大于70%，在与单甘油酯等配合使用中，具有保持或延缓单甘油酯的α型结晶不向β型结晶转化的特点，使单甘油酯维持良好的乳化、发泡、稳泡等作用。广泛用于焙烤食品和糖果、冷饮、人造黄油、罐头、调味品及豆制品的制作中。

生产厂家：天津市轻工业化学研究所。

5. 藻酸丙二酯

为淡黄白色粉末，稍有芳香味，易溶于冷水及温水，不溶于乙醇、苯等有机溶剂。溶于水成黏稠的胶体溶液，水溶液在60℃以下稳定，但煮沸则黏度急剧降低。本品具有乳化性及增稠性，在酸性溶液中，它既不像褐藻胶那样生成凝胶，又不会降低黏度。因此，它最宜用作耐酸的稳定性和增黏剂。本品的乳化力较果胶、阿拉伯树胶等为强，添加柠檬酸等酸性剂可增大其黏度。本品主要用作各种凉拌菜卤汁、蛋黄酱、果汁、乳酸菌饮料的乳化剂、增稠剂和稳定剂，可作为啤酒泡沫的起泡稳定剂，还可用于固体酱油、人造奶油、干豆酱粉和冰淇淋等食品中，作为乳化稳定剂。其添加量为食品重量的1%以下，一般为食品的0.3%～0.6%。

生产厂家：青岛海洋化工厂。

6. 食用松香酯

食品级松香酯包括松香甘油酯和氢化松香甘油酯。该产品无毒，已列入食品添加剂。为浅黄色玻璃状固体，较脆，无臭、无味，性能稳定，无刺激性。可溶于苯、酮、酯、植物油、橘油及大多数天然精油，可与大部分高分子弹性体相结合；不溶于水和低分子量醇。用于橘子乳化香精可增加橘油的密度，防止“浮圈”和沉淀。在饮料中起乳化和稳定作用，增加饮料混浊度和外观天然逼真性。应用于口香糖中，与其他弹性体混合起到增黏、增加咀嚼作用和柔韧性以及保持香气的作用。一般在乳化香精和口香糖中使用量为10%，在饮料中使用量为0.01%左右，在辛香油与调味汁混合时应加入松香酯。

生产厂家：南京林产化工研究所产品试验工厂。

7. 黄原胶

黄原胶为胶体，它集增稠、悬浮以及稳定乳状液等功能性质于一身。其主要特性：①低浓度溶液具有高黏度（1%水溶液相当于明胶的100倍）；②在很大的温度范围内（−18～100℃）和很宽的pH值范围内（pH2～12）溶液黏度变化很小；③在酸、碱、盐、糖溶液中能保持其稳定性，并有极强的抗酶降解力；④对于稳定固体与油滴具有良好的悬浮性；⑤独特的流变性赋予各种食品和饮料良好的感官性能。

黄原胶汉生901用于鱼肝油制品、奶制品。黄原胶汉生902用于固体饮料、浓缩饮料、果肉饮料、巧克力饮料及调味品。黄原胶汉生903用于胶质软糖、口香糖、棉花糖、西式火腿、午餐肉、香肠及肉类、鱼类、水果、番茄等罐头制品。黄原胶汉生904用于冰淇淋系列产品、糕点表面装饰、奶油、蛋糕制品等。

生产厂家：江苏金湖黄原胶厂，山东烟台味精厂。

8. 卡拉胶

卡拉胶一般是白到浅黄褐色，表面皱缩，微有光泽、半透明的片状或粉末状，无臭、无味，有的稍带海藻味。卡拉胶的水溶液黏稠度相当大。盐可降低卡拉胶溶液的黏度，温度升高，黏度下降，变化是可逆的。卡拉胶仅在有钾离子或钙离子存在时才能形成凝胶，这些凝胶具有热可逆性，即加热时溶化，冷却时又形成凝胶。一般卡拉胶的凝胶强度不如琼脂高，透明度比琼脂好，在中性和碱性溶液中卡拉胶很稳定，在pH值4以下的酸性溶液中易发生水解。

卡拉胶可作为饮料、乳制品、罐头食品的稳定剂，果酱填充剂，面包改良剂，酒类的澄清剂，果冻的凝胶剂；还可加入到速溶茶、速溶咖啡、淡炼乳中，防止产品分层。另外，可可麦乳精、酸奶酪、人造肉中也有应用。

生产厂家：广东汕头市卡拉胶公司，广东湛江市第一食品厂。

9. 桃胶

桃胶是由桃树干上分泌出的一种天然胶汁，经精细加工而成，在理化性能上与阿拉伯胶相同，而且还克服了阿拉伯胶黏度小，不易溶解，杂质多和不易储存等弊端。在使用上可代替阿拉伯胶，用量上可比阿拉伯胶减少20%左右，价格仅为阿拉伯胶的2/3。用于制作糕点、面包、乳制品、巧克力、泡泡糖、香料、糖果、饮料、果酱等食品中，起乳化、增稠作用。

生产厂家：山东临清市桃胶厂。

10. 明胶

明胶是用含有胶原蛋白的动物的皮、骨、软骨、韧带、肌膜等，经初级水解得到的高分子多肽聚合物。蛋白质含量在82%以上，营养价值较高，为白色或淡黄色半透明的薄片或粉状，无臭、无特殊的味道。不溶于冷水，但能慢慢吸水膨胀软化。当它吸收约两倍以上的水时，加热至40℃便溶化成溶胶，冷却时便凝结成稳定、柔软而富有弹性的冻胶，有光泽、透明度高。主要用于生产果酱粉、肉汁粉、果冻粉、果膏、糖果、糕点、熟肉制品、蛋白酱等调味汁。

生产厂家：湖南省常德市明胶厂。

11. 麦精粉

在适宜条件下，麦精粉能与水生成凝胶，该凝胶具有像脂肪一样的组织，能代替高脂肪含量中的一部分脂肪，且能保持食品原来的品质。使用麦精粉可减少食品热量，降低生产成本。在混合物的配制中，麦精粉可作填充剂、悬浮剂、稳定剂及载体使用。麦精粉具有吸收一定量油的能力，因此可把油质香精和油质的浓缩香料加到混合物中，以增进产品的风味。麦精粉可用来配制各种固体饮料、高能饮料、速溶饮料等，作填料和载体。使用麦精粉生产麦乳精其成品的膨胀率增大，外观的光泽度增强，特别是成品的冲调性能增强，具有减少上浮物的能力，增加麦乳精的保存期。麦精粉在糖果巧克力的制作中，能代替部分脂肪和糖，降低甜度，提高质量；用于冰淇淋的制作能使冰淇淋组织细腻，无冰晶，口感好；在牛奶中有良好的分散性，可与奶粉一起作用，配制婴儿食品和儿童食品。麦精粉具有良好的抗潮性、抗结晶性能，吸湿性低，宜做脱水食品的干燥助剂，如干花生酱、粉末油脂、粉末酱油、果汁和果脯等。在烘焙食品中，可增加面包、蛋糕的松软，增大体积，使气泡分布均匀，外观色泽更佳。

生产厂家：宁夏盐池变性淀粉厂。

12. β-环状糊精

为白色结晶性粉末，无臭、味甜，水溶解度随温度上升而增高，20℃时为 1.55 克，30℃时为 2.25 克，40℃时为 3.52 克，70℃时为 15.30 克，90℃时为 39.70 克。利用环状糊精与有机物的分子可形成结合物，使各种香料、色素、调味料得到保护，起到稳定、抗氧化、抗光等作用，具有去除异味、防潮、保湿之功能。

生产厂家：广东省郁南县味精厂。

13. 羟丙基淀粉

本品为白色粉末，无异味，无毒。与原淀粉相比，其糊化温度低，冻融稳定性、持水性、流动性、成膜性均好。能使食品在低温－18℃储藏时具有良好的保水性，可以加强食品在加工过程中的组织结构，使其具有抗热、耐酸、耐电解质、抗老化和抗剪切性。

羟丙基淀粉添加到肉汁、酱油、调味汁、调味酱、汤料、冷食中，可使食品表面光滑、浓稠、清澈透明，适合不同温度下保存。还可用于罐头、果酱、面、肉制品中作增稠剂、稳定剂、保湿剂、黏结剂。

生产厂家：武汉市汉南麦精厂。

14. 羧甲基淀粉钠

该产品也称淀粉乙醇酸钠，简称 CMS，其基本骨架是葡萄糖的聚合。为白色粉末，无臭，可直接溶于冷水。水溶液接近无色，为透明的黏稠溶液，有较高的松密度，吸水性极强，吸水后可膨胀至原体积的 250 倍左右。易受 α-淀粉酸的作用而水解。其他性质与羧甲基纤维素钠相似。羧甲基淀粉钠，主要作为食品的增稠剂、稳定性，单独使用或与其他增稠剂合用，其总量均不得超过2%，一般冰淇淋用量为0.2%～0.5%，调味汁为0.3%～1%，酱类为0.5%～1%，果酱1%～2%。

生产厂家：广州市红光化工厂。

15. 耐酸抗盐羧甲基纤维素

本品系白色或微黄色粉末，无毒、无味、无臭，是一种高分子聚阴离子型电解质，为水溶性纤维素衍生物。具有高取代度、高纯度、高透明度、高洁白度。其水溶液具有很好的黏合力、乳化力、悬浮力。可使不溶于水的微粒起分散和不沉淀作用，对油脂的乳化力甚佳。能在pH值3以上、含氯化钠3%以下的溶液中长期保持稳定，温度在100℃以下时，原来性能不改变。是乳酸饮料、醋酸饮料、含盐量高的调味品的理想增稠稳定剂。还广泛用于果汁、酱油、调味酱、冷冻食品、油炸方便面、饼干、蛋白饮料、面制品等。溶解时，应边搅拌边撒入本品，搅拌均匀后，静置数小时便成胶体。储存容器应为陶瓷、玻璃、塑料制品，不宜用金属容器盛放，以免引起黏度降低。

生产厂家：广州市南秀化工有限公司。

二、增香调味剂

1. 乙基麦芽酚

乙基麦芽酚为白黄色针状结晶，熔点89～92℃，易溶于热水，是一种香气浓、挥发性强的化合物。乙基麦芽酚作为一种安全、可靠的食品添加剂，已得到世界范围的承认。乙基麦芽酚应用到食品上，可作为乳制品的香味增效剂，效果特别显著。乙基麦芽酚还可以增加甜味食品的甜度，节省蔗糖，同时抑制苦味和酸味，使食品中的香气柔和。乙基麦芽酚广泛应用于各类低档食品中，可提高香味质量。

生产厂家：广州轻工研究所，广东肇庆香料厂，江苏连云港市红旗化工厂，北京平谷食品添加剂厂。

2. 5′-肌苷酸钠

本品为无色结晶或白色粉末，无臭，有特异鲜鱼味。易溶于水，微溶于乙醇，不溶于乙醚，稍有吸湿性，对热、稀酸、稀碱、盐均稳定。本品可增加食品的鲜味，一般与谷氨酸钠配合使用，可用于各种调味料、汤料、肉制品、鱼糕等水产品中，并有抑制异味的功能。多用于配制强力味精、特鲜酱油和汤料中，用量为0.2～0.3克/10千克。由于本品受酶作用能分解，故在酱油、豆酱、调味汁中使用时，添加后应马上灭菌。

生产厂家：广东肇庆市味精厂。

3. 核苷酸（I+G）

本品以5′-肌苷酸钠和5′-鸟苷酸钠为主要成分，也含有尿苷酸钠、胞苷酸钠等。为白色至淡褐色粉末，无臭，有特殊味道。易溶于水，难溶于乙醇、乙醚、丙酮等。吸湿性强，但对热、酸、碱稳定，对酶稳定性差。用作食品调味保鲜剂，能突出主味，倍增鲜味，改善食品风味，抑制某些食品不良异味等作用。主要用于配制特鲜味精、特鲜酱油、各种汤料、调味汁、酱类等，一般使用量在0.01%～0.1%之间。

生产厂家：湖北宜昌制药厂。

三、甜味剂

1. 甜宝

甜宝的主要成分是甘草酸盐、并含有部分麦芽酚、山梨糖醇等。本品甜度相当于蔗糖的200倍，无苦味、异味，性质稳定，可在食品制作的任何一步加入。广泛用于糖果、糕点、饮料、冷食、罐头、乳制品、酱油和口香糖的制作，用量为0.3%～0.5克/千克。

生产厂家：北京现代应用科学研究所。

2. 蛋白糖

蛋白糖为白色粉状或针状晶体，属二肽甜味剂。从甜度上可分为甜味50倍的US-50型和70倍的FT-70型。

味道甘甜纯正，性质稳定，与天然蛋白质一样是由氨基酸构成的，在人体内代谢不需胰岛素参与，不会引起血糖增高，糖尿病患者可使用。蛋白糖的味质与精制白糖极相似，在后感、舒适、圆润、腻感等方面，比其他甜味剂均好。蛋白糖还具有和酸味易于调和的协同的特点，具有增味、矫正等独特性能。蛋白糖可用于果脯、蜜饯、调味品、饮料、固体饮料和罐头中。

生产厂家：深圳郎代实业有限公司。

3. 帕拉金糖

帕拉金糖又称异麦芽酮糖，是一种新型不致龋齿的甜味剂，为白色结晶，是蔗糖的同分异构体，以1,6糖苷键相连，甜度为蔗糖的42%，不易在酸中水解。其甜味纯正，类似蔗糖，既安全又有营养。

生产厂家：珠江生物工程有限公司。

4. 可溶性茯苓多糖

用松茯苓菌核中主要成分聚糖经深加工处理而制成，具有降血压、利尿、减肥、增强人体免疫能力等功效，作为强化型食品添加剂应用于各类食品中，对饮料具有稳定、增稠作用。

生产厂家：广东珠海远东实业有限公司。

5. 麦芽糖醇

麦芽糖醇是一种低热量、高甜度的天然糖制品，工业生产是由麦芽糖经氢化还原而制得的一种双糖醇。它具有保温性、耐热性、耐酸性、非发酵性等特点。利用其保湿性和非结晶性，可用于制作糖果、发泡糖和果脯等。由于麦芽糖醇在生物体内几乎不被利用，不提高血糖值，在体内的代谢又与葡萄糖不同，不需胰岛素参与，因此是糖尿病、肥胖病患者使用的良好甜味剂。它可用于各种食品中。

生产厂家：天津工业微生物研究所。

6. 甜蜜素

甜蜜素的化学名称为环己氨基磺酸钠，为白色粉状结晶体，性质稳定，易溶于水，具有甜度高、口感好、无异味等特点。既有蔗糖风味，又兼有蜜香，产品不吸潮，易储藏，耐酸，耐碱，耐盐，耐热，为蔗糖甜度的50倍。

甜蜜素属于低热值的甜味剂，无糖精苦涩味，符合1986年卫生部颁布的GB 2760—86标准。该产品广泛应用于果脯、蜜饯、饮料、糖果等食品中，与蔗糖混合使用效果最佳，并具有抗结晶作用。但不宜在含亚硝酸盐类的食品中使用，以免产生橡胶样异味。

生产厂家：广东中山市食品添加剂厂。

7. 甜菊苷

甜菊苷是从甜叶菊的叶中提取的一种天然甜味剂，甜度为蔗糖的250倍，而热值只有蔗糖的1/300，可代替部分蔗糖使用。

生产厂家：天津南开大学甜菊糖厂，上海市崇明康乐食品厂。

8. 木糖醇

木糖醇是一种五元醇单糖。为白色粉状结晶，甜度略高于蔗糖，易溶于水，溶解度小于蔗糖，但吸湿性大于蔗糖。木糖醇的水溶液对热有较好的稳定性，是制作适合糖尿病人饮用的保健饮料的理想甜味剂。因为糖尿病人胰岛素分泌不足，葡萄糖不能转化成6-磷酸葡萄糖，而木糖醇的代谢与胰岛素无关，因此不会增加糖尿病患者的血糖值。木糖醇还具有抑制酮体生成的特殊功能，可以降低肝病患者的转氨酶，增强肝脏功能，促进脂肪的代谢。木糖醇可用于调味品、饮料、果酱、糖果、糕点等的加工。由于酵母和细菌不能利用它，可作为防龋齿的甜味剂，并有防腐的作用。

生产厂家 轻工业部环境保护研究所。

四、营养强化剂

1. 葡萄糖酸锌

锌是人体必需的微量元素之一，缺锌可导致味觉异常和厌食，严重的可造成小儿生长缓慢，智力低下，甚至成为侏儒。葡萄糖酸锌是一种白色晶体，在人体内易被吸收，因此，在食品工业中用作营养强化剂。

生产厂家：湖北黄石市长征制药厂，北京双桥制药厂，温州第二制药厂，江苏吴江香料厂，河南洛阳汀河食品添加剂厂。

2. 乳酸钙

乳酸钙是以谷物或薯干为原料，用双酶法新工艺生产。既可供药用，又可作食品添加剂，对于孕妇、婴幼儿均能起到补充钙质的作用。

生产厂家 湖南郴州永兴县乳酸钙厂，宁夏银川乳酸钙厂。

3. 磷酸氢钙

磷酸氢钙为白色粉末，无臭，无味，性质稳定，几乎不溶于水，用途同碳酸钙。还可作酿造用的发酵助剂，或作为缓冲剂用于酵母营养物。使用量为 2～15 克/千克。

生产厂家：连云港磷酸氢钙厂

4. 多元高效钙

多元高效钙是采用天然生物原料，经科学配方，现代加工制成，极易被人体吸收，无任何副作用。其天然钙质占 50％以上，其余为维持人体健康不可缺少的多种元素，如铁、锰、锌、铜等，还有多种氨基酸及维生素。可用于各种食品中作为钙的强化剂。产品分全溶解性、水剂和微溶性。微溶性易强化固体食品，其他型适合强化液体食品。一般每千克食品中添加1～5 克。

生产厂家：北京市多元医药研究所。

5. 碳酸钙

为白色粉末，无臭，无味，性质稳定，几乎不溶于水。一般用于果冻加工、固定化发酵的凝胶体制备，可作缓冲剂及钙的强化剂。碳酸钙中的钙的理论含量为 40.04％。

生产厂家：上海碳酸钙厂。

6. 葡萄糖酸亚铁

以纯粮为原料，采用发酵法生产，经精制提纯及干燥而成，是国际上新开发的食品添加剂和药物材料，具有高能量和补充铁质的功能。

生产厂家：江苏如东生化厂。

7. 乳酸锌

该产品为白色结晶粉末，无臭无味。1份乳酸锌可溶于6份热水或60份冷水。乳酸锌微溶于醇，于100℃时失去结晶水。主要用于强化食品。

生产厂家：郑州市康蕊营养素厂。

8. 赖氨酸

赖氨酸为人体必需的氨基酸之一，体内不能合成，特别是谷物蛋白中，赖氨酸含量偏低，所以一般作为食品营养强化剂。

生产厂家：上海天厨味精厂，广州味精食品厂，浙江兰溪味精厂，福州味精厂，吉林新中国糖厂，广西梧州市糖厂，山东文登赖氨酸厂，广西上思赖氨酸厂。

9. 蛋白锌

蛋白锌是采用最新生物工程技术制得的纯生物制品，为蛋黄色粉末，易溶于水，耐高温，耐酸碱，不易分解，保存期为两年。每千克蛋白锌中含锌1000毫克以上，高出猪肝、瘦肉等动物食品中锌含量的几十倍，但与这些食物中锌的生物利用率相间。该产品中蛋白含量在40%以上，含有人体所需的20种氨基酸及维生素。锌以生物活性形式存在。无毒、无副作用，作为锌营养强化剂优于葡萄糖锌及硫酸锌。可促进儿童生长发育，改善食欲，增强消化机能，增强免疫机能，提高人体SOD酶含量。可添加到饼干、面包、固体饮料、糖果、奶粉、婴幼儿营养粉、膨化食品等各种食品中。添加量一般为100毫克/千克左右。

生产厂家：湖北宜昌市生物营养保健品厂。

10. 牛黄酸

牛黄酸是一种新型营养强化剂，为含硫氨基酸，是人体必需的营养、生理活性物质。母乳中含牛黄酸高于牛乳4～9倍，它对婴幼儿大脑发育、神经传导、视觉机能的完善及钙的吸收起着至关重要的作用，并具抗菌消炎，解热镇痛等多种生理功能。牛黄酸无毒、无副作用，可起到预防疾病、增强体质的独到保健作用。该产品广泛用于婴幼儿食品、特种食品、饮料和功能保健食品中。

生产厂家：南京制药厂。

五、抗氧化剂

1. 植酸

植酸为草黄色糖浆状液体，易溶于水。在食品加工中被广泛用作防腐剂、抗氧化剂、豆制品改良剂等。它能提高谷物制品的保存期，防止生蛆，提高饴糖的透明度；特别是由于它具有独特的螯合力，果酒中加入微量的植酸后，可除去酒中的铁、钙、铜和其他金属元素，在罐头生产中常用来防止硫化氢与罐容器表面的铁、锡反应产生的黑变。使用量为0.1%～0.5%。向乳酸菌的培养基中加入微量植酸，能促进乳酸菌的生长。在饮料配方中，植酸占2%～5%。

生产厂家：青岛轻工业研究所，湖南省安乡县生物化工厂。

2. 茶多酚

茶多酚为新一代天然食品抗氧化剂，可延缓各种动、植物油脂的氧化。抗氧化效果是BHT的2～6倍，同时还具有抗辐射、抗癌、抑菌、抗衰老作用。一般在肉制品中用量为0.02%～0.2%，鱼制品中0.02%～0.04%，方便面中0.02%（面粉重），豆制品中0.005%～0.02%，其他制品中0.01%～0.05%。

生产厂家：江西省南昌茶厂。

3. 柠檬酸亚锡二钠

该产品为白色晶体，极易溶于水，易氧化，属二价锡盐，锡含量大于29%，在罐藏中，可起抗氧防腐作用，是蘑菇罐头、柠檬、柑橘、苹果等果汁罐头的抗氧防腐、色质稳定剂。使用于芦笋、青豆等含苏打水的罐头中，能抑制抗坏血酸的氧化破坏作用；使用于胡萝卜、甜菜根等罐头，能抑制肉毒杆菌的生长。一般加入量为0.01%～0.02%。

生产厂家：江苏省宜兴市丰化工厂。

4. 没食子酸丙酯

本品为白色或淡褐色结晶粉末，无臭，稍有苦味。pH 值为5.5，难溶于水，易溶于乙醇，微溶于脂肪油，对热较为稳定。遇到铜、铁离子呈紫色，遇光易分解，有吸湿性。

本品可延缓油脂中不饱和键的氧化，保证动植物油脂一年内不变质，无哈味。抗氧化作用比其他抗氧化剂强，与增效剂柠檬酸合用效果更好，与其他抗氧化剂合用作用增加，用于油炸食品时一般加入 0.01%，混合油中最大用量为 0.3 克/千克。

生产厂家：国营成都双流县食品二厂。

5. 丁基羧茴香醚

丁基羧茴香醚为白色或微黄色结晶性粉末，溶于醇和油脂类。熔点为 48～63℃，沸点 264～270℃，对热稳定，在弱碱性下不被破坏，遇铁离子不产生颜色。多用于鱼、肉、罐头、油炸食品及面制品的制作，每千克油脂用量为 0.01～0.02 克，超过上限，效果下降。可与其他抗氧化剂配合使用，效果更强，总量不超过 0.25 克/千克。

生产厂家：上海益民食品四厂。

六、防腐剂

1. 山梨酸钾

山梨酸钾是 20 世纪 80 年代国际公认的安全、高效防腐保鲜剂，由于它极易溶于水，使用 pH 值范围广，因而抑制微生物生长效果显著。该品白色无臭，具有参与人体新陈代谢的生理机能，不影响食品的色香味，使用量与苯甲酸钠相同。本品在 pH 值 6 以下效果为佳。

生产厂家：山西榆次食品添加剂厂。

2. 丙酸钙

丙酸钙为较新的食品防腐剂，质量稳定，抑制霉菌效果明显，可延长食品保存期。最大使用量 0.3%，一般使用量为 0.1%～

0.2%。可用于糕点、面包、果汁、果酱、糖果、调味品、豆制品等食品中。

生产厂家：杭州市群力化工厂。

3. 尼泊金乙酯

本品为白色结晶体，对霉菌、酵母与细菌有广泛的抗菌作用，尤其对霉菌和酵母有特别强的抑菌能力。尼泊金酯类的毒性小，抗菌作用比苯甲酸和山梨酸强，其效果在 pH 值 4～8 的范围内均较好，即在酸性或微碱性范围内也可使用。

本品在常温下溶解度较低，在食品加热时按量加入即可，与尼泊金丙酯混合使用效果更佳。一般在酱油、醋、饮料中的使用量为 0.1 克/千克，果汁、果酱为 0.2 克/千克，水果、蔬菜 0.012 克/千克。

生产厂家：广州市东湖化工厂。

4. 脱氢醋酸钠

本品为白色晶体粉末，几乎无臭。易溶于水，水溶液呈中性或微碱性。对光和热较为稳定，抗菌能力随 pH 值的不同而变化，但不太受其他因素的影响，对腐败菌、病原菌一样起作用；特别对霉菌、酵母的作用比抑制细菌的作用强，0.1%的浓度就能发挥抗菌作用。广泛用于干酪、奶油、人造奶油、黄酱、食醋、酱油等食品中，一般使用量为 0.5 克/千克左右。

生产厂家：北京酿造四厂。

5. 对羧基甲酸丁酯

对羧基甲酸丁酯为无色或白色结晶性粉末，无臭，初感无味，稍后有麻感。熔点 69%～72%。难溶于水，在 25℃水中仅可溶解 0.02%，80℃水中可溶 0.15%。在乙醇中可溶解 1.50%，在花生油中可溶解 5%。本品可溶解于 5%氢氧化钠溶液中，配成 20%～25%浓度的溶液，便于应用。也可与醋酸混合，加温至 70～80℃，再加入酱油中，有效浓度可用至 1/20000，也可与苯甲酸类并用。

生产厂家：西安化学试剂厂。

七、色素类

1. 焦糖色

本品为棕黑色粒（粉）状，着色力高，不易变质，使用冲调方便，保证卫生质量，能耐久储藏。

焦糖色主要适用于酱油、啤酒、黄酒、罐头、食品、糕点、糖果、汽水、饮料的制作及烹饪等，用量可按不同品种的色泽和调味要求适量添加，使用时可直接用温水或冷水稀释。

生产厂家：浙江省瑞安县食品色素厂，重庆天府可乐渝龙食品饮料有限公司。

2. 红曲米

红曲米是一种天然食物色素，其颜色紫红优美，宛如朱砂，利用它制作的食物能增进人的食欲，对人体有益无害。红曲米含糖化酶、淀粉酶、红曲霉红素、红曲霉黄素、有机酸等物质，被广泛用于红方豆腐乳、红肠火腿、罐头、果酱、糕点、饮料、糖果、酿酒、酿醋等食品中。

生产厂家：山东省平邑县发酵食品厂。

3. 辣椒红

本品为天然食用色素，是用辣椒等加工而成。母体是β-胡萝卜素，富有营养，外观呈黑红色油状，有水溶、油溶两种。无毒、无辣味，pH 值 3～11 时稳定，在 100℃下两小时不变色。适用于各种食品的着色。

生产厂家：河北鸡泽县辣椒制品厂，北京北极光天然资源技术开发部。

4. 沙棘黄

该产品是从沙棘果渣中提取而得的黄色粉末，为油溶性色素。其主要成分为黄酮类化合物，还含有胡萝卜素、维生素 E 等。可用于植物奶油、蛋糕、糖果、冰棍、冰淇淋等，颜色鲜艳，味道可口。

生产厂家：北京市平谷县食品添加剂厂。

5. 可可色素

可可色素是可可豆及其外壳中的褐色色素，为棕色粉末，无臭，有巧克力香味，味微苦。易溶于水及稀乙醇，耐光性、耐热性、耐酸碱及耐还原性均好，对淀粉及蛋白质着染性较好，pH 值 8 以上时可出现沉淀。主要用于配制酒、饮料、糖果、糕点、饼干、雪糕等，使用量在 0.3%～1%之间，用于饮料时，需静置 24 小时再过滤。

生产厂家：江西贵溪食品添加剂厂。

6. 玉米黄色素

该产品以玉米淀粉的副产品黄浆水为原料，经溶剂抽提精制而成。为天然油溶性黄色素，并含有玉米黄素、隐黄素和玉米油等，稀溶液呈柠檬黄，无毒，无副作用。不溶于水，溶于乙醚等非极性溶剂，可被单甘油酯等乳化剂乳化。偏酸、碱介质，铁、铝等离子对其颜色无影响，作为食品着色剂，不但着色力强，而且稳定。

适用作人造黄油、人造奶油、糖果、糕点等的着色剂。最高用量 0.5% 。

生产厂家：四川省林科院技术开发咨询服务部。

7. 叶绿素铜钠

本品为蓝黑色粉状，带金属光泽，膏状体为绿色，有氨样臭气，易溶于水，水溶液呈蓝绿色，透明，无沉淀。1%溶液 pH 值为 9.5～10.2，耐光性比叶绿素强，pH 值<6 时有沉淀产生，加热至 110℃以上则分解。为天然有机色素，无毒，用于罐头、糖果、点心、蜜饯、酒、饮料等食品的加工。

生产厂家：山东益都桑蚕生化研究所，杭州市叶绿素厂，江苏昆山叶绿素厂。

8. 玫瑰红色素

玫瑰红色素是从玫瑰茄中提取的天然色素，溶于水、乙醇，遇碱变色，遇碳酸会发生沉淀、褪色，耐热耐光性好。在 pH 值 4 时鲜红色，pH 值 7 以上为青紫色。适用于饮料、糖果、配制酒、果酱、果冻、果汁等，用量0.1%～0.5%。

生产厂家：江西贵溪食品添加剂厂。

9. 姜黄色素

本品是一种天然色素，从植物姜黄中提取。溶于乙醇，不溶于水，在酸性和中性溶液中呈金黄色，在碱性溶液中呈红色。适用于饮料、罐头、糕点等的着色，有健胃、凉血、化瘀的功能。

生产厂家：青岛天然色素厂。

10. 栀子黄色素

本品用科学方法从芮草科植物栀子的果实中提取而成。为黄褐色浸膏和黄至橙黄色粉末，易溶于水和酒精。其溶液呈亮黄色，pH值对色调无影响。耐酸碱、耐还原性、耐微生物性均好，几乎不受金属离子的影响。对热稳定，加热120℃30分钟不褪色，用量为0.3克/千克左右。

生产厂家：南京野生植物综合利用研究所，重庆中药厂。

11. 胡萝卜素

胡萝卜素广泛存在于动植物中，在体内酶的催化下均能转化成维生素A。本产品从盐藻中提取，制成水溶性暗红色晶体和油溶液。

天然胡萝卜素能调节人体免疫功能，增强机体抵抗力，延缓细胞衰老，对人类肿瘤有防治作用，并能增强放疗和化疗对肿瘤的疗效。可添加于各种食品中。

生产厂家：天津蓝太生物工程联合公司。

12. 高粱红色素

本品是用乙醇浸提高粱壳，真空浓缩而成，为黑色黏稠状或砖红色粉末，溶于水及稀乙醇。主要成分为芹菜素，槲皮黄苷。水溶液中性时为红棕色，酸性或碱性时为深红棕色。对光稳定，能耐较高温度。可染成咖啡色或巧克力颜色，用于各种食品的着色。使用量为0.04%～0.6%。

生产厂家：青岛天然色素厂。

八、絮凝剂及其他

1. CTS 絮凝剂

此产品是一种阳离子型高分子电解质，是从无毒天然原料中分离提取的，既有絮凝作用，又有螯合作用。对果汁、果酒和饮料的澄清处理最适合。在淀粉、蛋白的回收利用上，只使用总固形物的0.2%便可。使用时配成1%水溶液，即1克CTS絮凝剂加100毫升水和0.5毫升盐酸。

研制单位：中国科学院生态环境研究中心。

2. ST 絮凝剂

该产品为阳离子型高分子聚合物。具有离子型高分子电解质，易溶于水，不成凝胶，水稳定性好等特点。无毒无害，具有絮凝和消毒的双重性能，主要用于制药、食品、酿造等行业。对微生物发酵过滤，药物生产过程中的提取，医药用水的净化和蛋白、菌体的回收利用均有显著效果。

生产厂家：浙江余姚化工三厂。

3. 回收蛋白絮凝剂

回收蛋白絮凝剂是天然高分子絮凝剂，用于从以粉丝废水为代表的工业废液中回收蛋白质，充作饲料和食品蛋白。蛋白质和总固形物的回收率分别达到90%和70%以上。

该产品安全可靠，沉淀速度较快，成本低廉，使用时配成1%水溶液，用量一般为废液重的1%～2%（按配制水溶液）。该产品还可以应用于其他含有蛋白质废水的行业，如食品、水产加工、发酵、肉禽蛋和乳制品等。

研制单位：北京市环境保护科学研究所。

4. 混合型酿醋发酵剂

该产品采用沪酿3.238、AS3.4309黑曲霉菌、KH活性酵母菌经培养发酵而成。可直接用于生料制醋或熟料制醋的酒精发酵，只要加入0.3%，可免用麸曲、酵母、原料淀粉，产酒率可达85%～90%。产品的糖化酶、生淀粉酶、酸性蛋白酶活力均较高。适宜发酵温度 30～32℃，原料与水的配比为 1∶5 左右。

5. 曲精

曲精就是将成熟种曲，经低温干燥后，分离并收集米曲霉孢子，加以密封包装作为商品。使用单位仅需将约相当于原料 0.05%的用量接种于酱油曲曲料中，即可代替种曲。每克曲精含曲霉孢子数一般可高达 200 亿以上。使用方法是：取需用量曲精与 10 倍左右干净麸皮或面粉，拌匀后加入 40℃以下的蒸熟原料内使之混合均匀，在 30～35℃培养至白色菌丝生长茂盛或略呈黄绿色，即可用于发酵。

经销单位：北京食品酿造研究所菌种站。

第二章 调味品加工的主要机械设备

一、干燥机

1. 箱式干燥机

箱式干燥机的种类很多，有平流式干燥机、穿流箱式干燥机（又分单级穿流带式干燥机和多层穿流带式干燥机）等。

箱式干燥机由箱体、加热器（电热管）、烤架、烤盘和风机等组成，箱体的周围设有保温层，内部装有干燥容器、整流板、风机与空气加热器。热风的流动方向与物料平行，从物料表面通过，箱内风速干燥要求可在 0.5～3 米/秒间选取。如平流箱式干燥机［图 2-1(a)］和穿流箱式干燥机［图 2-1(b)］。单级穿流带式干燥机如图 2-1(c) 所示、多层穿流带式干燥机如图 2-1(d) 所示。

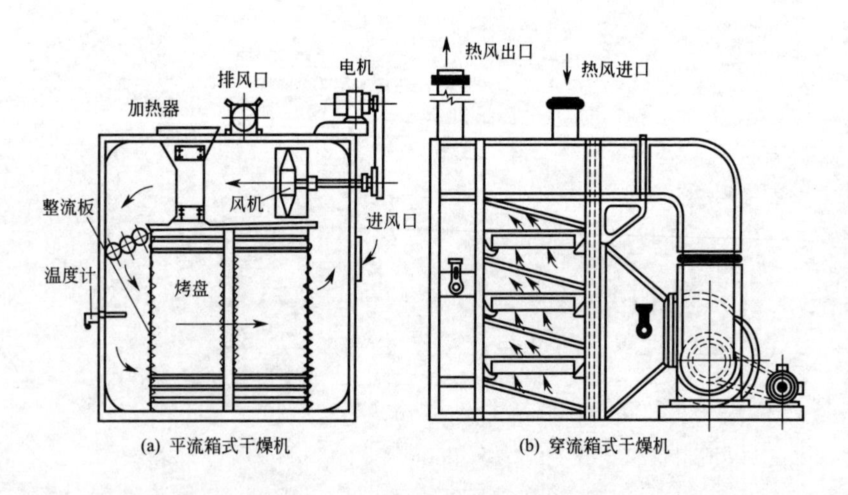

(a) 平流箱式干燥机　(b) 穿流箱式干燥机

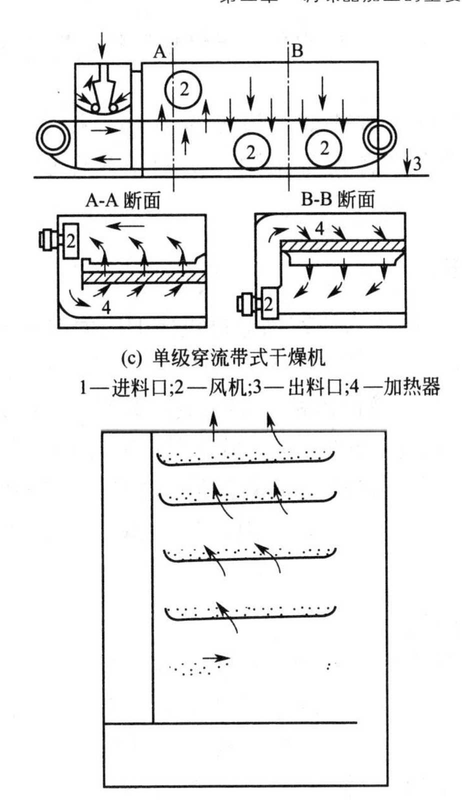

(c) 单级穿流带式干燥机

1—进料口;2—风机;3—出料口;4—加热器

图 2-1　箱式干燥机

2. 微波干燥器

微波干燥器是一种频率为 300～300000 兆赫、波长为 1 毫米～1 米的高频电磁装置（市场有售）。采用微波干燥，具有干燥速度快、干燥时间短、加热均匀、热效率高等优点。

3. 远红外线干燥器

远红外线是一种波长在 5.6～1000 微米区域的红外线。采用远红外线加热，可使被加热物体吸收远红外线而直接转变为热能达到干燥之目的。具有受热均匀、干燥速度快、生产效率高、干燥质量好等优点。

微波干燥和远红外干燥，设备规模小，投资费用低，且能节省能源，一般生产者均可采用，所制干品保质期可达6个月以上。

二、粉碎机

粉碎是将食品的原料或产品通过机械的压力和冲击力使其破碎成颗粒或粉状的一种加工过程。按成品的粒度分为普通粉碎机（成品粒度≤80目）、微粉碎机（80%成品粒度≥80目）和超微粉碎机（成品平均粒度≥200目）。最常见的有冲击式粉碎机和研磨式粉碎机。冲击式粉碎机，按其结构不同又分为锤片式粉碎机和叶轮式微粉碎机。下面主要介绍锤片式粉碎机、齿爪式粉碎机和研磨式粉碎机。

1. 锤片式粉碎机

锤片式粉碎机主要由进料口1、转子辐板2、锤片3、筛片4及出料口5等构成（图2-2）。工作时，原料从进料口进入粉碎室，受到高速回转的锤片冲击（锤片的速度一般为70～90转/秒），粒度小于筛孔的粉粒通过筛孔排至出料装置，而粒度大于筛孔的颗粒将继续留在粉碎室内被粉碎，直至可通过筛孔为止，完成粉碎过程。

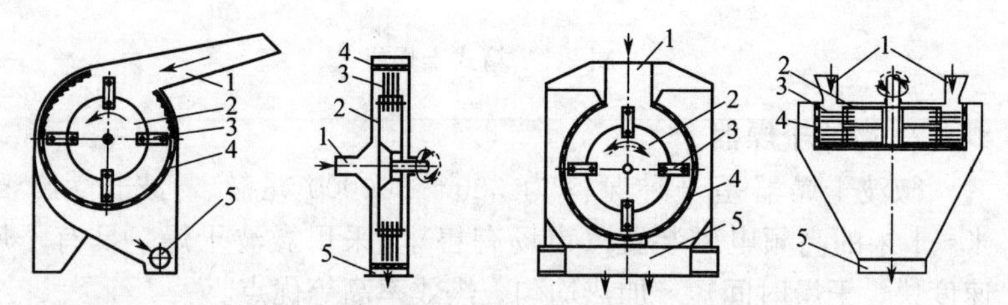

图2-2 锤片式粉碎机结构形式

1—进料口；2—转子辐板；3—锤片；4—筛片；5—出料口

2. 齿爪式粉碎机

齿爪式粉碎机主要由喂料斗 5、定齿盘 3、动齿盘 8、环形筛片 6 等构成（图 2-3）。工作时，物料由定齿盘中心孔沿轴向喂入，动齿盘上的磨齿沿定齿盘磨齿所在圆弧的间隔内运动，物料进入粉碎室后，受到动力、定磨齿的打击，齿间的剪动及齿与筛片的搓擦而粉碎。

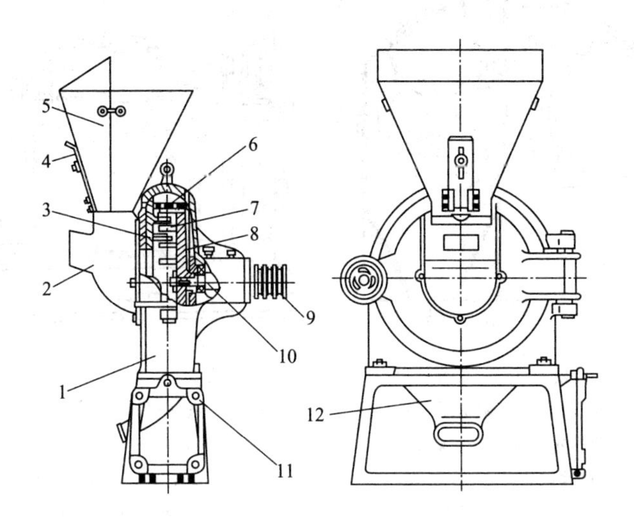

图 2-3　齿爪式粉碎机

1—机壳；2—进料管；3—定齿盘；4—进料闸门；
5—喂料斗；6—环形筛片；7—齿爪；8—动齿盘；9—皮带轮；
10—主轴；11—电机座；12—出料口

3. 复式对辊式磨研机

复式对辊式磨研机主要由枝状阀 1、扇形活门 2、喂料定量辊 3，喂料分流辊 5、快磨辊 6、慢磨辊 8 构成等组成（图 2-4）。定量辊直径较大而转速较慢，主要起拨料及向两端分散物料的作用，并通过扇形活门形成的间隙完成喂料定量控制。分流喂料辊直径较小，转速较快，其表面线速度为定量辊的 3～4 倍，将物料呈薄层状抛掷于磨辊研磨区，使其磨成粉状物。

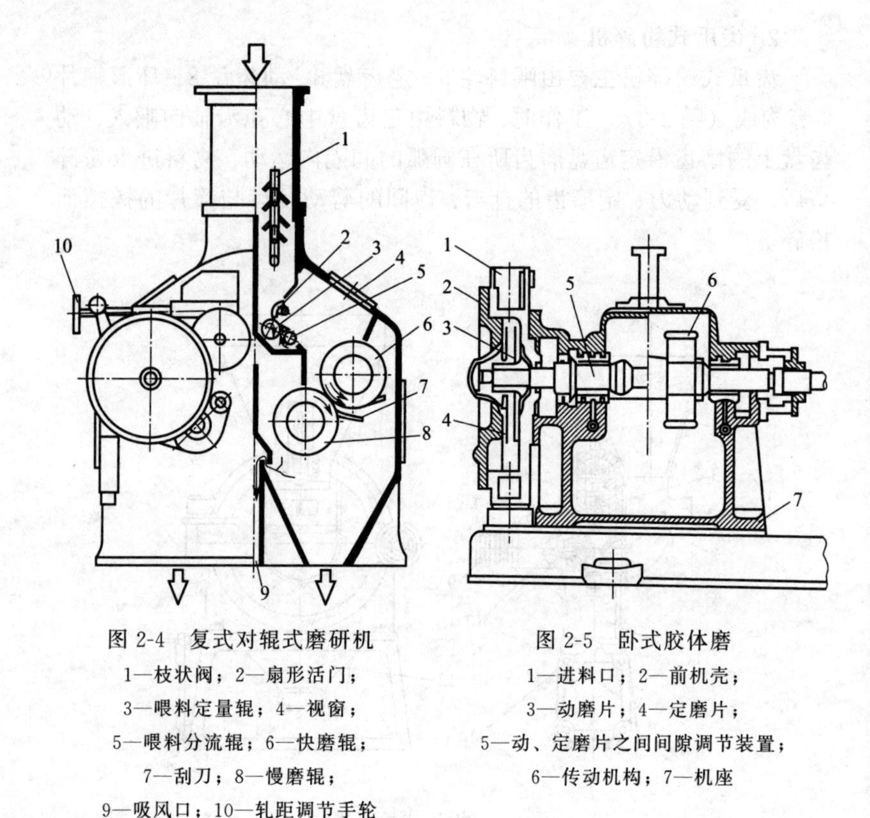

图 2-4 复式对辊式磨研机

1—枝状阀；2—扇形活门；3—喂料定量辊；4—视窗；5—喂料分流辊；6—快磨辊；7—刮刀；8—慢磨辊；9—吸风口；10—轧距调节手轮

图 2-5 卧式胶体磨

1—进料口；2—前机壳；3—动磨片；4—定磨片；5—动、定磨片之间间隙调节装置；6—传动机构；7—机座

三、胶体磨

胶体磨主要用于将物料磨成粉状或泥浆状，以利产品加工。胶体磨有卧式胶体磨和立式磨齿式胶体磨，如图 2-5、图 2-6 所示。

四、预煮设备

常用于物料的热烫、预煮，调味料的配制及熬煮一些浓缩产品。预煮设备有夹层锅、链带式连续预煮机和螺旋式连续预煮机，如图 2-7、图 2-8、图 2-9 所示。

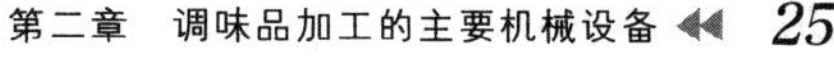

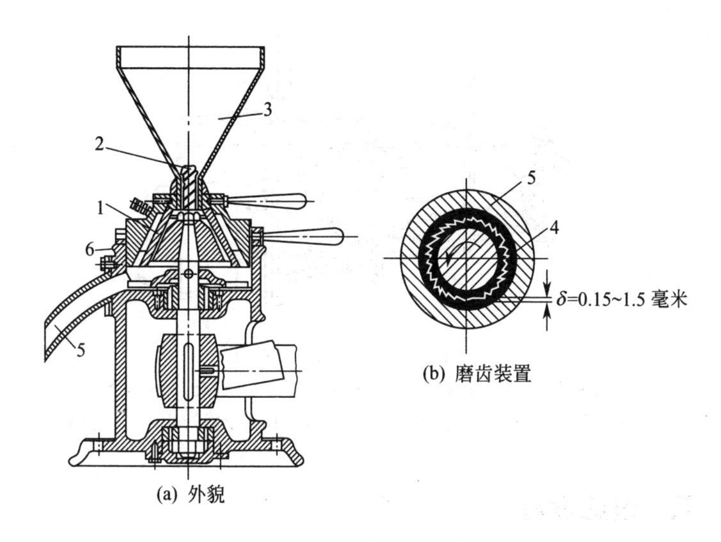

图 2-6　立式磨齿式胶体磨

1—定磨盘；2—螺旋；3—料斗；4—动磨盘；5—出料口；6—壳体

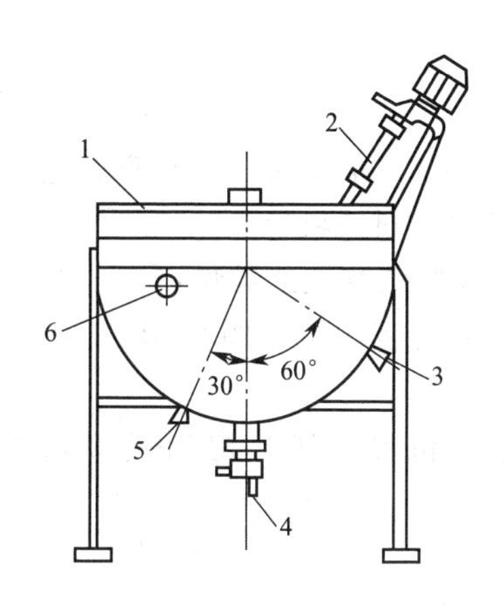

图 2-7　带有搅拌器的夹层锅

1—锅盖；2—搅拌器；3—蒸汽进口；4—物料出口；5—冷凝液出口；6—不凝气体排出口

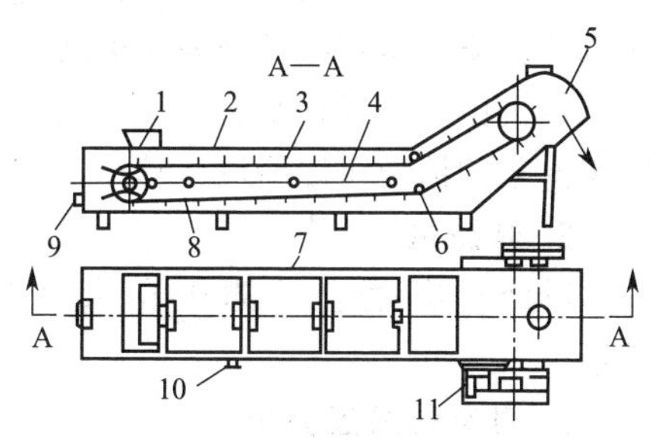

图 2-8　链带式连续预煮机

1—进料斗；2—槽盖；3—刮板；4—蒸汽吹泡管；5—卸料斗；6—压轮；7—钢槽；8—链带；9—舱口；10—溢流管；11—调速电机

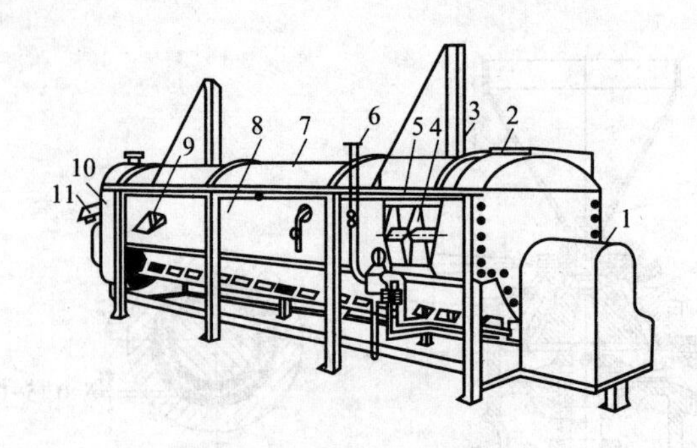

图 2-9 螺旋式连续预煮机

1—变速装置；2—进料口；3—提升装置；4—螺旋；5—筛筒；6—进气管；7—盖；8—壳体；9—溢水口；10—出料转斗；11—斜槽

五、过滤设备

过滤机按过滤推动力可分为重力过滤机、加压过滤机和真空过滤机等。常用的有板框压滤机、叶滤机、真空转鼓过滤机、水平滤叶型过滤机等。

1. 板框压滤机

压滤设备按推动力可分为：重力过滤机、加压过滤机和真空过滤机等；按操作方法可分为间歇式和连续式过滤机等。

该机由多块滤板交替排列组成。滤板和滤柜的数量视生产规模和滤浆的情况可以增减，其结构和过滤流程如图 2-10 所示。

2. 叶滤机

叶滤机有垂直叶滤机和水平叶滤机等，其结构如图 2-11 所示。

3. 真空转鼓过滤机

该机为一种连续式真空过滤设备，主要由转鼓、搅拌器、滤浆槽、分配头等构成（图 2-12）。过滤、脱水、洗涤、卸料等同时在转鼓的不同部位进行和完成。分配头由固定盘和转动盘构成一多位旋转阀，固定盘被径向隔板分成若干个弧形空隙，分别与真空管、滤液管、洗液储槽及压缩空气管路相通。当转鼓旋转时，扇

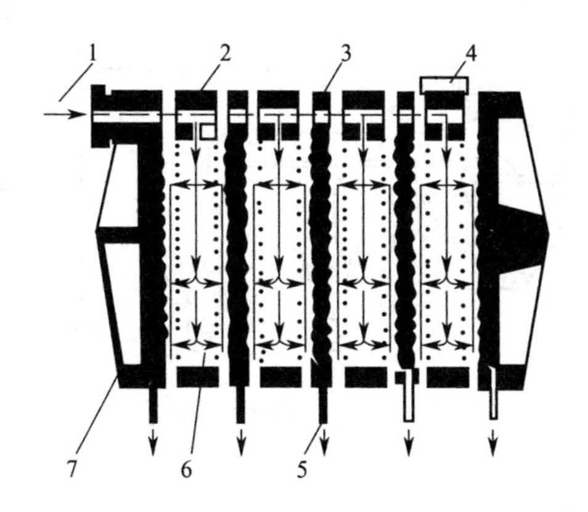

图 2-10　板框压滤机的过滤流程

1—悬浮液入口；2—滤框；3—滤板；4—滤布；
5—滤液出口；6—滤饼；7—机头

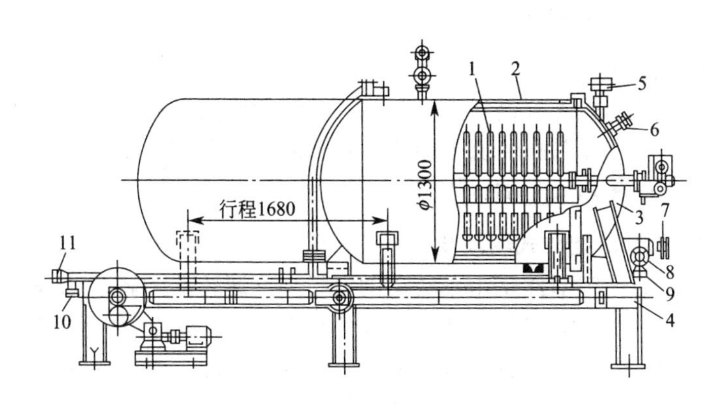

图 2-11　叶滤机

1—方形滤叶；2—可动过滤槽；3—封头；4—机架；
5—放气管；6—封头的蒸汽加入管；7—滤饼排出管；
8—悬浮液供给管；9—封头夹套的冷凝水排出管；
10—夹套的蒸汽加入管；11—夹套冷凝水排出管

形空格内分别获得真空加压，如此便可控制过滤、洗涤等操作循序进行。

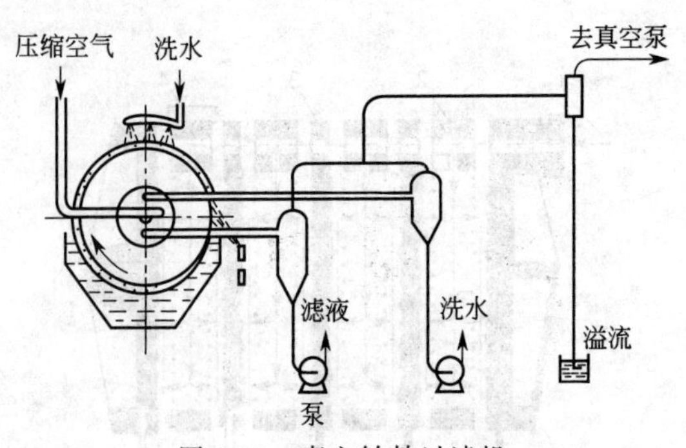

图 2-12 真空转鼓过滤机

六、均质机

均质机按其结构和工作原理，分为机械式、喷射式、离心式和超声式及搅拌乳化机，其中以机械式均质机应用最多。机械式均质机主要有以下两种。

1. 高压均质机

此机利用柱塞式高压泵造成高压，然后使用料通过一级或几级均质阀，使液汁以高速流过均质阀阀隙时产生剪切、撞击及空穴作用而达到细化均质目的，如图 2-13 所示。

2. 高剪切旋转式均质机

此机的关键部件是由不转动的定子和高速转动的转子组成，如图 2-14 所示。高速旋转的转子具有吸液作用，被均质的液料由此进入转子，由于离心的作用，液料进入转子与定子的间隙中，在剪切、研磨及撞击作用下达到细化均质目的。

七、离心机

离心机是一种用离心力将固体和液体或液体和液体相分离的机械。离心机的主要部件为安装在竖直或水平轴上的高速旋转的转鼓，料浆送入转鼓内随之转动，在离心惯性力的作用下实现分离目的。该机可用于离心过滤、离心沉淀和离心分离三种类型的操作。典型的离心机主要有三足式离心机（图 2-15)、管式离心机

（图 2-16）和螺旋卸料离心机（图 2-17）。

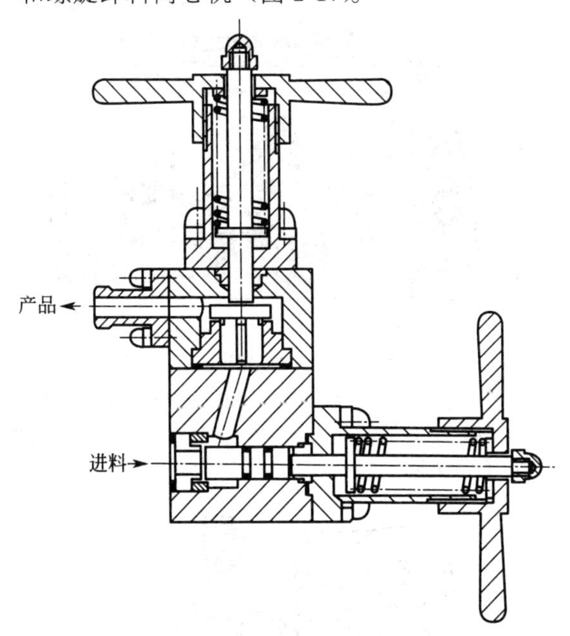

图 2-13 高压均质机二级均质阀示意

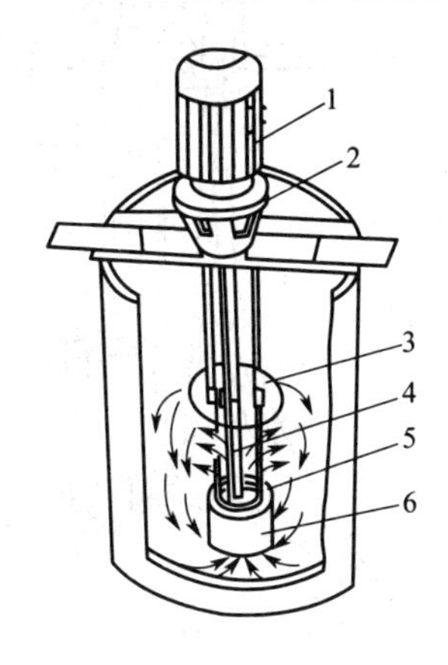

图 2-14 高剪切旋转式均质机

1—电机；2—联轴器；3—盘状反射板；4—主轴；5—转子；6—定子

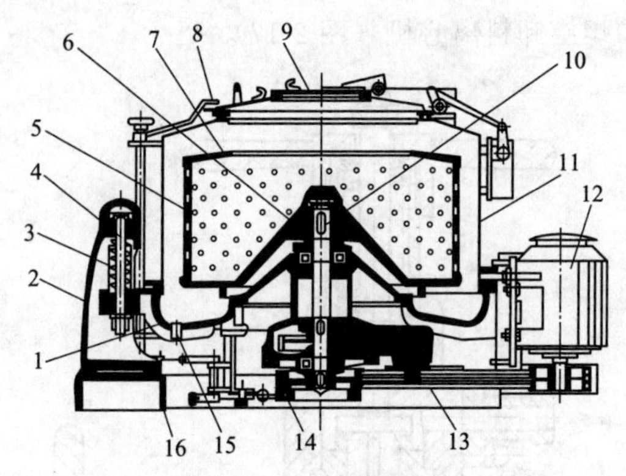

图 2-15 三足式离心机

1—底盘；2—立柱；3—缓冲弹簧；4—吊杆；5—转鼓体；6—转鼓底；7—拦液板；8—制动器把手；9—机盖；10—主轴；11—外壳；12—电动机；13—传动皮带；14—滤液出口；15—制动轮；16—机座

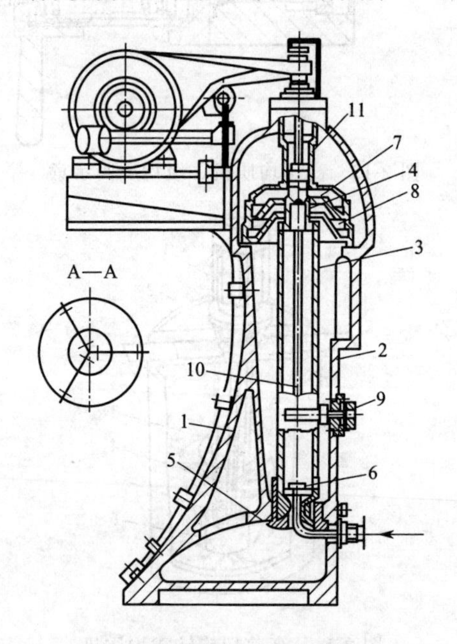

图 2-16 管式离心机结构示意

1—机座；2—外壳；3—转鼓；4—上盖；5—底盘；6—进料分布盘；7—轻液收集器；8—重液收集器；9—制动器；10—桨叶；11—锁紧螺母

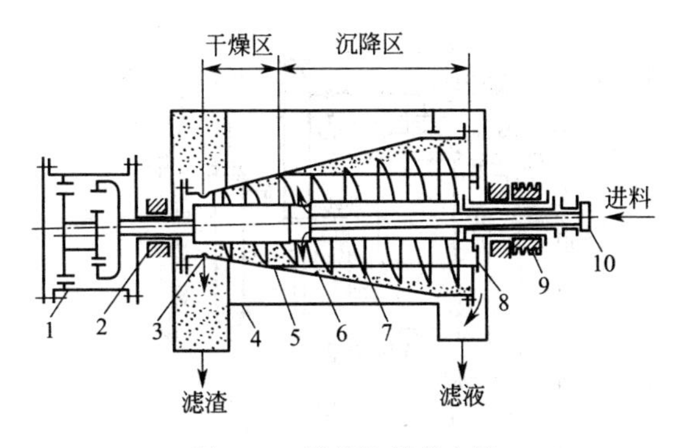

图 2-17 螺旋卸料离心机

1—内啮合差动齿轮变速器；2—空心轴；3—卸渣孔；4—外壳；5—锥形转鼓；6—进料孔；7—螺旋推料器；8—溢流孔；9—带轮；10—中心加料管

八、浓缩设备

浓缩设备是对食品溶液进行浓缩以除去食品原料中部分水分，提高食品营养成分的一种必要设备。

浓缩设备很多，下面主要介绍真空浓缩设备。真空浓缩设备是利用真空蒸发或机械分离等来达到物料浓缩目的一种设备。根据结构材料不同，可分以下几种类型。

1. 薄膜式蒸发器

目前应用较广的为 BM2.2-60 系列薄膜蒸发器。薄膜蒸发机组由蒸发器、汽液分离器、预热器三个主要部件和一只简易分离器组成。蒸发器为升膜式列管换热器，该蒸发器具有生产力大、效率高、物料受热时间短等特点。设备与物料接触部分均采用不锈钢制造，具有良好的耐腐蚀性能，经久耐用，符合食品卫生要求（图 2-18）。

2. JN 50-2000 系列真空浓缩罐

该设备主要包括浓缩罐、第一冷凝器、汽液分离器、第二冷凝器、冷却器、受液槽六个不锈钢部件组成。浓缩罐为夹套结构，冷凝器为列管式，冷却器为盘管式（图 2-19）。

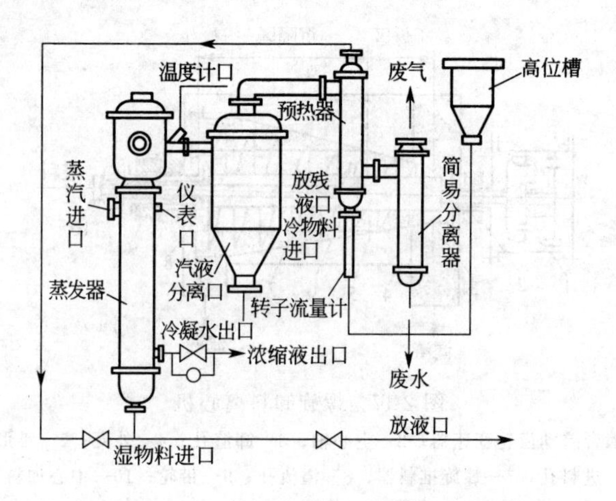

图 2-18　BM2.2-60 系列薄膜蒸发器生产流程

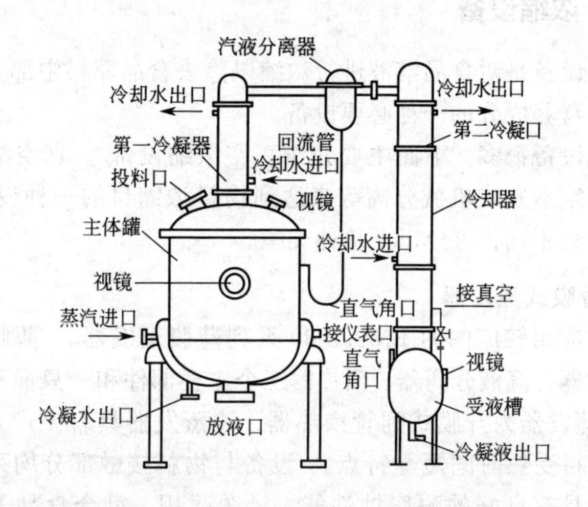

图 2-19　JN 50-2000 系列真空浓缩罐生产流程

3. QN100-3000 系列球形浓缩罐

该罐主要由浓缩罐主体、冷凝器、汽液分离器、冷却器、受液桶五个部分组成。该设备与物料接触部分均为不锈钢，具有良好的耐腐蚀性能，经久耐用，符合食品卫生要求（图 2-20）。

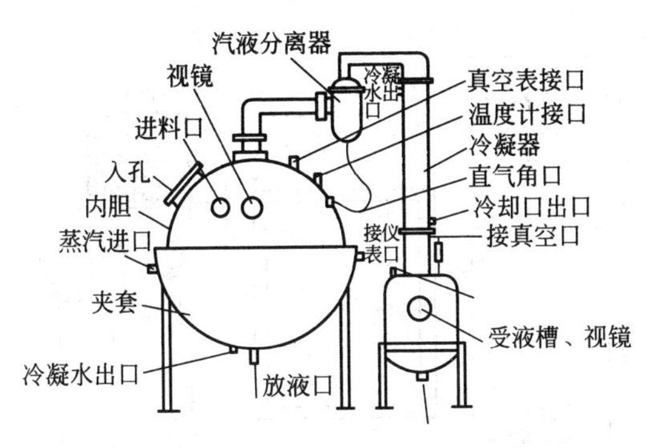

图 2-20　QN100-3000 系列球形浓缩罐生产流程

九、灭菌设备

灭菌设备主要用于食品包装前或包装后对其灭菌，杀死食品中所污染的致病菌及破坏食物中的酶，使食品在非冷冻的正常储存或运输期间不变质。其灭菌设备主要有立式灭菌锅和超高温瞬时灭菌机，如图 2-21、图 2-22 所示。

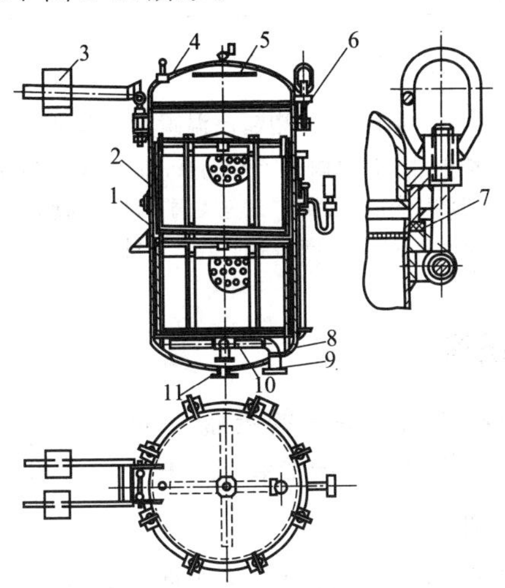

图 2-21　立式灭菌锅

1—锅体；2—杀菌篮；3—平衡锤；4—锅盖；5—盘管；6—螺栓；7—密封垫片；8—锅底；9—蒸汽入口；10—蒸汽分布管；11—排水管

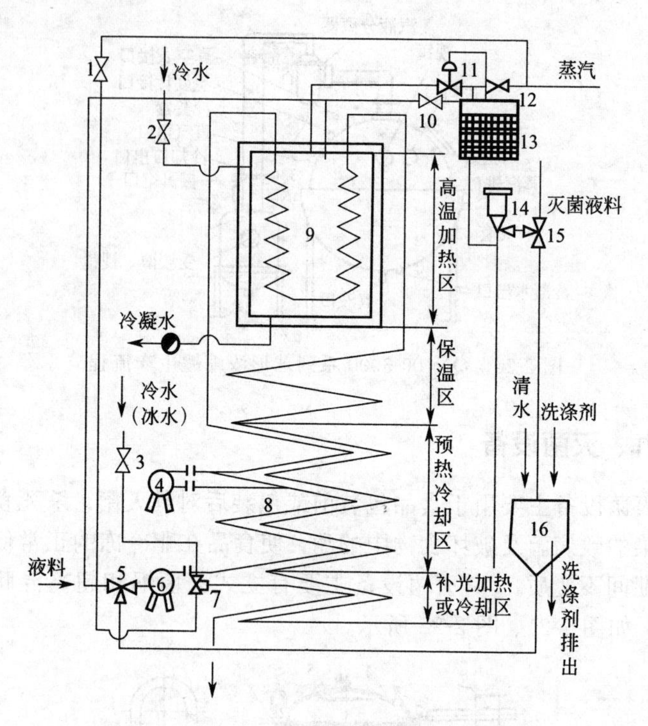

图 2-22 RP_6 L-40 型超高温瞬时灭菌机流程

1—蒸汽阀；2—进水阀；3—冷水阀；4—中间泵；5—进料三通旋塞；6—供料泵；7—三通旋塞；8—套管；9—加热器；10—支阀；11—电动调节阀；12—总阀；13—温度自动记录仪；14—减压阀；15—出料三通旋塞；16—储槽

十、灌装设备

主要用于对液体调味品等的装瓶。灌装机的种类很多，典型的灌装机有常压灌装机、等压灌装机、真空灌装机等。

1. 常压灌装机

该机由储液箱、进出瓶托盘、灌装阀主轴和传动系统组成（图 2-23）。主轴 3 直立安装，下设有轴承；储液箱 1 位于轴端，下设 24 个灌装阀 2；进出瓶拨轮 6 和 7 在同一水平，与灌装阀对应的 24 个托瓶盘分别安装在升降杆上，通过下部轨道实现升降运动。电机和传动系统安装在机架内。灌装时，当有瓶子卡住不能上升时，升降杆可以自由收缩，不会压碎瓶子。当瓶口对准灌装头并将套管顶开，储液箱中液体流入瓶中，由灌装阀 2 中部的毛细管排出并定量。瓶子装满后由出瓶拨轮拨出，送至压盖 2 位，完成一个灌装循环。如此反复灌装。

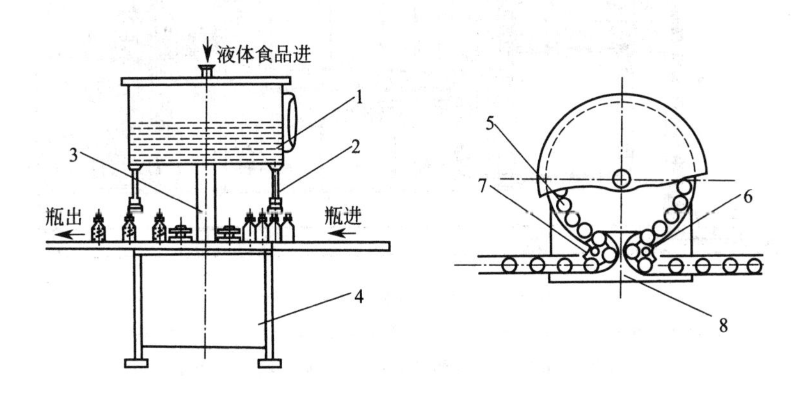

图 2-23 常压灌装机

1—储液箱；2—灌装阀；3—主轴；4—机架；
5—托瓶盘；6—进瓶拨轮；7—出瓶拨轮；8—导向板

2. 等压灌装压盖机

该机由进瓶装置 3、拨瓶星轮 2、升降瓶机构 1、灌装阀 4、高度调节装置 5、环形储液箱 6、压盖装置 7、出瓶星轮 8 和机体 9 组成。其结构如图 2-24 所示。

3. 真空式灌装机

该机总体结构如图 2-25 所示。

十一、封罐设备

封罐设备是对灌装产品后的容器如罐头瓶、玻璃瓶、陶瓷瓶、塑料瓶等进行压盖封口的一种机械。主要有卷边封口机、压盖封口机、皇冠盖压力封口机等。其结构如图 2-26、图 2-27、图 2-28 所示。

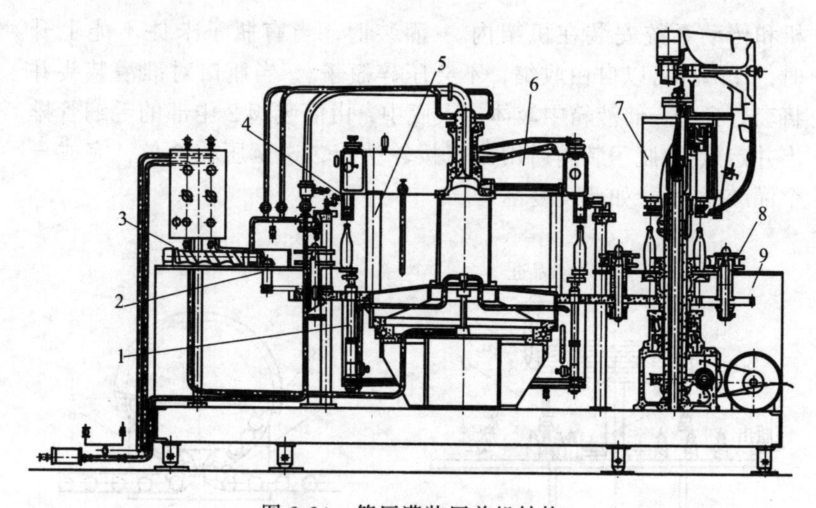

图 2-24　等压灌装压盖机结构

1—升降瓶机构；2—拨瓶星轮；3—进瓶装置；4—灌装阀；5—高度调节装置；6—环形储液箱；7—压盖装置；8—出瓶星轮；9—机体

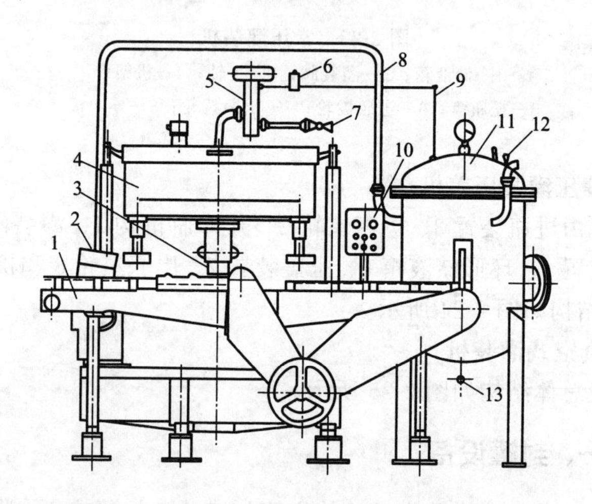

图 2-25　真空式灌装机

1—瓶罐输送带；2—传动部分；3—中心盘；4—储液加液部分；5—薄膜阀；6—电磁阀；7—进液管；8—不锈钢管；9—紫铜管；10—电气控制板；11—储气桶；12—抽真空管；13—放液口

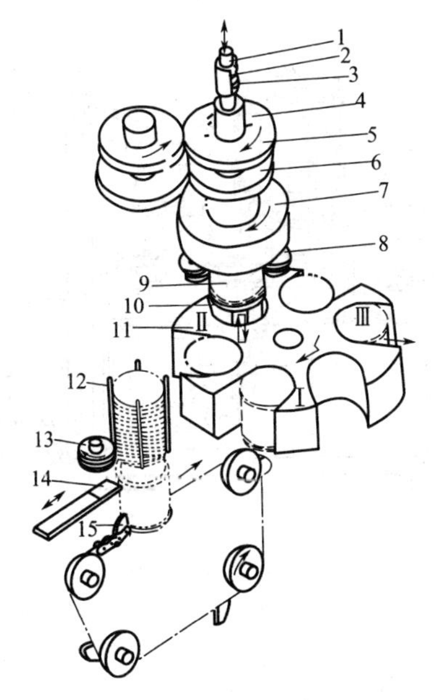

图 2-26 卷边封口机示意

1—压盖杆；2—套筒；3—弹簧；4—上压头固定支座；5，6—差动齿轮；7—封盘；8—卷边滚轮；9—罐体；10—托罐盘；11—六槽转盘；12—盖仓；13—分盖器；14—推盖板；15—推头

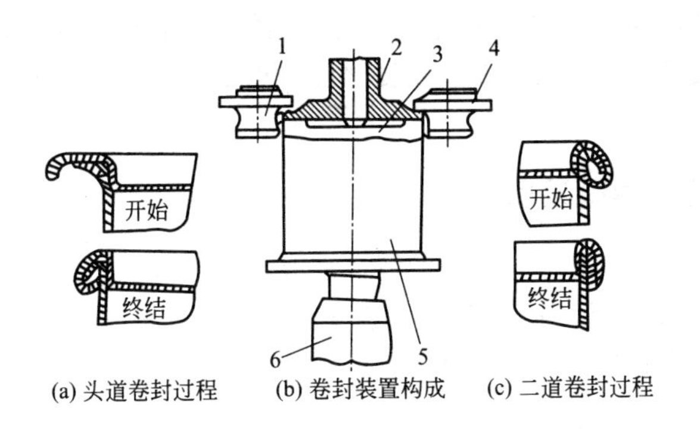

(a) 头道卷封过程 (b) 卷封装置构成 (c) 二道卷封过程

图 2-27 二重卷边封口作业状况示意

1—头道卷封滚轮；2—上压头；3—罐盖；4—二道卷封滚轮；5—罐体；6—下压板

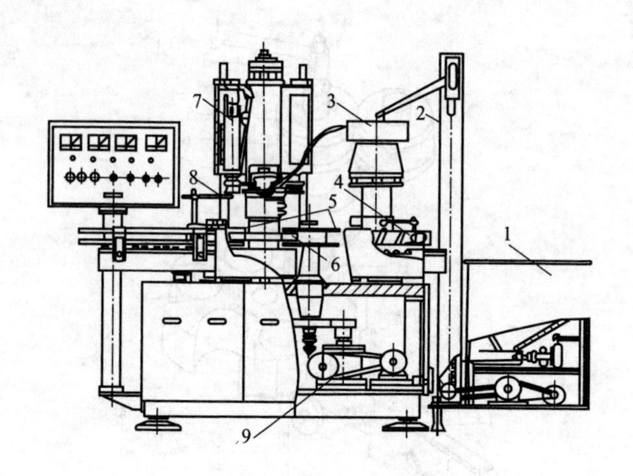

图 2-28 皇冠盖压力封口机

1—储盖箱；2—磁性带；3—电磁振动给盖器；
4—供瓶装置；5—拨轮；6—压盖转盘；
7—压盖机头；8—吊瓶安全装置；9—无级变速器

十二、发酵设备

发酵设备主要用于酿制调味品发酵之用。发酵设备种类很多，一般可用发酵缸、发酵池、发酵罐等。规模化生产也可单浓度连续发酵设备、双浓度连续发酵设备和全封闭式连续发酵设备，如图 2-29～图 2-31 所示。

十三、蒸馏设备

蒸馏是将混合液加热至沸腾，使液体不断汽化，产生的蒸汽经冷凝后作为顶部产物的分离、提纯的设备。其设备有简单蒸馏器、平衡蒸馏器和精馏器等，如图 2-32～图 2-34 所示。

十四、喷雾干燥设备

喷雾干燥是用于将含有水分的浓汁食物干燥成粉状的一种设备，其类型很多，大型设备多为塔式喷雾干燥机、平底箱式喷雾干

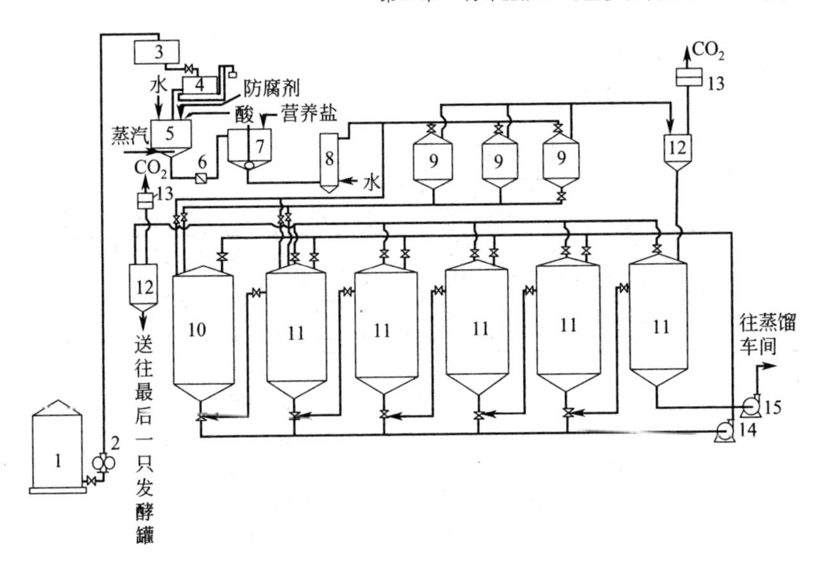

图 2-29 单浓度连续发酵设备流程

1—贮罐；2—齿轮泵；3—高位槽；4—磅秤；5—中间储罐；6，7—稀释器；8—酒母罐；9，10—发酵罐；11—后酵罐；12—泡沫捕集器；13—洗涤塔；14，15—泵

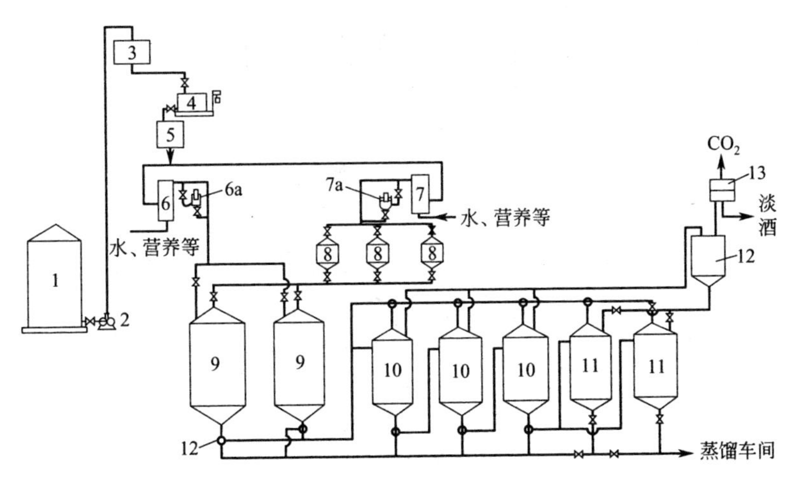

图 2-30 双浓度连续发酵设备流程

1—贮罐；2—齿轮泵；3—高位槽；4—磅秤；5—中间储罐；6，7—稀释器；8—酒母罐；9，10—发酵罐；11—后酵罐；12—泡沫捕集器；13—洗涤塔

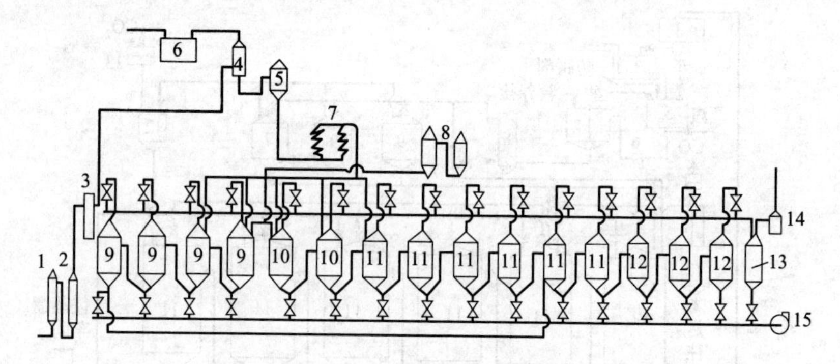

图 2-31 全封闭式连续发酵设备流程

1，2，3—后熟器；4—汽液分离器；5—糖化锅；6—热水箱；7—喷淋冷却器；8—酵母罐；9，10，11，12—发酵罐；13—泡沫捕集器；14—二氧化碳洗涤器；15—泵

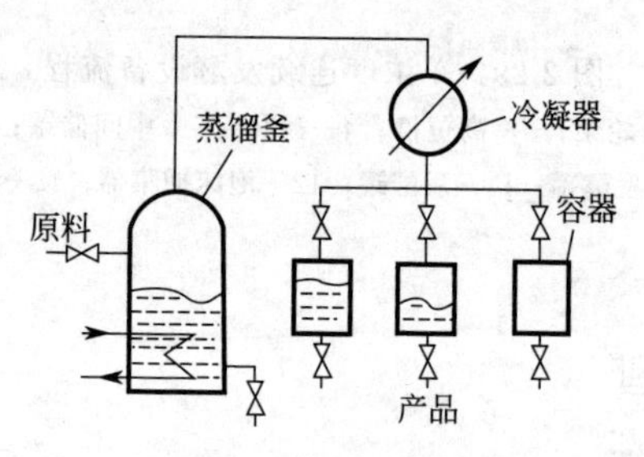

图 2-32 简单蒸馏

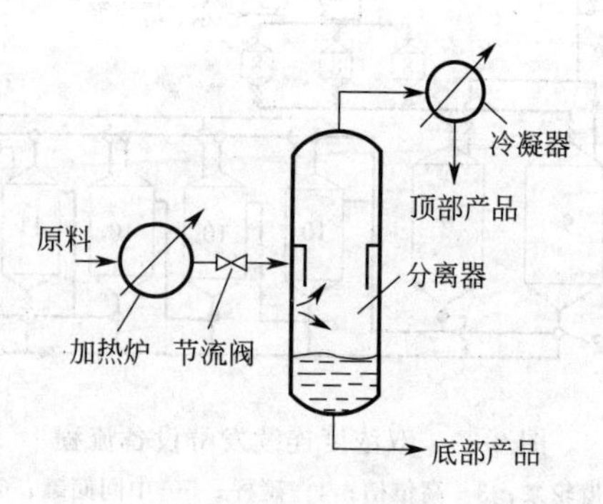

图 2-33 平衡蒸馏

燥机、带冷却器的塔式喷雾干燥机和“尼罗”（Niro）离心喷雾干燥机。

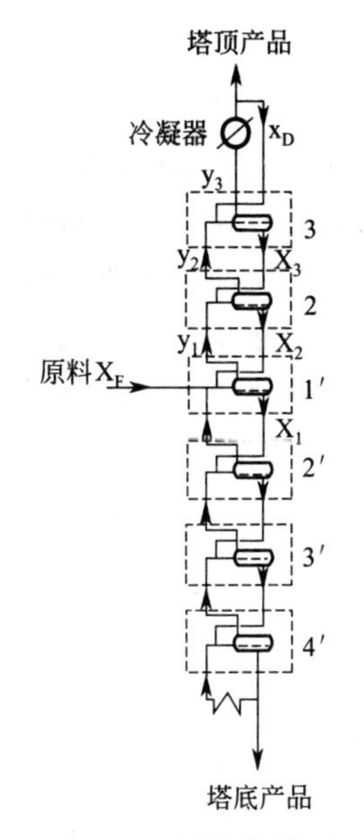

图 2-34　精馏塔模型

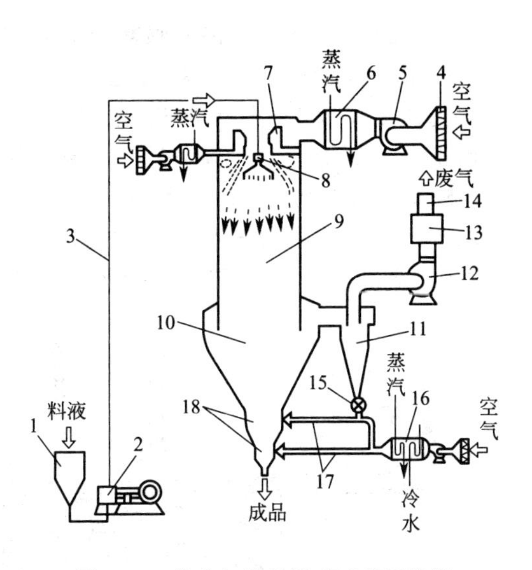

图 2-35　带冷却器的塔式喷雾干燥机

1—储液罐；2—高压泵；3—高压输液管；4—空气过滤器；5—风机；6—空气加热器；7—充气室；8—压力式雾化器；9—干燥室；10—分离室；11—旋风分离器；12—排风机；13—消音器；14—出风口；15—阀门；16—换热器；17—冷风管；18—冷却室

1. 带冷却器的塔式喷雾干燥机

这种干燥机为单喷头立式并流型压力喷雾干燥设备，采用压力雾化器 8 和向下并流操作，塔的下部设有两段冷却室 18。塔内喷雾液滴和整流后热风呈柱状向下流动，在干燥塔的下部有粉末和废气分离器，塔内瞬时干燥的粉末经过圆锥分离室 10，使大部分粉粒因重力落入逆流式两段冷却器，经回转上升的冷却除湿空气使粉末冷却至接近室温，有利于脂肪的固化和乳糖的结晶，排出后可在流化床进行充分冷却至室温。废气带走的细粉由旋风分离器回收，用气流输送到第一冷却段与主成品混合冷却，也可重回入塔内与喷雾液滴接触，增加粉的粒径，或将细粉回入原液进行重新喷雾干燥（图 2-35）。

2. “尼罗”（Niro）离心喷雾干燥机

该机由料液平衡槽 1、双联过滤器 2、螺杆泵 3、离心喷雾机 4、蜗壳式热风盘 5、干燥塔 6、振动器 7、沸腾冷却床 8、振动筛 9、粉箱 10、储粉罐 11、真空泵 12、旋风分离器 13、细粉回收风机 18 等构成（图 2-36）。工作时，浓液汁从物料平衡槽经双联过滤器过滤，由螺杆泵均匀送至塔顶离心喷雾机，将浓液喷成雾状，与蜗壳式热风盘进行热交换，瞬时被干燥成粉粒，较大颗粒落入干燥塔

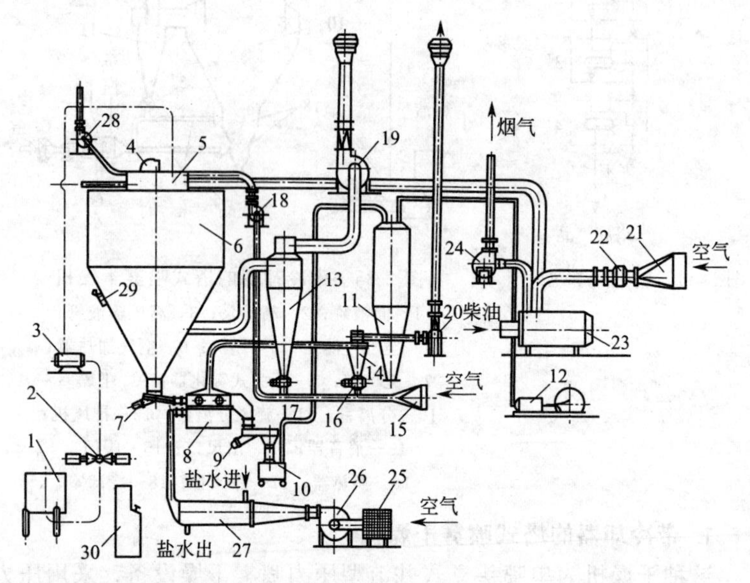

图 2-36 “尼罗(Niro)”离心喷雾干燥机工艺流程

1—料液平衡槽；2—双联过滤器；3—螺杆泵；4—离心喷雾机；5—蜗壳式热风盘；6—干燥塔；7—振动器；8—沸腾冷却床；9—振动筛；10—粉箱；11—储粉罐；12—真空泵；13—旋风分离器；14—细粉回收旋风分离器；15，21，25—空气过滤器；16，17—鼓形阀；18—细粉回收风机；19，20—排风机；22—燃油热风炉进风机；23—燃油热风炉；24—排烟风机；26—风机；27—除湿冷却器；28—冷却风圈排风机；29—电磁振荡器；30—仪表控制台

下部，由振动器输送到沸腾冷却床进一步干燥、冷却，再送至振动筛过筛后落入粉箱被真空吸至储粉罐充氮储存。过细的粉末被气流夹带分别进入旋风分离器和细粉回收旋风分离器回收，而后被吹回干燥塔顶部与雾状的浓液雾滴聚合后重新干燥，形成较大颗粒的粉状物。

十五、混合设备

混合机是用于两种和两种以上的不同组分的固体与固体或固体与液体、或液体与液体进行充分匀混的一种加工设备。其种类有固定容器式混合机、回转容器式混合机两大类。前一种又分为卧式螺旋环带混合机、倾斜螺带连续混合机、立式螺旋式混合机、犁状桨叶高速混合机、行星锥形混合机、立式桨叶连续混合机、V形混合机等。下面主要介绍倾筒式混合机和V形混合机。

1. 倾筒式混合机

常见的有水平回转筒式和斜置回转筒式两种。水平回转筒式混合机的圆筒呈水平放置，回转轴线与圆筒轴线同轴；如果回转轴线与圆筒轴相交，则称为斜置回转筒式混合机，如图2-37所示。水平回转筒式混合机的装料量为圆筒容积的30%，斜置式可达60%。前者的物料在筒内会与圆筒一起回转，物料不能充分混合。而后者物料在筒内可做复杂的运动，即使装料量较多，其混合效果也较好。如图2-37(a)所示，这类混合机常用于辛香料等的混合。

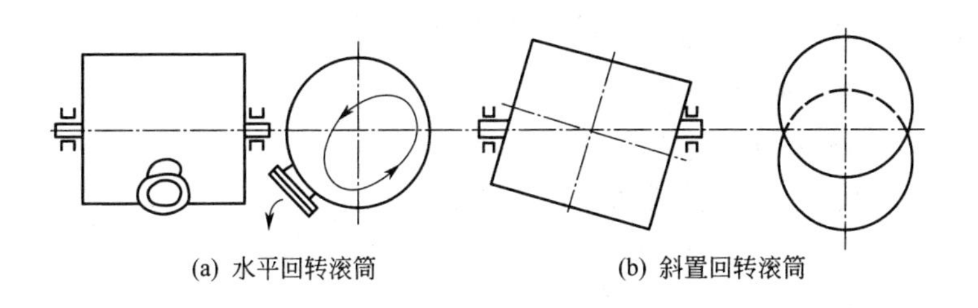

图2-37 倾筒式混合机

2. V形混合机

该机由两个圆筒V形焊合而成，主要由原料入口1、传动链2、调速器3、出料口4构成（图2-38），工作时要求主轴平衡回转。装料量为两个圆筒体积的20%～30%，其转速为16～25转/分钟。此机常用于混合多种粉料，以构成混合物。

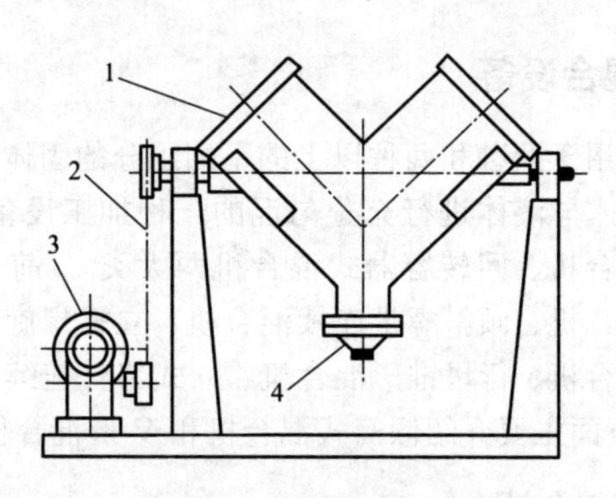

图2-38　V形混合机

1—原料入口；2—传动链；

3—减速器；4—出料口

十六、包装设备

包装设备是用包装技术将生产出的食品用罐、瓶、袋、盒等容器包起来，以便储存、运输的一类设备。其要求主要是防潮湿、耐油脂、不透光等，对固体物常用蜡纸、铝箔、玻璃纸、聚丙烯或聚乙烯等食品袋、盒进行包装。对液体物常用玻璃瓶、罐头瓶等包装。下面介绍几种通用型包装机供选用。

1. 高压蒸煮袋包装机

其结构和生产过程如图2-39所示。

2. 复合式真空包装机

其结构和生产过程如图2-40所示。

3. 传送带式真空包装机

其结构和生产过程如图2-41所示。

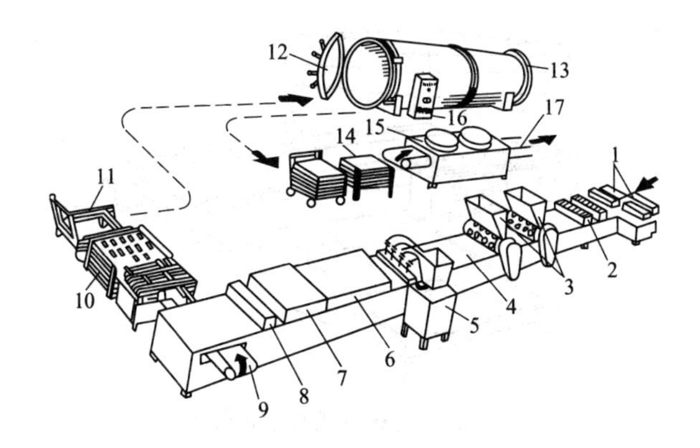

图 2-39 高压蒸煮袋包装的生产过程及设备配置

1—空装箱；2—空袋输送装置；3—回转式装料机；4—手工排列装置；5—活塞式液体装料机；6—蒸汽汽化装置；7—热封装置；8—冷却装置；9—输送器；10—堆盘；11—杀菌车；12—杀菌锅门；13—杀菌锅；14—卸货架；15—干燥器；16—控制台；17—输送器

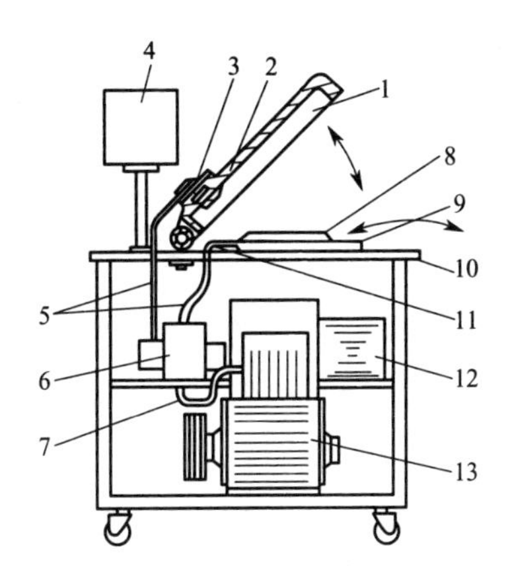

图 2-40 复合式真空包装机

1—真空槽盖；2—封口支承；3—加压部分；4—控制部分；5，7—真空回路；6—转换阀；8—包装体；9—包装体承受盘；10—台板；11—加热杆；12—变压器；13—真空泵

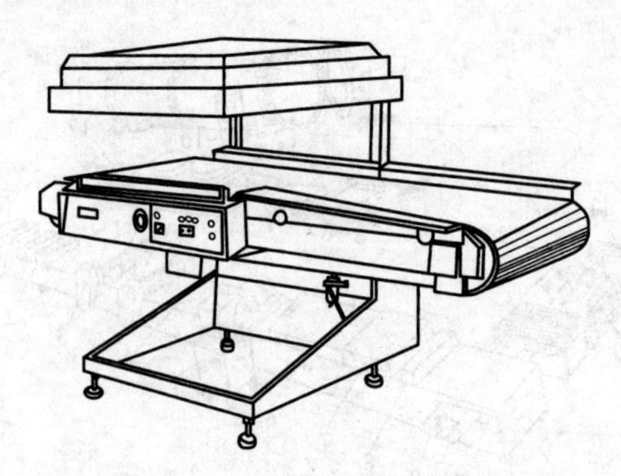

图 2-41　传送带式真空包装机

第三章 单一型调味品

所谓单一型即一种食物就是一种调味品，其味单调，如辣椒、生姜等，是一类古老而传统的调味品，但用途很广，被烹饪上广泛采用。

一、辣椒

辣椒浆果成熟后变成红色或橙黄色。其品种有几十种，产地几乎遍布全国，产量居世界第一。辣椒是我国外贸出口商品之一。

辣椒的辣味主要是辣椒素和挥发油的作用。辣椒果实含有脂肪油、挥发油、油树脂、树脂、辣椒素、辣椒玉红素、辣椒红、胡萝卜素、玉米黄素、类胡萝卜素、叶黄素、隐黄素、维生素、蛋白质、戊聚糖和多种矿物质等。辣椒性辛、热、辣，能调味，有温中散寒、促进胃液分泌、开胃、除湿、提神兴奋、帮助消化、促进血液循环、增强机体的抗病能力等作用。辣椒在食品烹饪加工中是不可少的调味佳品。

二、生姜

生姜味辛，性微寒，不但能调味，还有发汗解表、止呕、解毒的功能。姜具有植物杀菌素，其杀菌作用不亚于葱和蒜。姜中的油树脂，可抑制人体对胆固醇的吸收，防止肝脏和血清胆固醇的蓄积。姜中的挥发性姜油酮和姜油酚，具有活血、祛寒、除湿、发汗、增温等功能，还有健胃止呕、辟腥臭、消水肿之功效。

三、花椒

花椒又名秦椒、风椒、岩椒、野花椒、大红袍、金黄椒、川椒、红椒、蜀椒、竹叶椒。其味芳香，微甜，辛温麻辣。具芳香味，果实为蓇葖，圆球形，成熟时红色至紫红色。

花椒果皮中含挥发油，花椒精油中含有异茴香醚及牻牛儿醇，具有特殊的强烈芳香气。居诸香料之首，因此是很好的调味料。

四、胡椒

胡椒又名古月、黑川、百川。成品因加工的不同而分白胡椒、黑胡椒。胡椒气味芳香，有刺激性及强烈的辛辣味。黑胡椒气味比白胡椒浓。

幼果绿色，成熟时橙红色，干后外皮皱纹变为黑色，种皮坚硬，内为白色，有强烈芳香辛辣味。使用部位为胡椒的浆果。

黑胡椒和白胡椒加工方法不同。黑胡椒是把刚成熟而未完全成熟的果实或自行脱落下的果实经堆积发酵 1～2 天后脱粒，晒 3～4 天，直到颜色变黑褐色，干燥后即成黑胡椒产品。或经发酵脱粒后，蒸发 5～10 分钟，晒 5～7 天，再放进 60℃烘箱中干燥。黑胡椒气味芳香，有刺激性，味辛辣，以粒大饱满，色黑皮皱、气味强烈者为佳。而白胡椒的加工是把颜色呈青黄而有点变红的成熟浆果采收下来，装入布袋，浸在流动的清水中 7～8 天，使其外果皮易剥下，搓去果皮后装进多目小孔的聚乙烯袋内，用流水冲洗，除净果皮，使种子变白，随后摊在竹席上晒 3 天左右，再放于 60℃烘箱中干燥，或晒干即成。

胡椒果实中含有 8%左右的脂肪油，36%的淀粉和 4.5%的灰分，其芳香成分为挥发油。胡椒芳香辛热，温中祛寒，消痰、解毒，是当今世界食用香料中消耗最多，最为人们喜爱的一种辛香调味料。

五、丁香

丁香又分公丁香和母丁香，其气味强烈芳香、浓郁，味辛辣麻。花期在6～7月，在花蕾含苞欲放、由白转绿并带有红色、花瓣尚未开放时采收。采后把花蕾和花柄分开，经日晒4～5天至花蕾呈浅紫褐色，脆、干而不皱缩，所得产品即为公丁香。果花在花后1～2个月，即7～8月果熟，浆果红棕色，稍有光泽，椭圆形，其成熟果实为母丁香。公丁香呈短棒状，上端为花瓣抱合，呈圆球形，下部呈圆柱形，略扁，基部渐狭小，表面呈红棕色或倒卵或短圆形，顶端有齿状萼片4片，表面呈棕色，粒糙。我国广东、广西等地均有生产。

丁香花蕾除含有14%～21%精油外，尚含树脂、蛋白质、单宁、纤维素、戊聚糖和矿物质等。可调味，制香精，是人们普遍欢迎的一种调味料。

六、小茴香

小茴香又名茴香、小茴、小香、角茴香（浙江）、刺梦（江苏）、谷香、谷茴香等，其气味香辛、温和，带有樟脑般气味，微甜，又略带有苦味和有炙舌之感。小茴香有强烈香气。花黄色，果实为双悬果，卵状长圆形，两端略尖，黄绿色或淡黄色。9～10月为果熟期。我国各地均有栽培。

小茴香的加工是收割全株晒干、脱粒，打下果实，去除杂质。干燥果实呈小柱形，两端稍尖，外表呈黄绿色，以颗粒均匀、饱满、黄绿色、味浓甜香的为佳。置干燥通风处保存待用或外销。

100克小茴香含有镁49毫克，钾120毫克，钠350毫克，氯380毫克。果实还含有12%～18%脂肪油、维生素、糖等成分及茴香脑60%～80%、小茴香酮18%～20%等。

小茴香味辛，性温，气芳香，有调味、温肾散寒、和味理气等作用。茴香在烹调鱼、肉时可辟秽去异味。茴香油在食品中不但有调香作用，还有良好的防腐作用。

七、八角茴香

八角茴香北方称大料，南方叫唛角，也称大茴香、八角。有强烈的山楂花香气，味甜，性辛温。八角为八角树之果实，为辐射状的蓇葖果，呈八角形，故名八角。八角产于广西西南部，为我国南方热带地区的特产。

八角属有 4 个品种，其中有 2 种极毒，即莽草和厚皮八角不可食用。所以八角在食用时，一定要鉴别真伪，切勿混淆误食。

八角的果实由青转黄时即可采摘，过熟时为紫色，加工后变黑色，由于不能同时成熟，故不宜一次性采收。采收的鲜果倒入沸水中，煮 5～10 分钟后迅速取出，沥干水分，放竹席上晒5～6 天，中间应不断翻动。晒干后呈棕红色，鲜艳，有光泽，价值高，群众称“大红”也可用文火烘干，果呈紫红色，暗淡，无光泽，香味浓。八角果按其质量要求分 5 等：即大红、金星大茴、统装大茴、角花、干枝。其标准大致如下。

（1）大红　色泽鲜红，肉厚肥壮，朵大无硬枝，无黑粒，身干无霉变。

（2）金星大茴　与大红相同，而在阳光下看是金光闪闪，细看有发光白点，质地最佳。

（3）统装大茴　色泽红，肉肥，其中有少许瘦角，黑粒。稍有硬枝，无碎角，身干无霉。

（4）角花　色泽有红有黑，角身比较瘦，略有硬枝，身干无霉，味稍差。

（5）干枝　色泽暗红，角瘦，角的尖端扎手，硬枝多，碎角不多，身干味差。

八角果还可以出口，其规格有：棕黄色，果形肥壮，水分＜14％，含油量＞10％。一级品杂质不超过 1％，碎口不超过 17％；二级品杂质不超过 2％，碎口不超过 17％；三级品杂质不超过 3％，碎口不超过 25％。

八角果所含的主要成分为茴香脑类挥发油，是配制五香粉、调味粉的原料之一，具有温阳、散寒、理气的作用。

八、砂仁

砂仁又名缩砂密、缩砂仁、宿砂仁、阳春砂仁。其干果气芳香而浓烈，味辛凉，微苦。砂仁为姜科植物砂仁种子的种仁。砂仁的蒴果近球形，熟时棕红色。种子多枚，黑褐色，芳香。主要栽培或野生于广东、广西、云南和福建的亚热带地区。

砂仁果实适宜的采收期是初花后100～110天，因成熟度不一致，一般是边成熟边采收，晒干或用文火焙干，剥去果皮，将种子仁晒干，即为砂仁，以个大、坚实、仁饱满、气味浓者为佳。砂仁味辛，性温，有行气宽中止痛、健脾消肿、安胎止呕的功能。

九、山柰

山柰又名三柰、沙姜。为姜科多年生宿根草本的地下块状根茎，有香味。根叶皆如生姜，有樟木香气。切断炮干，则皮赤黄色，肉白色。作为香料，是制作扒鸡、熏鸡的增香香料，也是西式调味料的原料之一。山柰味辛、温，无毒，主暖中，有镇心腹冷痛及牙痛等作用。

十、肉桂

肉桂又名简桂、木桂、杜桂、阴桂、连桂，有强烈的肉桂醛香气和微甜辛辣味，性温热，略苦。肉桂为常绿乔木，高达8～17米，茎干内皮红棕色，具有肉桂特有的芳香和辛辣味，整个树皮厚约1.3厘米，作为香辛料主要使用桂皮、桂枝等。肉桂主要产于我国广东、广西、海南，云南也有生产。

桂皮一般是在7～8月间剥取，剥取10年生树体的树皮或粗枝皮，晒1～2天后卷成筒状，阴干即成。也可做环状切割取皮，在离老树干30厘米处做环状切割，将切口以下的树皮剥离、晒干。桂枝的加工是在3～7月间剪下枝条，切成圆斜薄片晒干或阴干，或剪取嫩枝，切成30～60厘米的短枝晒干。

肉桂味辛，微甜，具有温脾和胃、祛风散寒、活血利脉作用，对痢疾杆菌有抑制作用。肉桂作为食品调味香料被普遍使用，在烹饪中可增香、增味。

十一、豆蔻

豆蔻又名圆豆蔻、波蔻，性温和，芳香气浓，味辛略带辣。豆蔻为根状茎，株形似姜，花白色，蒴果土黄色或棕红色，顶端微紫，近球形，外包白色透明有酸甜味的假种皮，肉白色，芳香辛凉。果熟期一般为7～9月，当果实呈淡黄色、轻压即裂开，子粒易分离，种子质硬呈浓褐色并有光泽时即可采收。收果实用剪刀剪取果穗，不可用手拔。

豆蔻主要成分为α-龙脑、α-樟脑及挥发油等。具有理气宽中、开胃消食、化湿止呕和解酒毒的功能。豆蔻作为调味料可用于肉类加工等。

十二、肉豆蔻

肉豆蔻又称肉果、玉果。肉豆蔻为常绿乔木，花期1～4月。核果肉质，近似球形或梨形，有芳香，为淡黄色或橙黄色。果熟时裂为两瓣，露出深红色假种皮，即肉豆蔻衣。种仁即肉豆蔻，呈卵形，有网状条纹，外表为淡棕色或暗棕色。

肉豆蔻成熟果实呈灰褐色，会自行裂开撒出种子，可从地上捡拾或用长钩采摘。采后的果实除去肉质多汁的厚果皮，剥离出假种皮，将种仁置于45℃的温度下缓慢烤干至种仁摇动即响，即为肉豆蔻成品。

肉豆蔻含有挥发油、脂肪、蛋白质、戊聚糖、矿物质等。挥发油中主要含α-茨烯和α-蒎烯。肉豆蔻性温、味辛香，有调味、行气止泻、祛湿和胃、收敛固涩作用。作为调料，可解腥增香，是配制咖喱粉的原料之一。

十三、白芷

白芷又称香白芷、杭白芷、川白芷、禹白芷、祁白芷。气芳香，味微辛苦。白芷为伞形科多年生草本植物的根，根少分歧，直立圆形，中空。杭白芷生产于浙江省杭州的笕桥，川白芷生产于四川省遂宁市、温江县、崇庆县等地，禹白芷生产于河南省禹县、长葛等地，祁白芷生产于河北省安国县（古称祁州）。

加工干白芷可采挖根部，拣去杂质，用水洗净，整支或切片晒干备用。白芷以独支、皮细、外表土黄色、坚硬、光滑、香气浓香者为佳。

白芷可发表散风、消肿止痛，用于治疗感冒头痛，并具有一定的抗菌能力。因其气味芳香，在制作扒鸡、烧鸡等名特产品中使用。

十四、草果

草果又叫草果仁、草果子。味辛辣，具特异香气，微苦。为多年生草本植物的蒴果，蒴果长圆形或卵状椭圆形，熟时呈紫红色，采期9～11月。果实内有种子8～11粒，种子为圆锥状多面体，棕红色，表面有白色的假种子，或用沸水烫2～3分钟后晒干，置干燥通风处保存。品质以个大、饱满、表面红棕色的为好。

果实中含淀粉、油脂等。草果具有燥湿健脾、散寒、除痰、截症等功效，还有增香调味作用，可用于烹制肉鱼菜肴。

十五、芥菜

芥菜又名大芥，十字花科，一年生或两年生草本，高1米，开小黄色花，种子分为黑芥子和白芥子，种皮外面呈赤棕色的为黑芥子，淡黄的为白芥子。芥菜可直接作蔬菜食用，腌后有特殊鲜味和香味。种子可加工成粉末或制成糊状，也可提取芥子油。辛辣的主要成分为芥子苷，在芥子流苷酶的作用下，水解成烯丙基异硫氢酸 对羟基苯异氰酸、酸性硫酸芥子碱等。具有利气散寒、消肿通络的作用，可用作蔬菜食用，也是蛋黄酱、色拉、咖喱粉等调味品的原料之一。

十六、芫荽

芫荽又称香菜、胡荽、香菜子、松须菜。具有温和的芳香，为一年或两年生草本，4～5月为花期，开小白花或浅紫色花。6～7月为果熟期，果为双悬果圆球形，表面淡黄棕色；成熟果实坚硬。

芫荽果味辛，性温、平，气芳香，有调味、疏风散寒、发表、开胃的功能。芫荽是人类历史上药用和用作调味品的最古老的一种芳香蔬菜，常用较大的幼苗作芳香菜食用。芫荽子是配制咖喱粉等调味品的原料之一。

十七、洋葱

洋葱又名洋葱头、肉葱、圆葱、玉葱。其味辛，辣，温，味强烈。洋葱为两年生草本植物，叶似大葱，浓绿色，管状长形，中空，叶鞘不断肥厚形成鳞片，最后形成肥大的球状鳞茎。鳞茎呈圆球形、扁球形或其他形状即葱头。洋葱在我国很多省区均有栽培。

洋葱含有一种特殊气味的物质，主要是二烯丙基二硫化物、硫氨基酸、半胱氨酸、环蒜氨酸、柠檬酸盐、苹果酸盐及多种氨基酸，多糖A、多糖B、维生素C、维生素B、维生素B_2和维生素A原及微量元素硒等。

洋葱性辛温，有和胃下气、化湿祛痰、降脂降糖、帮助消化的功能，它所含的硒还具抗癌作用。洋葱由于有独特的辛辣味，除供作蔬菜生食或熟食外，还用于调味，增香，促进食欲，是家庭烹饪和制作熟肉类食品、罐头、沙拉酱及中西式调味料的常用调味香辛料。

十八、月桂

月桂又名桂叶、香桂叶、香叶、天竺桂，主要用其叶，其味芳香文雅，香气清凉略带辛香和苦味。月桂为常绿乔木或灌木，高10～12米，幼枝绿色，老枝褐色。月桂叶一年四季均可采收。

叶采后，应摊开晾干，至浅黄带褐色。月桂的主要成分是月桂硬脂、月桂素和月桂油。月桂叶在食品中起增香矫味作用，因含有柠檬烯等成分，具有杀菌和防腐的功效。广泛用于肉制汤类、烧烤、腌制品等。

十九、薄荷

薄荷又名苏薄荷、番荷菜、南薄荷、土薄荷、水薄荷、鱼香草等。味芳香，有清凉感，凉气中带有青气。薄荷为唇形科植物薄荷的全株或叶，为多年生宿根草本，花淡紫色，小坚果，卵球形黄褐色。全国大部地区均有栽培。

将采下的新鲜茎叶，切成小段后，于通风处晒干。干燥后呈黄褐色带紫和绿色。气香，味辛凉。以身干、无根、叶多、色绿、气味浓者为佳。

新鲜叶含挥发油0.8%～1.0%，干基叶含1.3%～2%。油中主要成分为薄荷醇，含量约77%～78%；其次为薄荷酮，含量为8%～12%；还有乙酸薄荷酯等。

薄荷味辛芳香，有调味、疏风、散热、辟秽、解毒等作用。全草可入药，适用于感冒发热、头痛、咽喉肿痛、无汗、风火赤眼、风疹、皮干发痒、疝痛、下痢等。薄荷是食品烹饪调料，在中西式复合调味料中常有应用。

二十、莳萝

莳萝又名土茴香。为一年生伞形科草本植物，以干燥植株作香辛料，具有强烈的似茴香气味，但味较清香、温和，无刺激感，我国有少量栽培。

莳萝籽大部分用于食品腌渍。叶经磨细后，加进汤、凉拌菜、色拉的一些水产品的菜肴中，有提高食物风味，增进食欲的作用。莳萝籽是腌制黄瓜不可缺少的调味香料，也是配制咖喱粉的主料之一。全株味辛、温、无毒，具有健脾开胃、补肾、壮筋骨的作用。

二十一、百里香

百里香又名五助百里香，俗称山胡椒。为唇形科，多年生草本植物。小坚果椭圆形，将茎直接干制或再加工成粉状，用水蒸气蒸馏可得1%～2%精炼油。干草为绿褐色，有独特的叶臭和麻舌样口味，带甜味，芳香强烈，可用于鱼类加工烹饪以及汤类的调味增香。

二十二、胡芦巴

胡芦巴又称芦巴子、苦豆，甘肃称香豆，东北又叫香草或苦草。全草干后香气浓郁，略带苦味，为一年生草本植物，全株具香气，果为荚果，细长扁圆筒状，稍弯曲。果内种子10～20粒，棕色至浅棕黄色。当下部果荚转为黄色时，即可整株割取晒干，搓下种子，磨碎后可作食品调料。茎、叶洗净晒干，磨碎后也可作调料。

胡芦巴含大量甘露半乳糖、胡芦巴碱、胆碱、挥发油、蛋白质、少量脂肪油、维生素 B_1。药用价值有补肾阴祛寒湿、止痛的功效。可用于肾虚腰酸、阳痿、寒疝偏坠、睾丸冷痛、胃寒痛和寒湿脚气肿痛、乏力等症的治疗。

胡芦巴种子营养丰富，蛋白质含量达27%～35%，还富含糖、淀粉、纤维素和矿物质等，可作为药用食品香料，许多国家把它列为营养不良的辅助食品。干茎叶可作为食品调味料，是制作咖喱粉的原料之一；可广泛用于焙烤食品、酱腌菜作为调味品。

二十三、辣根

辣根亦称“马萝卜”，属十字花科多年生宿根草本植物的肉质根。辣根是制造辣酱油、咖喱粉和鲜酱油的原料之一，也是制作罐头食品不可缺少的一种香辛料。鲜辣根切片磨糊后可作调味料，有强烈的辛辣味，主要成分为烯丙基介子油、异介苷等，具有增香防腐作用。加醋后可以保持辛辣味，有利尿、兴奋神经的功能。

二十四、紫苏

紫苏有数种，如水苏、鱼苏、山鱼苏等。其味辛、温，具有特异的芳香，为一年生草本植物，茎直立，高30～100厘米，紫色或绿紫色。

紫苏茎晒干即成香料，紫苏子可取油。全草含挥发油0.5%。内含紫苏醛约55%，左旋柠檬酸烯20%～30%及α-蒎烯少量。性辛、温，可解肌发表，散风寒，行气宽中，消痰利肺，定喘安胎，解鱼蟹毒。紫苏叶可煮汤，是做菜调味的佳品。

二十五、姜黄

姜黄地方名为郁金、黄姜。有近似甜橙与姜、良姜之混合香气，略有辣味和苦味。为多年生宿根草本植物，主要用茎。主产于四川、福建、浙江以及江西、湖北、陕西、云南、台湾等地。

姜黄在种植后8～10月当茎枯萎时即可采收。用水洗净，置阳光下晒10天左右，即为成品。

姜黄性温，味苦辛，为芳香兴奋剂，有行气、活血、祛风疗痹、通经、止痛等功用。在调味中作增香剂，也是天然食用色素，是配制咖喱粉的主要原料之一。

二十六、罗勒

罗勒又称兰香、香菜、丁香罗勒、紫苏薄荷、千层塔、香花子等。具有辛甜的丁香样香气，带有清香气息，有清凉感，并稍有辣味。罗勒为一年生草本或亚灌木，全株具芳香味。

罗勒用作调味品的主要是叶子，可在开花前采摘。采收的鲜叶或嫩茎置于阳光下晒，或在暖房进行干燥，干燥温度为40℃左右为宜，以利于保持叶子的原有绿色和香味。干燥后的叶茎宜在通风干燥处保存或包装出售。

罗勒性辛温、微毒，可调味、疏风行气、化湿消食、活血、解毒。在菜肴食品调味中，取其芳香和清凉的味道，并能除腥气。罗勒在西式复合调味料中被普遍采用。

复合型调味品

所谓复合型调味品，即两种和两种以上的食物混合而成的调味品，味道多样，既有某种食物的单一味道，又有多种物质的混合味道，营养丰富，口感鲜美，可烹调诸多美味佳肴。

一、多味酱

多味酱主要以黄酱为主，再配各种调味料，使其各味俱全，风味独特。属复合型调味酱。食用方便，便于携带。

（一）原辅材料

黄酱 50 千克，花椒 1 千克，香油 25 千克，芝麻 15 千克，白糖 15 千克，辣椒 5 千克，米醋 2.5 千克，蒜泥 10 千克，姜粉 10 千克，葱末 10 千克。

（二）工艺流程

黄酱、白糖→加热→调味料→香油→食醋→磨浆→芝麻→煮沸→灌装→成品

（三）操作要点

（1）原料处理　将花椒、芝麻分别炒熟，花椒研成细面备用。

（2）黄酱加热　将黄酱与白糖混合搅拌均匀，加热。

（3）加调味料　将大蒜捣碎，葱切碎与姜粉、辣椒、炒熟的花椒面一同加入黄酱中，搅拌均匀，继续加热。再将香油缓缓加入酱中，边加边搅拌，搅匀后加入食醋。

（4）磨浆　将半成品多味酱过胶体磨磨浆。

（5）煮沸　将酱继续加热并加入芝麻和味精，加热至沸腾即可。

(6) 灌装 将酱料用瓶袋灌装，即为成品。

(四) 质量要求

成品为酱红色。有酱香味，甜、酸、辣、麻、香各味俱全。

【注意事项】

(1) 加热黄酱时要不断搅拌，切勿将酱粘在锅底。

(2) 花椒、芝麻切勿炒煳。

(3) 芝麻一定要和味精一起最后加入酱中。

二、五味辣酱

五味辣酱以番茄为主要原料，再配以各种调味品加工而成。甜、酸、辣、麻、香各味俱全，风味独特，食用方便。

(一) 原辅材料

鲜番茄10千克，辣椒酱3千克，五香粉0.1千克，白砂糖2千克，味精0.1千克，冰醋酸0.3升。

(二) 工艺流程

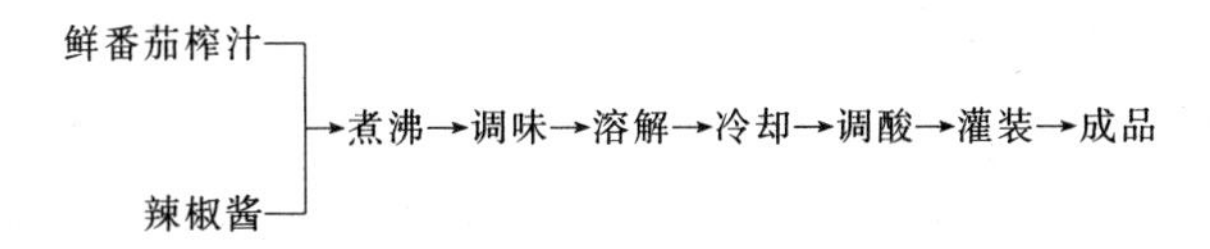

(三) 操作要点

(1)番茄榨汁 将番茄洗净泥沙等杂质，去蒂柄，用去籽机将番茄破碎脱籽，用加热器将番茄迅速加热至85℃以上，用打浆机打浆。浆过孔径1毫米左右的筛备用。

(2) 煮沸 将番茄汁与辣椒酱一同放入锅中，用文火烧沸，并搅拌均匀。

(3) 调味 在沸腾的番茄辣椒酱溶液中，加入五香粉、白砂糖，并不断翻动。

(4) 溶解 待白砂糖完全溶解后，即可停火，加入味精，搅拌均匀。

(5) 调酸 待上述调味液冷却至室温时，加入冰醋酸，充分搅拌，混合均匀。

(6) 灌装　将混合物用瓶（袋）分装，即为成品。

（四）质量要求

(1) 酱体中无番茄子。

(2) 甜、酸、辣、香、麻五味俱全。

(3) 无致病菌检出。

三、蒜茸辣酱

蒜茸辣酱主要以豆酱、甜面酱、蒜瓣为原料，配以其他调味料加工而成。此产品色泽酱黄，蒜香味浓，可口开胃。食用方便，便于携带。

（一）原辅材料

豆酱 20 千克，甜面酱 30 千克，蒜瓣 25 千克，红辣椒 10 千克，生姜 1 千克，精盐 1 千克，白砂糖 0.5 千克，辣椒油 0.5 千克，植物油和少许香油共 2 千克。

（二）工艺流程

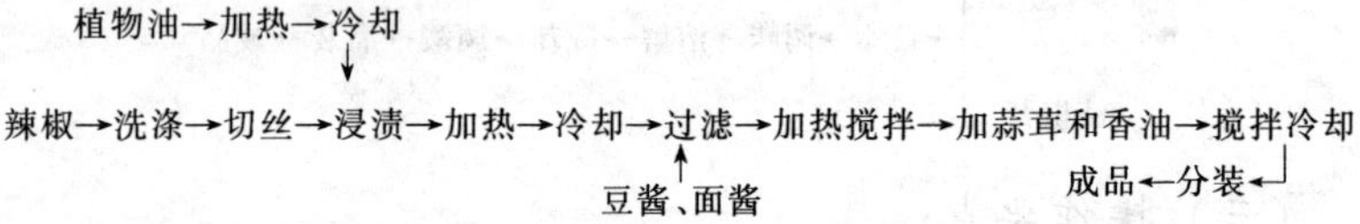

植物油→加热→冷却
↓
辣椒→洗涤→切丝→浸渍→加热→冷却→过滤→加热搅拌→加蒜茸和香油→搅拌冷却
↑
豆酱、面酱
成品←分装←

（三）操作要点

(1) 备料　蒜瓣剥皮洗净用石磨磨成蒜茸备用。辣椒干应选用鲜红或紫红色、辛辣味强、水分含量在12%以下的优质品，并去杂、洗净，沥去水晾干，切成丝。

(2) 除异味　将植物油注入锅内，加热使油沸腾，挥发不良气味后，停火冷却至室温备用。

(3) 浸渍　将辣椒丝置冷却油中浸渍 30 分钟，期间要不停地翻动，使辣椒吸收植物油。

(4) 炸辣椒油　浸渍后缓缓加热至沸点，其间应不停地搅拌，至辣椒微显黄褐色，立即停火。将冷却的辣椒油用棉布过滤，澄清后待用。

(5) 制酱　澄清后的油倒入锅中，加入豆酱、甜面酱，不断搅拌至八成熟，加入蒜茸及其他辅料，不停搅拌至熟后，加入少量香油即成。

(四) 质量要求

成品为酱黄色，蒜香味浓，略带辣味。

四、榨菜香辣酱

(一) 产品特色

榨菜香辣酱色泽鲜艳，具有榨菜的独特风味。味鲜，香辣，口感细腻，滋味绵甜。营养丰富，含有多种氨基酸、维生素、蛋白质、糖类及脂类，是开胃、调理食欲、解腻助消化的佐餐佳品，且经久耐藏，深受消费者欢迎。

(二) 原辅材料

榨菜 19 千克，辣椒粉 2.5 千克，芝麻 1 千克，特级豆瓣酱 1.5 千克，花生 0.5 千克，酱油 2 千克，白糖 1.5 千克，葱 0.5 千克，姜 0.5 千克，蒜 0.8 千克，花椒粉 0.6 千克，五香粉 0.05 千克，味精 0.3 千克，菜油 3 千克，食盐 3.5 千克，黄酒 1 千克，山梨酸钾 0.25 千克，焦糖色少许。

(三) 工艺流程

制榨菜泥、香料各料混合→加热调味→装瓶→成品

(四) 操作要点

(1) 制榨菜浆泥　选用去净菜皮和老筋、无黑斑点、无泥沙杂质的榨菜，并用切丝机切成丝状，加入 7 千克水，进行湿粉碎，制成榨菜浆泥，倒入配料缸中。

(2) 辣香料的准备　将菜油烧熟，浇到辣椒粉中拌匀，把芝麻、花生焙炒到八九成熟，分别磨成芝麻酱、花生酱。同时也将葱、姜、蒜碎成泥状，备用。

(3) 混合各料　按配方把白糖、食盐、芝麻酱、花生酱、花椒

粉、拌好菜油的辣椒粉、五香粉、葱泥、姜泥、酱油、豆瓣酱，以及 2 千克水加到配料缸中，用搅拌机搅拌均匀，然后送入夹层锅中。

（4）加热调味　边搅边加温到 80℃，保持 10 分钟后停止加热。然后立即加入蒜泥、黄酒、味精、山梨酸钾，再加 4 千克水，搅拌均匀；根据色泽情况，边搅拌，边加入少量焦糖色，直至呈红棕色，立即装瓶。

（5）装瓶油封　装瓶后加入内容物量 2% 的香油，油封保存或外销。

（五）质量要求

（1）鲜艳而有光泽的红棕色。

（2）鲜甜香辣，无苦味、霉味。

（3）无致病菌，符合卫生要求。

【注意事项】

（1）选料时要选用不发霉、不生虫的上等芝麻和花生仁。

（2）在加工过程所加的水应为灭菌水。

（3）味精和山梨酸钾加入前可先用少量沸水化开，以免溶解不均。

五、素炸酱

素炸酱是人们日常使用的调味品。酱体油润发亮，气味芳香，小袋包装，经济实惠，是普通家庭理想的调味品。

（一）原辅材料

配方 1：稀黄酱 5 千克，酱油 0.5 千克，白糖 0.3 千克，食用油 0.5 千克，味精 0.1 千克，葱 0.2 千克，姜 0.1 千克，大料 20 克，肉味香精 7 克，乳化剂 35 克，无菌水 2 千克。

配方 2：稀黄酱 2.5 千克，面酱 2.5 千克，白糖 0.3 千克，食用油 0.5 千克，味精 0.1 千克，食盐 0.13 千克，葱 0.2 千克，姜 0.1 千克，大料 20 克，肉味香精 7 克，乳化剂 35 克，无菌水 2

千克。

（二）工艺流程

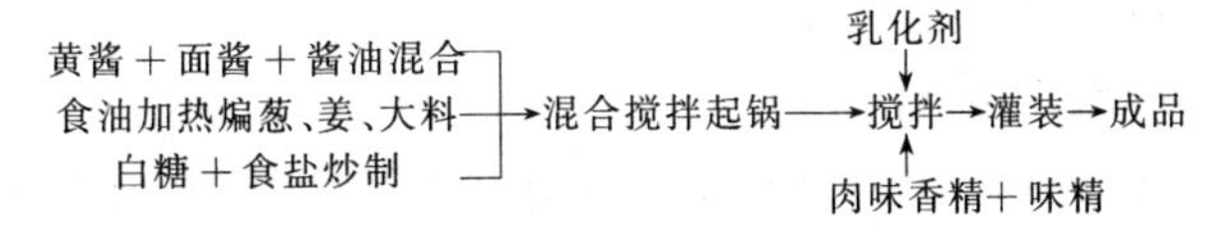

（三）操作要点

（1）物料混合　先将稀黄酱与水、酱油混合搅匀，葱、姜切成丝状待用。

（2）炸酱　将食用油倒入夹层锅中，待烧热后加入葱丝、姜丝、大料，煸炒出香味，捞出。把待用的黄酱倒入锅中煮沸，并不停地搅拌，炸至九成熟时加入糖、盐。再炸2～3分钟后起锅，稍稍冷却后，加入溶解的乳化剂、肉味香精、味精，充分搅拌，直到乳化完全。

（3）灌装　将乳化物立即灌装，即为成品。

（四）质量要求

（1）感官指标　呈酱红色，油润发亮，气味芳香。

（2）理化指标　水分≤60%；食盐10%～11%；总酸（以乳酸计）≤2%。

（3）微生物指标　无致病菌检出。

【注意事项】

（1）加入乳化剂后必须充分搅拌，以使乳化剂与酱体完全溶合，否则乳化效果不好，油与酱体分离。

（2）炸酱时切勿粘锅，当快粘锅时立即加水。

（3）为增加酱的香味，可添加肉味香精，如鸡味、牛肉味、猪肉味香精等，以使炸酱味道更加鲜美。

六、铁强化酱油

缺铁性贫血是当前世界上和我国较为常见的营养性缺乏病之一，对婴幼儿、青少年以及怀孕妇女影响尤甚。全国平均儿童贫血发病率达到40%，严重地区高达90%，这是当前影响人民健康的问题之一。

以酱油为载体，用硫酸亚铁（$FeSO_4$）强化酱油，是一种理想的铁强化调味品。

（一）原辅材料

酱油 100 千克，硫酸亚铁 100 克（按酱油∶硫酸亚铁＝100∶0.1）

（二）工艺流程

成品酱油＋硫酸亚铁→溶化→搅拌均匀→灭菌→灌瓶→成品

↑

瓶清洗←瓶干燥灭菌

（三）操作要点

（1）溶化搅拌　将成品酱油和硫酸亚铁按比例称重，盛于配料缸中，并不断搅拌均匀，使硫酸亚铁彻底溶化。

（2）灭菌灌瓶　将铁强化酱油经瞬时常压灭菌，灭菌后灌瓶，（空瓶事前必须清洗、干燥灭菌）。冷却即为成品。

（四）质量要求

（1）感官指标　按 ZB×66013—87 执行。

（2）理化指标　按 ZB×66013—87 执行。硫酸亚铁≤100 毫克/100 毫升。

（3）微生物指标　按 ZB×66013—87 执行。

七、中华麦饭石醋

（一）产品特色

中华麦饭石中含有十几种对人体有益的微量元素，有调节人体生理功能，促进新陈代谢、抗疲劳、抗衰老等作用，人称其为“长寿石”。利用它的功效，将其制成麦饭石醋，作为一种营养保健型调味品。

（二）原辅食材

固体发酵米醋 100 千克，中华麦饭石 2～8 千克。

(三) 工艺流程

```
                                     麦饭石
                                       ↑
中华麦饭石→清洗→加入米醋→浸泡→搅拌→静置→上层清液→瞬时灭菌→灌装→成品
                                                                 ↑
                                                     瓶清洗→瓶干燥灭菌
```

(四) 操作要点

(1) 冲洗　将中华麦饭石按比例称好重量，用清水冲洗干净，控干水分后备用。

(2) 浸泡　将成品米醋盛于浸泡缸或大缸中，再放入已清洗过的中华麦饭石，浸泡7～10天，每日搅拌1～2次，以利微量元素充分溶出。

(3) 灭菌装瓶　将浸泡好的麦饭石醋液，取其上清液，经瞬时灭菌器灭菌、灌瓶。空瓶事前必须清洗、干燥灭菌。冷却即为成品。

(五) 质量标准

(1) 感官指标　琥珀色或红棕色；具有食醋特有的香气，无其他不良气味，醋味柔和，稍有甜口，不涩，无其他异味；体态澄清，浓度适当，无悬浮物，无霉花浮膜，无“醋鳗”、“醋虱”。

(2) 理化指标　总酸（以醋酸计，克/100毫升）≥5.0；氨基酸态氮(以氮计，克/100毫升)≥0.30；还原糖(以葡萄糖计，克/100毫升)≥1.70。铁(毫克/升，以下同)≥90.0，钙≥150，硅≥50，锡≥8，锌≥15，硒≥4，锰≥45，铜≥1.5，镁≥1，磷≥2，钠≤4.5，钾≥2.8。砷(以As计，毫克/升)≤0.5，铅（以Pb计毫克/升)≤1.0。

(3) 微生物指标　黄曲霉毒素 B_1(毫克/千克)≤5；细菌总数(个/毫升)≤500；大肠菌数（个/100克)<3；致病菌不得检出；食品添加剂按GB 2760—81规定执行。

【注意事项】

(1) 中华麦饭石采用内蒙古生产的，要求纯净、无杂质。

(2) 微量元素检测方法为原子吸收光谱法。

八、涮羊肉调料

涮羊肉是北方人冬季喜食的佳肴，它除主料羊肉片外，还有很多辅助调料，如韭菜花、腐乳、芝麻酱、虾油等，对于家庭来讲，配起来很麻烦。涮羊肉调料是根据传统配方，以科学方法经加工制成的，它营养丰富，香醇味美，食用方便，便于携带和储存。

（一）原辅材料

酱油 26%，芝麻酱 26%，韭菜花 9%，酱豆腐 9%，料酒 18%，辣椒油 5.5%，虾油 4.5%，香油 2%，苯甲酸钠 0.1%。

（二）工艺流程

酱豆腐→打浆┐
　　　　　　　├→配料→搅拌→包装→成品
其他原料───┘

（三）操作要点

（1）打浆　先将酱豆腐用打浆机打成糊状，其中腐乳调味汤汁要占 40%～50%。

（2）配料　用香油将芝麻酱调匀，同其他原料一起按配比倒入配料缸中，加入防腐剂，再用搅拌机搅拌均匀。在缸中熟化 3 天，每天搅拌数次。

（3）包装　以 175 克为一袋进入食品袋中，进行真空封口包装，即为成品。

（四）质量要求

糊状均匀，不稀不澥，无杂质，味香辣，浅棕色。

九、化学酱油

化学酱油是豆粕、麸皮经盐酸水解的产物，其特点是鲜味突出，氨基酸含量高，营养丰富，是一种很好的鲜味调味液。

（一）原辅材料

豆粕 300 千克，20 波美度盐酸 180 千克，麸皮 80 千克，水 150 千克，纯碱 80～100 千克，甘草、焦糖色各适量。

（二）工艺流程

选料→酸解→中和、过滤→脱臭→调配→灭菌→灌装→贴标→成品

（三）操作要点

（1）原料选择　选择蛋白质含量高，碳水化合物和脂肪含量少、接近于酱油的氨基酸结构及谷氨酸含量多的原料。如豆粕、小麦谷蛋白等。化学处理剂盐酸、纯碱等要求不含砷、铅等金属及有害物质，纯度要高。

（2）酸解　将30千克豆粕放入缸中或盐酸水解罐中，加入净水150千克和20波美度盐酸18千克，搅拌均匀，使酸液刚刚浸过原料。装上冷凝器、密封，在95～100℃下回流水解20小时。然后加入麸皮80千克，继续水解4小时。为了增加产品的甘甜味，在加入麸皮的同时可加入适量的甘草一同水解。

（3）中和　水解完毕后，冷却至40℃左右，用纯碱中和至pH6～6.4。

（4）过滤　将中和后的水解液加热至沸，用过滤机过滤。

（5）脱臭　在滤液中按液重的0.5%～1.5%加入活性炭，不时搅拌，反应4～5小时，经树脂交换器进行脱臭处理，以除去豆腥味及酸解异味。

（6）调配　脱臭后的滤液视其氨基酸、食盐的含量、颜色（焦糖色）等进行调配，不足的补充，多余的稀释，使其达到标准，即为化学酱油。

（7）灭菌灌装　将化学酱油经95～100℃、15～20分钟灭菌，趁热灌装于预先经清洗、消毒的玻璃瓶中，密封、贴标，即为成品。

（四）质量标准

（1）感官指标　颜色为棕褐色。气味具有明显的鲜味，咸味适中、微甜，不得有异味。体态为透明液体，不得有沉淀。

（2）理化指标　氨基酸态液0.5～1.0克/100毫克；无盐固形物13～18克/100毫克；食盐20～22克/100毫克。

（3）微生物指标　无致病菌检出。

【注意事项】

（1）中和时纯碱应缓缓加入，不断搅拌，使其完全溶解，避免因化学反应产生大量二氧化碳气，引起泡沫外逸。

（2）所使用的焦糖色应符合国家卫生标准，不得使用铵法生产的焦糖色，避免对人体造成危害。

十、速食酸辣酱

（一）产品特色

速食酸辣酱以豆、面酱为主要原料，配以其他调味料加工而成，其特点先酸后辣，香味浓郁，既有酱香味，又有其他调料的复合香味，是一种风味独特的复合型调味酱。本品食用方便，便于携带，是居家和旅游必备的佳品。

（二）原辅材料

黄酒 30 千克，面酱 30 千克，香油 6 千克，白糖 6 千克，干辣椒 1 千克，蒜泥适量，味精、食醋各适量。

（三）工艺流程

香油→加热→冷却→过滤→加热→加热搅拌→加入调味料→加热搅拌→过胶体磨→灌装→成品

（加热 ↑ 干辣椒；第二次加热 ↑ 豆酱、面酱）

（四）操作要点

（1）香油加热　将香油注入锅内，加热使油烟升腾后，加入干辣椒炸至显黄褐色。

（2）冷却过滤　将稍冷却的辣椒油用一层纱布过滤，备用。

（3）加热搅拌　将辣椒油加热并加入豆酱、面酱搅匀，再加入白糖不断搅拌至八成熟。

（4）加调味料　将大蒜去皮，洗净打浆，再加入等量的米醋，配成醋汁蒜泥，与食醋一同加入酱中，不断搅拌。

（5）过胶体磨　酱熟后停止加热，并加入味精，过一次胶体磨，及时趁热灌装，冷却即为成品。

（五）质量要求

成品为棕褐色，有浓郁的酱香味及其他调味料的复合香味，口感先酸后辣无异味。

【注意事项】

（1）切勿将辣椒炸糊。

（2）炸豆酱、面酱时要不断搅拌，切勿让酱粘在锅底。

十一、姜汁醋

姜汁醋为烹调鱼、虾、蟹、凉拌菜等优良调料。

（一）原辅材料

醋 100 千克，白糖 3.5 千克，鲜姜 6 千克，食盐 1 千克。

（二）工艺流程

鲜姜→清洗→绞碎→混合→浸泡→过滤→瞬时灭菌→灌瓶→成品

（三）操作要点

（1）鲜姜清洗　将鲜姜用水冲洗，用刷子刷净凹凸不平之处，去掉腐烂部分，再用水反复冲洗干净。

（2）鲜姜绞碎　将清洗后的鲜姜，控干水分，用绞碎机绞碎。

（3）混合浸泡　将称重好的鲜姜泥、白糖、盐及灭菌后的醋放于密闭储存罐中，搅拌均匀，浸泡 7～10 天，然后用滤布过滤。

（4）灭菌装瓶　姜汁醋经瞬时灭菌器灭菌，即可灌瓶（空瓶必须事前清洗，干燥灭菌）。冷却即为成品。

（四）质量标准

（1）感官指标　澄清透明，呈红褐色；有米醋和鲜姜的特有香气；味道醇香，酸甜柔和，姜味纯正；体态澄清，无悬浮物，无霉花、浮膜。

（2）理化指标　总酸（以醋酸计，克/100 毫升）≥4.50；还原糖（以葡萄糖计，克/100 毫升）≥3.0；氨基酸态氮（以氮计，克/100 毫升）≥0.30。砷（以 As 计，毫克/升）≤0.5；铅（以 Pb 计，毫克/升）≤1.0。

（3）微生物指标　黄曲霉毒素 B_1（毫克/千克）≤5；细菌总数（个/毫克）≤5000；大肠菌数（个/100 克）<3；致病菌（系指肠

道致病菌）不得检出。

【注意事项】

（1）醋的选择要总酸在 4.5 克/100 毫升以上，澄清透明、红褐色、味道纯正的优良米醋。卫生标准符合部颁标准。

（2）空瓶在用前要清洗干净，不要与外界空气接触，以免污染杂菌，影响产品质量。

十二、糖醋汁

糖醋汁是热菜中最常用的一种调味汁。这种糖醋汁，取料丰富，风味独特。

（一）原辅材料

番茄泥 7 千克，白糖 20 千克，山楂片 3 千克，白醋 7.5 千克，辣酱油 2.5 千克，红辣椒 0.1 千克，食盐 0.5 千克，清水 25 千克。

（二）工艺流程

山楂→煮沸→过滤→混合→煮沸→灌装→成品
　　　　↑　　　　　↑
　　　辣椒　　　　调味料

（三）操作要点

（1）山楂煮沸　锅内放入水，放山楂一同加热至沸腾，然后加入辣椒煮沸 20 分钟，停止加热。

（2）过滤　用一层纱布将山楂片和辣椒滤掉，取其滤液。

（3）混合　在滤液中放入番茄泥、白糖、白醋、辣酱油、食盐搅拌，混合均匀。

（4）煮沸　将上述混合液加热并不断搅拌，充分溶解，烧开即可热灌装。

（5）冷却　装灌后冷却至常温，即为成品。

（四）质量要求

（1）成品红润明亮，色美味佳。口味酸甜，滋味浓厚，无异味。

(2) 无致病菌，符合卫生要求。

【注意事项】

(1) 加工过程中不断搅拌，切勿烧焦。

(2) 可根据当地口味调配原料比例。

十三、香辣块

香辣块是由辣椒、白芝麻、黄豆等原料加工而成的中档调味品。

(一) 原辅材料

辣椒、芝麻、黄豆、食盐、胡椒等各适量。

(二) 工艺流程

选料→制辣椒粉＋黄豆粉和芝麻粉→调制→成型→烘烤→包装→成品

(三) 操作要点

(1) 原料选择　选择优质辣椒，要求含水量不超过16%，杂质不超过1%，不成熟椒不超过1%，黄白椒不超过3%，破损椒不超过7%，去除杂质和不合乎标准的劣椒。

(2) 加工辣椒粉　首先将合乎标准的辣椒喂入粉碎机，进行粗加工，粉碎机的罗底粗取6～8毫米。然后送入小钢磨进行磨粉，磨出的辣椒要求色泽正常，粗细均匀（50～60目），不带杂质，含水量不超过14%。

(3) 选择优质白芝麻和黄豆　分别除去混在白芝麻和黄豆中的沙碎和小石子等杂质，拣出霉烂和虫蛀的芝麻及黄豆。取出夹带在原料中的黑豆和黑芝麻，以保证色泽纯正。

(4) 原料熟制

① 炒熟黄豆　注意掌握火候，保证黄豆的颜色为黄棕色，不变黑，炒出香味后磨成50～60目的黄豆粉。

② 炒白芝麻　将白芝麻炒至浅黄色有香味为止，切忌炒过火变黑，然后碾成碎末。

(5) 配料　将熟制过的辣椒粉、黄豆粉和芝麻按辣椒50%、黄豆20%、芝麻20%、其他调料10%配料。

（6）调制　将配比好的三种主要原料送至搅拌机，混合均匀，然后加入精制食盐、胡椒等调料，并用优质酱油调制成香辣椒湿料。

（7）成型　将调制好的香辣椒湿料称好重量，送入标准成型模具内，然后用压力机压制成 45 毫米×20 毫米的香辣块。

（8）烘烤　将压制成型的香辣块送入隧道远红外烘烤炉烘烤，注意调节烤炉炉温和香辣块在烘炉中的运行速度，确保香辣块的色泽鲜艳，烘烤后的香辣块每块重约 25 克。

（9）包装　经过烘烤的香辣块先用透明玻璃纸封装，然后按 250 克和 500 克两种规格分别装入特制的包装盒，入库或外销。

（四）质量要求

香辣块具有色泽鲜艳、香味扑鼻、辣味绕口等特色，是宾馆、饭店和家庭烹调菜肴的优质调味品。

十四、蒜姜调味料

（一）原辅材料

蒜糊 100 份，姜糊 30 份，淀粉 5 份，香辣料、食盐和糖各 0.7 份，混合均匀而成。这种调味料可用于牛排、香肠、火腿、熏鱼、羊肉、佃煮（日本食品）等食品加工中。

（二）工艺流程

制蒜姜泥→调味→灭菌→包装→成品

（三）操作要点

（1）制蒜、姜泥　将大蒜去皮，压榨成浆状，用滤布过滤后得到蒜糊。用同样方法处理生姜，用滤网过滤，可得到姜糊。

（2）制调味料　在蒜姜泥加入淀粉、香辣料、食盐和白砂糖充分拌匀。

（3）灭菌　调味后将其用常压灭菌 20 分钟，趁热装入干净的瓶中。

（4）包装 将混合物用干净的玻璃瓶分装，即为成品。

（四）质量要求

（1）质地细腻，口感芳香，味带香甜，无异味。

（2）无致病菌，符合卫生要求。

十五、蒜蓉调味品

（一）原辅材料

大蒜、生姜、白糖、花椒、茴香、香油、山梨酸钾各适量。

（二）工艺流程

大蒜→剥皮→清洗→灭酶处理→打浆
姜、糖、山梨酸钾→加水打浆
花椒、茴香→磨粉
→调配混合→细磨→装瓶→成品

（三）操作要点

（1）大蒜剥皮 应尽可能不剥破蒜瓣，若用干蒜则先用2%食盐水浸泡1小时，使其表皮软化后再剥皮，效果好。

（2）灭酶处理 用10%食盐水将蒜瓣于85～90℃漂烫1分钟，所得蒜瓣纯正香味、微辣，组织结构具有一定硬度，破碎后无蒜臭味。

（3）打浆 将灭酶后的蒜瓣加入10%食盐水和0.08%柠檬酸溶液，用打浆机打浆，打浆粒度不要太细。

（4）将花椒、茴香磨成细粉（过200目筛）；生姜去表皮，白糖和山梨酸钾先用水溶解，与生姜一起打成姜糖糊。

（5）调配混合 各种调味料所占百分比为：生姜2%～3%，花椒、茴香粉各占0.1%，味精0.2%，盐12%～14%，白糖1.2%，山梨酸钾0.05%，小磨香油0.5%。

（6）细磨 按比例将蒜泥和调味料等混合后，于胶体磨中磨细后得蒜蓉。

（7）装瓶灭菌 将四旋玻璃瓶及盖用清水洗净，将上述物料装入瓶中，拧紧瓶盖，经100℃蒸汽消毒10分钟，即得产品。

（四）质量要求

（1）感官标准 蒜蓉外观呈乳白色，均匀一致，无褐变现象，酱体黏稠适当，呈半流体状态。

风味：具典型的蒜香味和辣味，无异臭味，风味纯正。

（2）微生物指标 大肠菌群＜30 个/100 克，致病菌不得检出。

十六、天然调味料

鸡、肉、鱼、虾各有特殊风味，它们的呈味成分都能溶解于水，因此，食物的味道集中在水溶液中，不论是浸出或煮出，食物的水溶液称为浸出液。浸出液的成分主要包括氨基酸、肽、核苷酸及其衍生物、有机酸、低级碳水化合物及无机盐等等。天然调味料大致为以下四个类型。

（一）配合型

模仿天然食物浸出物的成分，将各种有效成分与食品添加剂混合，或经过热处理、蒸发、浓缩制成粉末、颗粒或糊状。味觉成分以氨基酸为主，加上核酸系成分、有机酸、糖类及无机盐等。

（二）分解型

又名水解型，因原料不同，分成水解植物蛋白质、水解动物蛋白质及酵母浸膏三大类。

（1）水解植物蛋白质 用酸水解脱脂大豆或面筋等植物蛋白质，萃取以氨基酸为主的味觉成分。

（2）水解动物蛋白质 以兽肉、鲸肉、鱼虾等动物蛋白质为原料，用酸或酶水解的产物。

（3）酵母浸膏 以啤酒或面包酵母为原料，经过自溶或酶水解制成的产品。经过处理，除去臭味、腥味或苦味，然后与其他呈味成分或分解浸出液混合，使风味调和。

（三）萃取型

在适当的温度、压力与 pH 条件下，选择合适的溶剂萃取天然食品的可溶成分，经过浓缩或干燥，制成粉末、颗粒或糊状。

（四）粉碎型

这是传统的天然调味料，将天然鲜味食物干燥后制成粉末状态，用于冲汤及面包类食品，例如江瑶柱粉（即干贝粉）、虾粉、虾子粉等，具有天然食物风味。

将上述制取的物料用洁净的瓶罐等容器密封，即可上市。

第五章

粉末型调味品

这类调味品包装小巧，量轻，易于携带，使用方便，用开水一冲，即可使用，亦可直接作为汤食，是航天航海、旅游和野外工作者理想的调味品。

一、辣椒粉

辣椒粉是将辣椒经人工干燥或自然曝晒，粉碎、过筛而成。一般为各种调味料的原料，也可直接用于烹调。

（一）原料

鲜红辣椒若干。

（二）工艺流程

鲜辣椒→漂洗→曝晒→去蒂→粉碎→过筛→包装→成品

（三）操作要点

（1）鲜辣椒去杂、曝晒　将红辣椒去杂后用清水漂洗，沥干水分。放芦席上曝晒，每天翻动 3～4 次，晒至辣椒干缩，含水量在 12％以下即可。

（2）磨粉过筛　剪去干辣椒的蒂把，用磨粉机将干辣椒磨成粉末状，过 40 目筛，粗粉再磨，反复多次。

（3）包装　将辣椒粉用玻璃瓶或食品袋分装，储存备用或出售。

（四）质量要求

成品大红色，粉末均匀、质地细致，具有辛辣味，无杂质、霉变。

二、七味辣椒粉

七味辣椒粉是一种日本风味的独特混合香辛料，由 7 种香辛料混合而成。它能增进食欲，帮助消化，是家庭辣味调味的佳品。

（一）配方

配方一：辣椒 50 克，山椒 15 克，陈皮 13 克，芝麻 15 克，麻子 3 克，芥子 3 克，油菜子 3 克。

配方二：辣椒 50 克，山椒 15 克，陈皮 15 克，芝麻 15 克，麻子 4 克，芥子 3 克，油菜子 3 克，绿紫菜 2 克，紫苏子 2 克。

（二）工艺流程

辣椒→粉碎
陈皮、山椒→粉碎 →混合→分装→成品
芝麻、芥子、麻子等

（三）操作要点

（1）原料粉碎　干燥的红辣椒与皮子分开，辣椒皮粗粉碎，辣椒子粉碎过 40 目筛。陈皮与山椒粉碎过 60 目筛。

（2）混合、包装　将粉碎后的原料与芝麻、麻子、芥子、油菜籽等按配方准确称重混合均匀，用食品袋包装，即为成品。

（四）质量要求

（1）红色颗粒状，有辛辣味和芳香味。

（2）含水量不可超过 6%，无结块现象。

【注意事项】

（1）红辣椒皮不可粉碎过细，碎成块即可，以增强制品的色彩。

（2）红辣椒必须选择色泽鲜红、无霉变的优质辣椒。

（3）所用其他原料必须符合卫生标准。

三、五香粉

五香粉是一种复合香味型的粉状调味料，因配料不同，有多种不同口味和不同的名称，如麻辣粉、鲜辣粉等，是家庭烹饪不可缺少的调味料。

（一）配方

配方一：砂仁 60 克，豆蔻 7 克，山柰 12 克，丁香 12 克，肉桂 7 克。

配方二：大料 20 克，小茴香 8 克，陈皮 6 克，干姜 5 克，桂皮 43 克，花椒 18 克。

配方三：大料 52 克，山奈 10 克，砂仁 4 克，甘草 7 克，桂皮 7 克，白胡椒 3 克，干姜 17 克。

（二）工艺流程

原料→粉碎→过筛→混合→包装→成品

（三）操作要点

（1）原料粉碎　将各种原料分别用粉碎机粉碎，过 60 目筛网。

（2）混合、包装　按配方准确称量，混合拌匀。采用塑料袋包装，50 克或 100 克为一袋，用封口机封口，谨防吸湿。

（四）质量标准

（1）感官指标　成品为均匀一致的棕色粉末，香味纯正，无结块现象，无杂质。

（2）微生物指标　细菌总数≤5 万个/克；大肠菌群≤40 个/100 克；致病菌不得检出。

四、咖喱粉

（一）产品特色

咖喱粉源于印度，味辛辣带甜，黄色和黄褐色，由 20 多种辛辣料调制而成，是热带地区增进食欲的必不可少的佐料。可用于焖炖鱼、虾、牛肉、牛排、鸡等肉制品，还可做其他咖喱味的食品。咖喱调味品已有 2500 多年的历史，配料和制作已经多次改良，根据各地人们口味的差异，配方也略有不同。咖喱制品可根据各人的口味加进杏仁汁、椰子汁、青椒粉以及煎洋葱、红酒等。

这里仅介绍如下基本配方。

（二）配方见表5-1

表5-1 咖喱粉的7种配方（质量百分比）

原料＼种类	1	2	3	4	5	6	7
姜黄根	30	26	40.5	45.7	20	56	5
芫荽子	10	35	16	22.8	37	7	5
枯茗	8	5.2	6.5	5.7	8	13	—
白胡椒	5	9	5	3.4	—	—	—
黑胡椒	5	—	4.6	3.4	—	—	—
洋葱	5	—	—	—	—	—	—
陈皮	5	—	—	—	—	—	—
胡卢巴	3	—	—	—	4	—	40
肉豆蔻	3	1.7	—	—	2	—	40
肉桂	3	1.7	—	—	4	—	—
甘草	3	—	—	—	—	—	—
小豆蔻	3	5.2	6.5	5.7	5	—	—
辣椒	3	1.4	0.8	0.6	4	—	10
月桂	2	1.7	3.2	1.2	—	—	—
小茴香	2	—	—	—	2	7	—
丁香	2	4.4	—	3.4	2	1	—
生姜	2	—	2.4	1.3	4	2	—
苋蒿	2	—	—	—	—	—	—
茴香子	1	—	—	—	—	2	—
大蒜	1	—	—	—	—	—	—
多香果	1	—	1.6	—	4	—	—
百里香	1	—	—	—	—	—	—
芥末	—	8.7	11.3	1.6	4	—	—
芹菜子	—	—	1.6	—	—	—	—
花椒	—	—	—	—	—	2	—
桂皮	—	—	—		—	10	—

（三）工艺流程

原料→分别烘干→粉碎→混合→熟化→过筛→包装→成品

（四）操作要点

（1）烘干　咖喱粉的水分含量在5%～6%，因此配方中的每种原料都应适当烘干，以控制水分，并便于粉碎。

（2）粉碎　将各种原料分别进行粉碎，对油性较大的原料可进行磨碎，有些原料通过炒制可增加香味，粉碎后可炒一下，然后过60目或80目筛。

（3）混合　按配方称取各种原料于搅拌混合机中，混合配料中的粉料，在搅拌的同时洒入液体调味料。由于各种原料用量多少不同，不易混合均匀，应采用等量稀释法进行逐步混合。其方法是：将色深的、质轻的、量少的原料粉先加以混合，然后加入其等量的、量大的原料共同混合，重复到原料加完；质轻的原料不易溶均，可先将液体调味料与质轻的原料先混合，再投入到大量原料中去。

（4）熟化　混合好的咖喱粉放密封容器中，储存一段时间，使风味柔和，均匀。

（5）过筛、包装　包装前再将咖喱粉搅拌混合过筛，对于含液体调料较多的产品，还应进行再烘干，然后用食品袋包装，即为成品。

（五）质量要求

（1）成品黄褐色粉末，无结块现象。

（2）辛辣柔和带甜。

（3）水分＜6%。

【注意事项】

（1）各种原料要分清，不得有误，严格按配方进行称取，每种原料粉碎后都要清扫粉碎设备。

（2）咖喱粉的质量与参配原料质量有关，而粉碎、焙炒、熟化等工艺过程对产品也有很大的影响，上述工艺应严格按要求实施。

五、酱粉

酱粉是以各种酱（如黄酱、面酱、蚕豆酱）为原料，配以增稠剂、白糖等，经喷雾干燥而成。

（一）原辅材料

酱 80%，糖 6%，β-环状糊精 1%～2%，麦精粉 10%，淀粉钠 1%～2%，白糖和水各适量。

（二）工艺流程

白糖→溶化┐
增稠剂→溶化├→调配→过胶体磨→喷雾干燥→包装→成品
酱用温水稀解┘

（三）操作要点

（1）糖酱溶合　用适量水先将环状糊精溶化后加入酱中，边搅拌，边加入，搅拌半小时，使其反应充分。

（2）搅拌　向酱中加入溶化好的淀粉钠、麦精粉、白糖等，搅拌均匀，通过胶体磨微细化。

（3）喷雾干燥　将酱料通过泵送入喷雾干燥塔干燥，要求塔的进风温度为 135～140℃，出口温度 80～85℃，掌握好进料量。

（4）包装　将干燥的酱粉用食品袋分装，每袋装量为 50 克或 100 克，即为成品。

（四）质量要求

水分<5%，盐<28%，总糖<20%。

【注意事项】

（1）如酱体黏稠度大，流动性差，可降低酱的配比，适量增加增稠剂和麦精粉的含量，并掌握好加水量。

（2）制作酱粉时，必须加入可溶性淀粉等赋形剂，加入量约占总固形物的 30%左右，并加入适量的水。

（3）此工艺和方法也可把蒜茸辣酱、酸辣酱等各种调味酱进行加工成粉末酱。

六、粉末酱油

随着市场产品结构的变化，粉末酱油的需要量越来越大，因此是很有发展前途的产品。

（一）原辅材料

高浓度酱油（无盐固形物含量＞20％）60％～70％，β-环状糊精0.5％～10％，桃胶0.5％～1.5％，糊精5％，变性淀粉8％～20％，饴糖5％～10％。

（二）工艺流程

环状糊精（↓搅拌） 桃胶（↓微胶囊化）

酱油→搅拌→微胶囊化→均质→喷雾干燥→包装→成品

（三）操作要点

（1）选料　选用酱香味浓、颜色深的酱油，无盐固形物在30％以上。

（2）加热溶解环状糊精　将β-环状糊精溶解在酱油里，要求溶解均匀，静置一段时间，目的是使酱油风味封闭。溶解环状糊精时先要高速搅拌，再慢速搅拌冷却。

（3）微胶化　如酱油固形物含量较低，需进行真空浓缩。将溶化好的桃胶糊精加入酱油中，搅拌均匀，静置2小时，然后通过胶体磨，使其微胶化。

（4）均质、干燥　将所有原料加入配料罐，搅拌均匀，加热至80℃左右，稍冷却后进行均质，喷雾干燥。进风温度为145～160℃，出风温度为75～80℃。

（四）质量要求

（1）水分＜4％，盐含量35％～45％，氮2％～4％。

（2）碳水化合物20％～30％。

（3）还原糖6％～9％，无盐固形物≥40％。

七、虾粉

虾粉就是用全虾或虾壳加工成的具有虾风味的粉状物，可作为调味品单独使用或复配后添加。虾粉加工方法主要有研磨法和打浆法两种。

1. 研磨法

研磨法是将虾头或全虾去杂清洗，沥干后放入温度50～60℃烘箱中干燥，先用粗粉碎机粉碎成虾末，再用超微粉碎机粉碎，用200目过筛后，用食品袋包装，即为成品。

2. 打浆法

将虾头或全虾先粗磨、精磨，再经过胶体磨制成均匀的胶状体后，用滚筒干燥法干燥，粉碎至300目以下。用食品袋真空包装，即为成品。

八、虾味鲜粉

（一）原辅材料

虾头和虾类加工副产品500克，葡萄糖10%、木糖0.5%，甘氨酸4%、精氨酸0.3%，食盐3%。木瓜蛋白酶和风味酶各适量。

（二）工艺流程

虾头及其他虾类加工副产物→加酶水解→加热灭活酶→美拉德反应制备虾味香精→干燥→包装→成品

（三）操作要点

（1）原料的前处理　将虾头除杂、洗净，冷藏备用。

（2）加酶水解　将虾头绞碎，按1∶1加水，添加3%食盐以抑制挥发性盐基氮的产生，并起到一定的防腐作用，将pH值调整至7.0，温度为50～60℃，以1∶1比例加入木瓜蛋白酶和风味酶，酶解4小时。

（3）加热灭酶　酶解结束后，将温度升高到85～95℃，保持15分钟杀灭酶的活性，以防止酶解继续进行，产生不良风味。

（4）美拉德反应制备虾味鲜粉　在虾头蛋白酶水解液（含水量80%）中加入10%葡萄糖、0.5%木糖、4%甘氨酸、0.3%精氨酸，将 pH 值调整到 7.0，在 100℃条件下反应 40 分钟，即为虾味鲜粉。

（5）干燥包装　将虾味鲜粉入烤箱干燥灭菌，用食品袋分装，即为成品。

九、新风味姜粉

（一）产品特色

这是国外研制成功的一种新型调味姜粉。在制取过程中，分别提出姜油和姜辣味素使其风味不受破坏，然后按需要制成具有香、辣、甜等不同口味的姜粉。这种姜粉还具有速溶、无渣、营养价值高等优点，非常适于家庭和餐馆使用。

（二）工艺流程

原料姜→洗涤→切块→磨碎→榨汁→姜汁→浓缩→干燥→姜辣味素

榨汁↓姜渣

姜汁↓蒸馏→姜油→混合←各种调味料

姜辣味素↓混合↓包装→成品

（三）操作要点

（1）原料处理　将姜洗净，切块、磨碎；用榨汁机榨汁。

（2）蒸馏浓缩　将姜汁加热蒸馏、浓缩、干燥，即成姜辣味素。

（3）混合装瓶　将辣味素、香、咸、甜等混合，用干净的玻璃瓶分装，即为成品。

十、大蒜粉

（一）普通大蒜粉

（1）磨粉　将大蒜片用石磨或万能粉碎机磨成细粉，用 80～100 目筛网过筛后即成。

（2）包装　用食品袋分装小袋包装 10～25 克，大包装每袋 25 千克。

（3）质量要求　蒜粉呈乳白色或略带黄色，有浓郁的蒜香味。

水分5%以下。

（二）速溶大蒜粉

大蒜的强烈芳香味是在其组织细胞破碎后蒜酶的作用下形成的。在普通大蒜粉中，大蒜香味释放缓慢。因为大蒜粉中的水分太少，蒜酶难以起作用，所以需要在复水后才能产生强烈香味。而在热溶液中蒜酶的活性很低，甚至失去活性，就不能很好发挥大蒜粉的调味作用。速溶大蒜粉克服了普通大蒜粉的缺点。其加工过程：将大蒜头粉碎后，通过直接蒸汽喷射的方法蒸馏蒜泥，从蒸汽中冷凝出挥发物，然后经过缓慢干燥，用食品袋或玻璃瓶分装，即为成品。

这种大蒜粉能在2分钟内释放出全部芳香物质，而使用普通大蒜粉要在30分钟才能释放出90%的芳香物质。速溶大蒜粉特别适用于食品加工业和饮食业中。

（三）无臭大蒜粉

可以采用以下多种方法将大蒜脱臭后，再加工成大蒜粉，以供讨厌蒜臭味的消费者调味用。

（1）用醋酸和食盐稀溶液煮沸，将脱臭后的大蒜制成粉末后，用高纯度二氧化碳微粉作脱水剂，经过低温干燥后，即可得纯白色的无臭大蒜粉。

（2）在非金属锅中于文火下将大蒜煮熟，加入适量蛋黄，继续煮至总重与生大蒜重量相近为止，然后用冷冻方法干燥，在干燥条件下磨成细粉，即成脱臭蛋黄大蒜粉。

（3）先用70℃热风急速干燥，除去大蒜头的外皮及内衣后，再用50℃热风缓慢干燥，亦能得到几乎没有臭味的淡黄色或淡褐色大蒜粉。

将产品用瓶（袋）分装，即为成品。

第六章

油状型调味品

所谓油状型调味品，就是一种调味油，如辣椒油、生姜油、菇菌油等。

一、辣椒油

辣椒油是以干辣椒为原料，放入植物油中加热而成，可作为调味料直接食用，或作为原料加工各种调味品。

（一）原辅材料

干辣椒 30 千克，植物油 100 千克，辣椒红少量。

（二）工艺流程

植物油→熬炼→冷却┐
　　　　　　　　　├→浸渍→加热→冷却→过滤→调色→包装→成品
干辣椒→洗涤→切块┘

（三）操作要点

（1）选料　选用含水量在12%以下的红色干辣椒。要求辛辣味强，无杂质，无霉变。

（2）熬炼　将植物油放入锅中，旺火使油沸腾熬炼，致使不良气味挥发后，停火冷却至室温。

（3）辣椒切块　挑出干辣椒中的杂质，用清水洗净、晾干，切成小块。

（4）油炸　将碎辣椒放入冷却油中，不断搅动，浸渍半小时左右。然后缓缓加热至沸点，熬炸至辣椒微显黄褐色，立即停火。

（5）调色　停火后，立即捞出辣椒块，使辣椒油冷却至室温。用棉布过滤后，加少许辣椒红调色。

(6) 灌装 将调色的辣椒油用干净的玻璃瓶分装，即为成品。

（四）质量要求

(1) 鲜红和橙红色，澄清透明。

(2) 有辣油香，无哈味。

【注意事项】

(1) 过滤后的辣椒油可静置一段时间，进行澄清处理。

(2) 所用植物油不得选用芝麻香油，以免冲淡辣味。

二、生姜油

（一）产品特色

生姜油用途广泛，使用简便，具有特异的芳香辛辣味，是现代家庭、餐馆必备的调味佳品。

（二）工艺流程

鲜姜→绞碎→蒸馏→姜油→灌装→成品

（三）操作要点

(1) 将清洗绞碎的鲜姜放入装有热水的蒸馏锅中，使原料与滚水直接接触，进行水中蒸馏，随着加热，水分向姜组织内渗入，姜油与水蒸气一起被蒸馏出来，通过冷凝器一起进入油水分离器，借油、水间的密度差异，达到油水分离的目的。在蒸馏中，如果油水分离器上方储油管中的油层不再显示明显增加时，蒸馏即告终止。一般蒸馏时间为 20 小时，得油率为 0.15％～0.3％。

(2) 灌装 将生姜油用干净的玻璃瓶分装，即为成品。

（四）质量要求

(1) 成品浅黄色至淡琥珀色液体。

(2) 相对密度（20℃)0.871～0.882。

(3) 折射率 1.488～1.494；旋光－45°～－28°。

(4) 酸值＜4；酯值＜20。

【注意事项】

(1) 如果用干姜做原料，应先将干姜粉碎，过30目筛，直接用水蒸气蒸馏法蒸馏，蒸汽压力维持在3.47×10^5帕，蒸馏时间16～20小时，得油率1.5％～2.5％。

(2) 干姜不宜粉碎过细，否则会因本身含淀粉量高而产生粘连块降低出油率。

(3) 已粉碎的原料应迅速蒸馏，以免芳香成分挥发损失，影响出油率。

三、胡椒油

(一) 产品特色

胡椒油是选用优质天然黑胡椒提取的，具有辛辣味。用途广泛，用作烹饪佐料，可增加菜肴香味，增进食欲，是西餐中不可缺少的香料调味油。

(二) 工艺流程

干黑胡椒→粉碎→过筛→水蒸气蒸馏→胡椒精油→灌装→成品

(三) 操作要点

(1) 将晒干的黑胡椒用粉碎机粉碎，过40目筛网。

(2) 把胡椒粉放入蒸馏锅中，进行水蒸气蒸馏，直到油水分离器上方储油管中的油层不再显示明显增加时，蒸馏即告终止。

(3) 灌装　将蒸馏出的油用干净的玻璃瓶分装，即为成品。

(四) 质量要求

(1) 胡椒油为无色或略带黄绿色液体，芬芳温和，辛辣味浓。

(2) 相对密度(15℃)0.873～0.916。

(3) 旋光度$-10°\sim+3°$；折射率1.480～1.499。

(4) 酸值1.1，酯值0.5～6.5，乙酯化后酯值12～22.4。

【注意事项】

(1) 胡椒不宜粉碎过细，否则会因本身含淀粉量高而产生粘结块，降低出油率。

（2）已粉碎的原料应迅速蒸馏，以免芳香成分发挥损失，影响出油率。

（3）胡椒精油不宜久存，因为它的香气成分极易挥发掉，应保存在密闭容器中。

四、花椒油

花椒油是用花椒籽加工而成的一种上等调味油。

（一）制作方法

（1）清选　花椒籽通过筛选清理，除去花椒梗及其他杂质后，以家用饭锅加火炒熟至口尝清香不糊为宜。

（2）碾碎　炒熟后的花椒籽用石碾或石臼砸碎至粉末状（颗粒越细越好）。

（3）熬油　将炒熟碾碎后呈黑色粉状物（2.5千克左右的水和1千克花椒籽熟细粉），置入沸水锅中，用铁铲或木棒进行搅拌，继续以微火加热保温1小时左右，所含大部分油脂可逐渐浮在锅的表面。静置10分钟左右，即可用金属勺撇出上浮的大部分油脂。

（4）墩油　将上述大部分油撇出后，再用金属平底水瓢轻轻墩压数十分钟，促使物料内油珠浮出积聚，用金属勺将油全部撇出。花椒油一般出油率25%左右。

（二）包装

将制成的调味油用干净的玻璃瓶分装，即为成品。

五、芥末油

（一）产品特色

芥末油是近年来市场上新出现的一种调味品，它以独特的刺激性气味和辛香辣味而受到人们的欢迎，具有解腻爽口，增进食欲之作用。

（二）原辅材料

植物油99%，芥末精油0.1%～1%。

（三）工艺流程

芥菜子→浸泡→粉碎→调酸→水解→蒸馏→分离

成品←贴标←灌装←调配←芥末精油←

（四）操作要点

（1）选料　选择子粒饱满、颗粒大、颜色深黄的芥菜子为原料。

（2）浸泡　将芥菜子称重，加入6～8倍37℃左右的温水，浸泡25～35小时。

（3）粉碎　浸泡后的芥菜子放入磨碎机中磨碎，磨得越细越好，得到芥末糊。

（4）调酸　用白醋调整芥末糊的pH值为6左右。

（5）水解　将调整好pH值的芥末糊放入水解容器置恒温水浴锅中，在80℃左右保温水解2～2.5小时。

（6）蒸馏　将水解后的芥末糊放入蒸馏装置中，采用水蒸气蒸馏法，将辛辣物质蒸出。

（7）分离　蒸馏后的馏出液为油水混合物，用油水分离机将其分离，得到芥末精油。

（8）调配　将芥末精油与植物油按配方比例混合搅拌均匀，即为芥末油。

（9）灌装　将芥末油灌装于预先经清洗、消毒、干燥的玻璃瓶内，贴标、密封，即为成品。

（五）质量要求

（1）芥末油应为浅黄色油状液体。

（2）具有极强的刺激辛辣味。

【注意事项】

（1）水解应在密闭容器中进行，避免辛辣物质挥发溢失，影响产品得率与质量。

（2）蒸馏时尽量使辛辣物质全部蒸出，减少损失。

（3）芥末油应放在阴凉避光处，避免与水接触，否则易发生化学反应，影响产品质量。

六、柑橘皮香精油

（一）产品特色

柑橘皮一般含2%～3%的香精油。香精油不仅可作调味品，还广泛用于化工和医药上。

（二）工艺流程

选料→浸石灰水→漂洗→压榨→过滤和分离→澄清→包装→成品

（三）操作要点

（1）原料选择　选择新鲜无霉变的柑橘皮，摊放在阴凉、通风的干燥处待用。

（2）浸石灰水　将柑橘皮浸泡在浓度为70～80克/升的石灰水中（pH12以上）。为了不使橘皮上浮，上面加压网筛板。浸泡时间为16～24小时，期间翻动两三次，使浸泡均匀，浸到果皮呈黄色，脆面不断为宜。

（3）漂洗　将浸过水的橘皮用流动水漂洗干净，捞起沥干。

（4）压榨　将橘皮均匀地送入螺旋式榨油机内，加压榨出橘皮油，排出皮渣，在加料的同时要打开喷口，喷射喷淋液（100千克水+1千克硫酸钠+0.3千克小苏打配成pH值7～8），用量与干橘皮重量相等。

（5）过滤　榨出的油水混合液经布袋过滤，除去残渣。

（6）澄清　分离出的橘皮油在5～10℃下静置5～7天，通过滤纸或石棉纸滤层的漏斗减压抽滤、澄清。

（7）装罐　将澄清的橙皮油装在棕色玻璃瓶或陶罐中，尽量装满，加盖，并用硬脂蜡密封，储藏在阴凉处，以防挥发损失和变质。

（四）质量要求

（1）橘皮油为黄色油状液体。

（2）具有清甜的橘子香气。

七、八角茴香油

（一）产品特色

八角茴香油是选用优质天然八角茴香提取而制成的，具有特殊的香气和甜味。它用途广泛，使用方便。可用于各种灌肠、罐头鱼、肉类加工。加入适量八角茴香油有明显的调香作用。可为各种烤、涮食品增添美味，是家庭、餐馆最普遍使用的香料调味油。

（二）工艺流程

干八角果实→粉碎→过筛→水蒸气蒸馏→八角茴香精油→灌装→成品

（三）操作要点

（1）粉碎　将干燥的八角茴香用粉碎机粉碎，过30目筛网。

（2）蒸馏　将粉碎后的八角茴香加入到蒸馏锅中，直接用蒸汽加热，即将锅炉产生的高压饱和汽通过导管通入蒸馏锅内，使压力达到 3.4×10^{5} 帕左右。这样精油与水蒸气一起被蒸馏出来，通过冷凝器到油水分离器，而将精油分离出来。

（3）灌装　将精油用干净的玻璃瓶分装，即为成品。

（四）质量要求

（1）成品无色至淡黄色液体。

（2）相对密度（20℃）0.980～0.994。

（3）折射率1.553～1.558；旋光－2°～＋1°。

（4）凝固点＞15℃。

【注意事项】

（1）水蒸气蒸馏速度快，加热至沸腾时间短，蒸馏持续时间短，香成分在蒸馏中变化少，酯类成分水解机会小，这样保证精油的质量。

（2）在蒸馏中如果油水分离器上方储油管中的油层不再显示明显增加时，蒸馏即告终止。

（3）若采用鲜八角果实蒸馏精油，蒸馏前需将八角果实绞碎，其出油率为1.78％。

（4）八角茴香油不宜久存，否则其茴香脑含量会降低，对烯丙基苯甲醚含量会增高，油的理化性质也会发生变化，但油中加入0.01％的丁基羟基甲苯，便可使其稳定。

（5）八角茴香油宜包装在玻璃或白铁皮制的容器内，存放于温度5～25℃，空气相对湿度不超过70％的避光库房内。

八、玉米保健油

（一）工艺流程

提胚→除杂→干燥→蒸炒→压榨→精炼→包装→成品

（二）操作要点

（1）提胚 普通玉米含油8%左右，作为专用于榨油的高油玉米含油可达12%。这些“油（脂肪）”90%存在于胚芽之中，占胚芽质量的49%～56%，所以，提取玉米胚芽是玉米榨油关键的一环。方法是将筛选除杂的玉米放入90℃的热水中湿润3～5分钟以利脱皮。用碾米机、振动筛碾磨脱皮，略粉碎后提胚。经筛选分离出芽胚、胚乳和皮壳。也可用干法提胚，因胚芽软而小，胚乳大而硬，抗粉碎能力不同，通过粉碎机（或石磨）磨后胚芽可保持完整。胚芽常与玉米皮混在一起，再磨后过筛，即可提出胚芽，乡镇企业批量生产玉米油，可选用小型立式脱胚机直接脱胚分离。一般每100千克玉米可提胚4～8千克。

（2）除杂 用振动筛提纯胚芽，除尽其中的渣粉、细糠末、皮壳，使胚芽纯度越高越好。

（3）干燥 刚提取的胚芽中，含有较多的水分，需要晒干或烘干。

（4）蒸炒 蒸炒的好坏直接影响到出油率和油质。小型厂用平底砂锅炒胚，几台砂锅串联使用间歇工作，以利降低胚芽中水分含量。

（5）压榨 当蒸炒的胚芽水分达到2%～5%，温度为110～115℃时榨油，饼厚1.5～2毫米，干饼残油为6%～7%，压榨中要保证饼料温度，以利出油。玉米胚含油高，往往一次榨不尽，要榨两次，即第一次压榨后的料饼要重新粉碎蒸炒压榨，有利提高压榨率，一般可达到14%～24%。

（6）精炼 压榨出来的玉米油虽可食用，但尚属“毛油”，有待精制。其步骤为沉淀、过滤、水化和真空除臭处理。

①沉淀 在缸或桶内进行，利用杂质比油重自然分离。冬天

一般要沉淀36小时。夏天沉淀24小时即可分离。

② 过滤　少量的可用过滤布。大量生产过滤采用压滤机，将油中杂质减少到最低限度，同时也去掉一部分蜡。

③ 水化　水化的设备包括水化锅和脱水锅。小型厂一般采用中温水化或低温水化。即将过滤后的玉米油，入锅加热至60℃左右，加5%的100℃左右的开水，充分搅拌后，再将油加热至100℃蒸发脱水。

（7）真空除臭　采用脱臭器和辅助设备除去玉米油中的异味，使达国颁食用油标准即可出厂。

（8）包装　将制品用干净的塑料壶分装，即为成品。

（三）质量要求

油质清晰，具玉米风味，无异味，符合国颁食用油标准。

九、香菇柄菌油

（一）产品特色

香菇营养丰富，并具有较高药用价值，可防癌抗癌等。用香菇柄制成香菇菌油，是一种高级调味品，也是一种美味食品。

（二）工艺流程

选料→清洗切分→油炸分离→调味→包装→成品

（三）操作要点

（1）原料选择　香菇要有铜锣边，以孢子未释放时为好，要求无病斑、无虫蛀，采收前23小时不得喷水。同时还需选好菜籽油、棉籽油、大豆油、棕榈油等不饱和脂肪酸含量高的原料油，以备混合加工或单独使用。

（2）清洗切分　将香菇剪去菌柄头部杂物、泥土等。用清水洗净后，用鼓风机快速风干表面水分。将菌盖分切成23片，菌柄纵切即可。

（3）油炸分离　油炸时菇体加量为油脂的40%～60%，添加量不足则油炸分离效果差，添加量过高又会影响以后加热的质量。

操作时将油加热至冒青烟时放入2～4节葱，炝油除异味。先将菇柄沉入锅中，此时油温可由150℃降至120℃。2分钟后再放入菌盖片，维持油温在110～120℃，稍加翻动，油炸6～8分钟，炸至菌体呈微黄而不脆的棕黄色、锅上无水汽时，立即停火，将菌油和油菌迅速冷却。

（4）配料调味　在菌油离火时，加入食盐、胡椒、辣椒、花椒、蒜泥、五香粉等各类香料，制成各类风味的菌油。

（5）包装　将菌油用消毒的玻璃瓶分装，即为成品香菇菌油。油菌另行包装，可作风味即食品。

（四）使用方法

菌油可炒菜、烧菜、炖菜，还可作凉菜、小菜、咸菜的调味油。用菌油烹制鱼、贝、肝、肾等菜肴，无腥味、不油不腻，别具风味。油菌直接作风味食品食用，也可制作成麻辣、五香、糖醋风味小食品。

十、姬菇菌油

（一）产品特色

姬菇又名小平菇，美味侧耳，个体小巧玲珑，肉质细嫩，味道鲜美，并有治肾虚阳痿、抗肿瘤的作用。用其加工的菌油，深受海内外人士的欢迎。

（二）工艺流程

原料选择→清洗切分→油炸分离→调味分装→成品

（三）操作要点

（1）原料选择　姬菇以尚未开伞的幼菇和灰色品种为好。要求无病斑、虫蛀，不得用“水菇”（指采收前后喷水或用水浸泡的菇），当天采收，当天加工，以免影响产品风味质量。

（2）清洗切分　用不锈钢刀清除菇体上杂质、碎屑及培养料；切去菇根，保留2～4厘米长菇柄。用清水漂洗干净，把菌盖用手撕成3～4片，菌柄一切为二，与菌盖分开以便加工。

（3）油炸分离　加工所用食用油为菜籽油、棉籽油、大豆油、棕榈油等不饱和脂肪酸含量高的油脂，混合或单独使用。油炸时，鲜菇的加入量为食用油总量的40%～60%。先将锅内食用油烧热至150℃，然后向锅内放入金属网笼装入的菇柄，沉入锅中油炸。2分钟后再放入菇盖条、片油炸，维持油温110～120℃，稍加翻动，油炸6～8分钟，炸至菇体微黄而不脆的金黄色时，立即停止加热，并从油锅中提出金属网笼，让油迅速冷却，稍加过滤待用。

（4）调味分装　在菌油中加入适量食盐、花椒、五香粉等各种调料，即成风味独特的菌油和油炸菇。将菌油分装于小口玻璃瓶中，低温存放。油炸菇亦可单独包装成风味即食食品。

（四）使用方法

菌油不仅可炒菜、烧菜，还可作凉拌、泡菜、咸菜等的高级调味油。油炸菇可以直接食用或作配料烹饪美味菜肴。

十一、松乳菇菌油

（一）产品特色

松乳菇又名松蕈、雁来菌、寒菌等，肉质细嫩，营养丰富，味道鲜美；并具有益肠健胃、理气化痰、活血止痛之功。用其炼制的菌油驰名中外，深受广大消费者垂青。

（二）工艺流程

选料→清洗→油炸→调味→分装→成品

（三）操作要点

（1）原料选择　选择指头大小的、菌盖边缘内卷、菌盖不向上翻卷的幼小松乳菇，先清除杂物及生虫和开伞的老菇，去根蒂，保留1～2厘米左右长的菇柄。然后入清水中清洗干净后，晾干备用。

（2）油炸　先将茶油或香油倒入铝锅或不锈钢锅内，1千克鲜松乳菇放1千克油进行油炸，当油温达190℃左右（见冒出少量青烟），即将锅移开炉火，冷到120～130℃，按菇重的1/60加入精盐，少量桂皮、花椒，稍加翻动，经30～40分钟，排出水分，减小火，慢慢煎20～30分钟。此时油液清亮，菇体开始收缩变小，再进一步减小火力，继续再煎10～20分钟，这时油色变得深黄明亮，菇体缩小到1厘米左右，并且变成黄黑色，菇盖卷边时起锅。

(3) 调味包装　在瓶内预先放上适量辣椒、味精、精盐，然后将炸好的松乳菇连同茶油倒入玻璃罐头瓶内封盖，即为成品。也可将菇体与油分别包装，菇体作即食食品；菌油作食用油用于烹调各种美味菜肴。

（四）质量要求

(1) 成品香辣适口，菌油不酸败、不变味、不起泡，香味浓郁。

(2) 油炸菇香辣可口，风味独特。

十二、鸡枞菌菌油

（一）产品特色

鸡枞菌别名鸡脚菇、伞把菇等，因其与白蚁共生，日本称之为“姬白蚁菌”。它肉质似鸡丝，气味浓香，味道鲜美，并含有抗癌的活性物质，可抑制多种癌细胞繁殖生长。

（二）工艺流程

选料处理→油炸切丝→调味→包装→成品

（三）操作要点

(1) 选料处理　选新鲜鸡枞菌，用软刷或布轻轻擦去菇体上的泥土，再用清水迅速冲洗干净后，用毛巾吸附鸡枞菌表面的水晾干备用。

(2) 油炸调味　在不锈钢锅或铝锅内，按每千克鸡枞菌放植物油0.5千克，加热浇沸。当锅内油冒青烟时，放入葱花炝锅，然后根据各地的口味和客户的要求，可放辣椒、花椒等稍炸一下捞出；当鸡枞菌炸至棕褐色时（不能炸焦脆），起锅装瓶，装入已灭好菌的瓶子里，然后封盖。

（3）包装　将菌油和油菌分开包装，油菌作即食食品，菌油可作各种菜肴高级调料。

（四）质量要求

（1）油菌呈棕褐色，香辣可口。

（2）菌油澄清透明，具鸡枞菌特有风味，无异味，符合食品卫生要求。

十三、蚝油

（一）产品特色

蚝油是用牡蛎等加工的一种天然风味的高级调味品，是粤菜传统调味料之一，在广州、福建等地食用较为普遍，在港澳台地区及南洋群岛极为畅销，在国际上也享有一定声誉。蚝油具有天然的牡蛎风味，味道鲜美，气味芬芳，营养丰富，色泽红亮鲜艳，适用于烹制各种肉类、蔬菜，调拌各种凉菜和面食，风味独特。

（二）原辅材料

可分以下三种配方：

（1）浓缩蚝汁 5%，浓缩毛蚶汁 1%，调味液 25%～30%，水解液 15%，白糖 20%～25%，酱油 5%，味精 0.3%～0.5%，增鲜剂 0.025%～0.05%，食盐 7%～10%，变性淀粉 1%～3%，增稠剂 0.2%～0.5%，增香剂 0.00625%～0.0125%，黄酒 1%，白醋 0.5%，防腐剂 0.1%，水适量。

（2）浓缩蚝汁 25%，白糖 4%～6%，食盐 5%～8%，变性淀粉 3%～4%，味精 1.2%～1.5%，增稠剂 0.3%～0.4%，焦糖色 0.25%～0.5%，防腐剂 0.1%，水适量。

（3）白糖 5%～10%，食盐 7%～9%，变性淀粉 4.5%～5%，味精 1%～1.5%，增稠剂 0.15%～0.2%，焦糖色 0.5%～1%，酱油 20%～22%，水解植物蛋白 1%～1.5%，蚝油香精 0.1%～0.15%，虾味香精 0.01%，水适量。

（三）操作要点

（1）原料　采用鲜活的牡蛎或毛蚶作加工原料。

（2）去壳　用沸水焯一下，使牡蛎或毛蚶的韧带收缩，两壳张开，去掉壳，或凉后去壳。

（3）清洗　将牡蛎肉或毛蚶肉放入容器内，加入肉重 1.5～2 倍的清水，缓慢搅拌，洗除附着于蚝肉或毛蚶肉身上的泥沙及黏液，拣去碎壳，捞起控干。

（4）绞碎　将清洗干净的蚝肉或毛蚶肉放入绞肉机或钢磨中绞碎。

（5）煮沸　先把绞碎的蚝肉或毛蚶肉，放入夹层锅中煮沸，使其保持微沸状态 2.5～3 小时，然后用 60～80 目筛过滤，过滤后的蚝肉或毛蚶再加 5 倍的水继续煮沸 1.5～2 小时，过滤，将两次煮汁合并。

（6）脱腥　在煮汁中加入汁重 0.5%～1%的活性炭，煮沸 20～30 分钟，去除腥味，过滤，去掉活性炭。

（7）浓缩　将脱腥后的煮汁，用夹层锅或真空浓缩锅浓缩至水分含量低于 65%，即为浓缩蚝汁或毛蚶汁。为利于保存，防止腐败变质，加入浓缩汁重 15%左右的食盐，备用。使用时用水稀释按配方调配。

（8）酸解　将煮汁后的蚝肉或毛蚶肉称重，加入肉重 0.5 倍的水，0.6 倍的 20%食用盐酸，在水解罐中于 100℃下水解 8～12 小时。水解后在 40℃左右用碳酸钠中和至 pH5 左右，加热至沸，过滤，滤液即为水解液。在水解液中加入 0.5%～1%的活性炭，煮沸 10～20 分钟，补足失去的水分，过滤，去活性炭。

（9）制调味液　将八角、姜、桂皮等调味料放入锅中，加适量水，加热煮沸 1.5～2 小时，过滤，得调味液。

（10）混合调配　将浓缩汁、水解液、白糖、食盐、增鲜剂、增稠剂等分别按配方称重混合搅拌，加热至沸，最后加入黄酒、白醋、味精、香精，搅拌均匀。

（11）均质　用胶体磨将调配好的蚝油进行均质处理，使蚝油分子颗粒变小，分布均匀，否则易沉淀分层。

（12）灭菌　将均质后的蚝油加热至85～90℃，保持20～30分钟，达到灭菌的目的。

（13）装瓶　灭菌后的蚝油装入预先经过清洗、消毒、干燥的玻璃瓶内，压盖封口，贴标，即为成品。

（四）质量标准

（1）感官指标　具有蚝油的独特风味，不得有苦涩味或不良气味，色泽为红褐色或棕褐色。体态为黏稠状，不得有颗粒。

（2）理化指标　粗蛋白（克/100毫升）0.26～0.3；还原糖（克/100毫升）2.75～3.2；总糖（克/100毫升）12～20；总酸（克/100毫升）0.12～0.32；氨基酸态氮（克/100毫升）0.15～0.56；食盐（克/100毫升）10～14；无盐固形物（克/100毫升）21～23。

（3）微生物指标　不得有致病菌检出。

十四、蛏油

煮蛏剩下的蛏汤是加工蛏油的原料，蛏汤内含可溶性蛋白质，味道鲜美，是一种海味浓郁的优质调味品。

（一）工艺流程

鲜蛏→清洗→蒸煮→澄清→浓缩→装瓶→成品

（二）操作要点

（1）清洗、蒸煮　将原料鲜蛏清洗干净，于蒸煮锅中煮熟，捞出去蛏壳和肉。

（2）澄清　把蛏汤放在容器中沉淀，除去沉淀物，并将上层泡沫除去，再用纱布过滤。

（3）浓缩　将过滤后的蛏汤倒入用油抹过的铁锅中，加足火烧煮，使其水分蒸发，边蒸发边加新汤，直至加完为止。此后浓度增大，火力适当降低，保持在95℃左右，温度逐渐下降到60℃。直到用竹筷插入蛏汁取出后，蛏汁能浓稠地流下，落成一小珠，或滴在毛边纸上不会渗透，才算浓缩好。

(4)装瓶　将浓缩好的蛏油装入干净的玻璃瓶中，即为成品。

十五、贻贝油

（一）原辅材料

贻贝 100 千克，AS. 1398 中性蛋白酶 450 克，食盐 15 千克，白糖、味精、有机酸、增稠剂各适量。

（二）工艺流程

贻贝→分粒洗涤→破碎→酶解→加盐→去壳及足丝→粗分离→调制

成品←包装杀菌←精滤←

（三）操作要点

(1) 分粒洗涤　将串状的贻贝球分成小粒，清洗去泥沙，并用淡水漂洗。

(2) 破碎　用破碎机进行破碎，壳的碎片大小在 10 毫米左右。

(3) 酶解　用水将酶溶解后与破碎好的贻贝相混合，选用 AS. 1398 中性蛋白酶，酶的活力单位每克为 5 万单位，用量为贻贝重的 0.45%，经 24～48 小时（视温度而定）酶解，贝肉从壳上脱落。

(4) 加盐　加盐量为贻贝肉重量的 15%。

(5) 粗分离　用振荡筛或框架式过滤装置分离不溶性固形物。加热煮沸 15 分钟，去掉不良气味。

(6) 调制　加入适量的白糖、味精、有机酸和增稠剂等进行调制。

(7) 包装杀菌　将包装容器洗净，装入制品后，立即密封、杀菌，冷却即为成品。

十六、虾油

虾油是用新鲜虾为原料，经发酵提取的汁液精制而成，常用小青鳞鱼、三角鱼、小杂鱼及鱼制罐头的下脚料。虾油是我国沿海各地城乡食用的一种味美价廉的调味品

(一) 工艺流程

原料清理→入缸腌制→曝晒发酵→煮熟提炼→装瓶→成品

(二) 操作要点

(1) 原料清理　虾油加工季节为每年清明前一个月。加工时将经济价值较低的各种小杂鱼洗净，除去沙泥杂物。而虾类，则应在起网前，利用虾网在海水里淘洗，除去泥沙，然后倒入箩筐内运回加工。

(2) 入缸腌制　酿制虾油的容器，采用缸口较宽、肚大底小的陶缸。缸排放于露天场地，以便阳光曝晒发酵。缸面用竹叶或塑料薄膜的防雨罩。将清理好的原料倒入缸内，一般每缸容量为75～100千克，约占缸容积的60%左右。经日晒夜露两天后，开始搅动，每天早晚各1次，3～5天后缸面有红沫时，即可加盐搅拌。每天早晚搅动时，各加盐0.5～1千克，以缸面撒到为度。经过15天的腌渍，缸内不见虾体上浮或很少上浮时，继续每天早晚搅动一次，用盐量可减少5%，一个月后只要早上搅动，加盐少许。直至按规定的用盐量用完为止。整个腌渍过程的用盐量为原料量的16%～20%。

(3) 曝晒发酵　虾油的酿造过程，主要是靠阳光曝晒，同时早晚搅动，经日晒夜露，搅动时间愈长。次数愈多，晒热度愈足，腥味愈少，质量愈好。如遇雨天，腌缸需要加盖。经过以上过程，缸内成为呈浓黑色酱液，上面浮一层清油时，发酵即告结束。

(4) 煮熟提炼　经过晒制发酵后的虾酱液，过了伏天至初秋，即可开始炼油。可用勺子撇起缸面的浮油，再以5%～6%的食盐溶解成凉盐水溶液冲进缸内。用量为原料量减去第一次舀起浮油量。加入盐水后，再搅动3～4次，以使缸内虾油滤进篓内，再用勺子渐渐舀起，直至舀完缸内虾油为止。随后将前后舀出的虾油混合拌和，便成生虾油。将生虾油置于锅内烧煮，撇去锅上浮面泡沫，沉淀后即为成品虾油。

(5) 装瓶　将沉淀的虾油用干净的玻璃瓶分装密封，即为成品。

（三）质量要求

成品浓度以20波美度为宜，不合标准时，在烧煮中应加适量的食盐；若超过浓度，可加开水拌稀。

十七、蟹油

（一）产品特色

蟹油是用螃蟹作主料加工而成的一种调味油，海味浓郁，色泽金黄油亮，鲜香味醇，食之齿颊留香。若用于煮汤面条，软滑爽口，汤鲜汁香；与肉或菜拌和成馅心，风味别致。

（二）制作方法

先把蟹黄、蟹肉剔下（亦称蟹粉），入锅熬制。熬制时，在烧热的炒锅里放入与蟹粉等量的素油（或熟猪油），把姜块、葱结下锅炸出香味，拣出不用。放入蟹粉、绍酒搅拌均匀，用旺火熬制。锅内的蟹粉中的水气排出，锅中出现水花，泡沫泛起，此时改用中火熬煎，待油面平静时，再移旺火。如此反复几次，使蟹粉内部的水分在高温中逐步排出，视油面最后平静时，蟹油基本熬好。

（三）包装

将制好的蟹油用干净的玻璃瓶分装，贴上商标，即可上市。

【注意事项】

（1）熬制蟹油时要适当调节火力，即旺火熬开，中火炼熟，小火舀起。

（2）蟹粉中的水气一定要熬干，这是熬油的关键。否则，不但影响油的风味特色，而且容易变质，难以保存。

（3）蟹油熬好后，要用小筛罗过滤杂渣，盛入陶制器皿中，待完全冷却后，再放入冰箱储存待用。

（4）若想隔年储存蟹油，不能用猪油熬，否则经过夏天，极易变味。

十八、蛋黄油

蛋黄油是由食用植物油、食醋、果汁、蛋黄、蛋白、食盐、白糖、香草料、化学调味料、酸味料等原料加工而成的一种高级调味品。

（一）原辅材料

色拉油 70 份，蛋黄 10 份，酿造醋 10 份，水 5 份，食盐 2 份，香辛料适量，核菌胶 0.1 份，加水至总量达到 100 份。

（二）制作方法

将水和食醋混合，边搅拌边向溶液中添加蛋黄、食盐和香辛料中的 1/3 量，上述溶液调成糊状。用搅拌机边搅拌边添加色拉油和蛋黄、食盐、白糖、香辛料的 2/3 量，便制成极稳定的乳化液，即为蛋黄油，将其用瓶分装，即为成品。

十九、芙蓉牌辣椒油

（一）产品特色

芙蓉牌辣椒油是岳阳市制酱厂研制而成，每瓶 250 克，是烹饪、调料和凉拌的理想佳品，1981 年荣获商业部的优质产品奖。可直接佐餐，近几年来畅销东南亚以及日本、美国、加拿大等许多国家，很受外商的欢迎。

（二）制作方法

用优质黄豆油，经蒸汽加热到 150℃以上，加上鲜红无籽辣椒粉、食盐、芝麻、香油等拌匀，装瓶即成。

（三）质量要求

色泽鲜艳，呈红色透明液体，清而不浑，气味醇厚芳香。

二十、香辣烹调油

（一）产品特色

香辣烹调油是用各种香料和食用油等加工而成。将各种香辣调味品按一定的配比添加于食用油中，使香辣味有效成分溶于食油，制成香辣烹调油，可使一般的家庭也能做出熟练的厨师做出的美味中式菜肴。

（二）原辅材料

生菜油 720～1000 毫升，茴香 10～30 克，花椒 5～15 克，葱 40～80 克，大蒜 30～60 克。

（三）制作方法

首先用大火将生菜油加热至 125～155℃，加入茴香、葱和大蒜，恒温 30～60 分钟，充分提取出香辣味有效成分。再用文火加热，待油温降至 95～120℃时加入花椒，恒温 5～15 分钟后自然冷却，滤去残渣，将滤渣后的油用干净的玻璃瓶分装，即为成品。

二十一、香味烹调油

香味烹调油是用色拉油、茴香、花椒、葱蒜等加工而成，用香味烹调油烹调的菜肴可与熟练厨师烹调的菜风味相媲美。

（一）原辅材料

色拉油 720～1000 毫升，茴香 10～30 克，花椒 3～15 克，葱 40～80 克，蒜 30～60 克。

（二）制作方法

将色拉油用武火加热至 124～155℃，放入茴香、葱、姜、蒜恒温加热 30～60 分钟，使其精华充分浸出溶解于油中。再用文火加热使油温降至 95～120℃，放入花椒，定温加热 5～15 分钟，待冷却后过滤，即得到香味油，将其用玻璃瓶分装，即为成品。

第七章

汤汁类调味品

汤汁类调味品是将相关食物等通过特殊加工而成的一种液体调味料，营养丰富，味道鲜美，使用方便，深受消费者欢迎。

一、番茄调味汁

（一）产品特色

番茄是人们喜爱的蔬菜，也可作水果食用。它含有丰富的蛋白质、糖类和人体所需要的各种维生素、无机盐、有机酸等。由于新鲜的番茄不耐储，且收获季节性强，所以用番茄做汤汁调料，可弥补淡季番茄供应不足的矛盾，且携带方便，营养丰富，易于存放，适合家庭、食堂、饭店及旅游者普遍使用。

（二）原辅材料

配方一：番茄粉 100 克，食盐 300 克，味精 50 克，香料油 20 克，砂糖 20 克，葱粉 15 克，花椒粉 10 克，酱油粉 5 克，糊精 80 克。

配方二：番茄粉 100 克，食盐 200 克，味精 50 克，砂糖 20 克，胡椒粉 20 克，葱粉 10 克，酱油粉 10 克，糊精 80 克，香料油 20 克。

配方三：番茄粉 100 克，食盐 150 克，味精 50 克，砂糖 70 克，葱粉 10 克，酱油粉 10 克，香料油 20 克，花椒粉 10 克，糊精 100 克。

（三）工艺流程

番茄→水洗→切片烘干→粉碎过筛→番茄粉

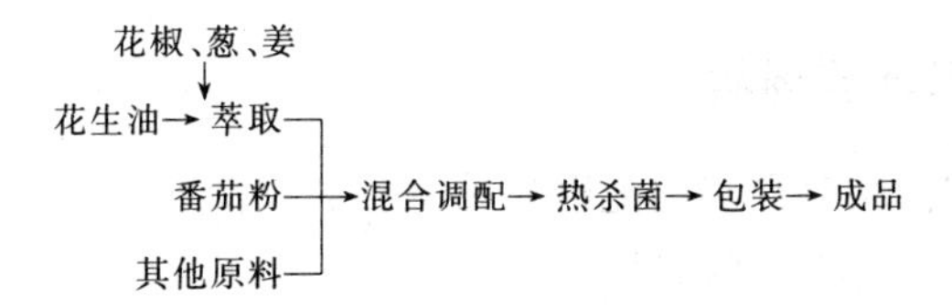

（四）操作要点

（1）番茄粉加工　选用八成熟的新鲜番茄，用流水在清洗池中清洗干净，并沥干水分。用切片机将番茄切成2～3毫米的薄片，放于架盘上，在真空干燥箱中烘干，温度控制在60～70℃，直至番茄片水分含量小于8%，取出，常温冷却。将冷却后的番茄片用粉碎机粉碎，过60目筛网，即为番茄粉。

（2）香料油制备　用花生油加热180℃以上，加入花椒、姜、葱萃取5～10分钟，然后冷却过滤，即得香料油。

（3）调配混合　将花椒、味精、砂糖粉碎过60目筛，按配方中各原料的定量准确称重，在混合机中拌和均匀。

（4）灭菌　混合粉放于蒸汽双层锅内，在蒸汽压为49千帕时，加热灭菌10分钟，其间不断搅拌，出锅散凉。

（5）分装　冷却后的粉料要及时用粉料包装机分装，每包装50克汤料，食用时用90℃沸水冲溶即可。

（五）质量标准

（1）感官指标　淡红色粉末，多种细小结晶混合物，味道鲜美适口。

（2）理化指标　水分在5%以下，食盐40%。砷（以As计）≤0.5毫克/千克；铅（以Pb计）≤1.0毫克/千克。

（3）微生物指标　细菌总数≤5000个/克；大肠菌群≤40个/100克；致病菌不得检出。

【注意事项】

（1）番茄一定要用流水清洗干净，其他辅料盐、糖、花椒、味精等也要符合食品卫生标准。

（2）番茄的烘干温度应控制在60～70℃，温度过高易发焦。

二、鸡味鲜汤料

鸡味鲜汤料是用鸡肉配以各种香料加工而成，营养丰富，味道极为鲜美，是高档的调味品。

（一）原辅材料

配方一：鸡肉粉 80 克，蒜粉 10 克，洋葱粉 25 克，胡椒粉 12.5 克，生姜粉 15 克，咖喱粉 15 克，食盐 210 克，砂糖粉 50 克，味精 60 克，鸡香精 7.5 克，酱油粉 10 克。

配方二：鸡肉粉 135 克，蒜粉 83 克，姜粉 20 克，花椒粉 10 克，大料粉 2 克，糊精 500 克，食盐 230 克，味精 30 克。

配方三：鸡肉粉 18 克，食盐 300 克，砂糖粉 70 克，洋葱粉 15 克，蒜粉 5 克，芹菜粉 10 克，胡椒粉 8 克，姜粉 10 克，味精 80 克，肌苷酸 2 克，酱油粉 20 克。

配方四：鸡肉粉 18 克，变性淀粉 20 克，鸡油 10 克，精盐 20 克，味精 10 克，脱脂奶粉 20 克，洋葱粉 0.6 克，白砂糖 0.4 克，白胡椒 0.5 克，酱油粉 3 克。

配方五：食盐 46 克，味精 10 克，无水葡萄糖 10 克，鸡香精 3 克，干葱片 3 克，鸡肉粉 8 克。

（二）工艺流程

鸡→选肉→切块→煮熟→干燥→粉碎→过筛→鸡肉粉

鸡肉粉
调味蔬菜→制成粉末
其他调味料
→准确称重→拌和均匀→加入香料→包装→成品

（三）操作要点

（1）鸡肉粉的制作　将鸡宰杀洗净，去皮、去骨，使用鸡肉部分，切成小块，加盐煮熟，捞出，用绞肉机绞碎后在 60℃下烘干，水分达到 5%以下，粉碎，过 40 目筛网，即为鸡肉粉。

（2）调味蔬菜粉加工　先将调味蔬菜去皮洗净，切成片状，再绞碎，在 60℃下烘干使水分含量在 5%以下，粉碎，过 60 目筛网，即成蔬菜粉末。

（3）混合、包装　按配方准确称量各原料，在混合机中混合均匀，用食品袋或玻璃瓶分装，即为成品。

（四）质量标准

（1）感官指标　呈均匀一致的粉末状，无杂质结块现象，具有鸡肉的鲜香味。

（2）理化指标　水分含量≤5%。用90℃开水冲泡2分钟溶解，并有肉末沉淀。砷（以As计）≤1.0毫克/千克；铅（以Pb计）≤0.5毫克/千克。

（3）微生物指标　细菌总数≤5000个/克；大肠菌群≤40个/100克；致病菌不得检出。

三、牛肉味汤料

（一）产品特色

牛肉味汤料是用牛肉粉和多种辅料加工而成，是目前市场上非常畅销的复合调味料，它大多用于方便面、方便米粉或者炒菜、冲汤使用，因味道鲜美而深受消费者青睐。

（二）原辅材料

配方一：牛肉粉16克，芥末粉2克，蒜粉2克，砂糖粉11克，生姜粉4克，花椒粉5克，盐44克，味精14克，牛肉香精1.5克，焦糖色1.5克。

配方二：牛肉粉50克，盐25克，洋葱粉9克，胡萝卜粉23克，芹菜粉11克，丁香粉45克，大蒜粉40克，酱油粉20，砂糖粉27克。

配方三：牛肉粉500克，糊精900克，盐450克，葱粉100克，姜粉40克，大料粉10克。

配方四：盐30克，味精10克，I+G增鲜剂0.3克，葡萄糖3克，洋葱片2克，白胡椒粉2.7克，姜粉2克，酱油粉5克，牛肉香精5克，食用油5克。

配方五：食盐59.2千克，味精9千克，牛肉浸粉9.5千克，I+G增鲜剂0.2千克，琥珀酸钠0.5千克，洋葱粉0.1千克，蒜粉

0.05 千克，姜粉 0.05 千克，酒石酸 0.3 千克，焦糖 1.7 千克，黑胡椒粉 0.5 千克，葱粉 2.0 千克，韭菜 0.1 千克，白菜粉 2.0 千克，葡萄糖 9.25 千克，酱油粉 5.50 千克。

（三）工艺流程

牛肉选肉→切块→煮熟→干燥→粉碎→过筛→牛肉粉

牛肉粉
调味蔬菜→制成粉末 →准确称重→拌和均匀→加入香料→包装→成品
其他调味料

（四）操作要点

（1）与鸡味鲜汤料大致相同，只是选用牛肉时需将筋、腱去除，再煮熟。

（2）配方五中所使用韭菜烘干后只需粗粉碎成小片状即可。

（五）质量标准

（1）感官指标　具有牛肉的鲜香风味，呈颗粒粉末状，无结块现象。

（2）理化指标　水分含量≤5%。用 90℃开水冲泡 2 分钟溶解，并有肉末沉淀。砷（以 As 计）≤1.0 毫克/千克；铅（以 Pb 计）≤0.5 毫克/千克。

（3）微生物指标　细菌总数≤1000 个/克；大肠菌群≤40 个/100 克；致病菌不得检出。

【注意事项】

（1）配方中的食盐、味精、甜酸料属晶状物料，混合前均应进行必要的粉碎，

（2）所用各种原料必须符合卫生标准。

（3）若产品卫生标准不合格，应采用微波杀菌，干燥后再包装。

四、鱼香汁

（一）产品特色

鱼香汁是四川美食家们独创的特殊风味，甜、酸、辣、咸各味俱全，在美味的菜肴中即便没有鱼，也能散发出浓郁的鱼香味。

（二）原辅材料

酱油1.5千克，米醋1千克，黄酒1千克，白糖2千克，葱、姜、蒜各1千克，味精0.2千克，泡辣椒1千克（或红辣椒糊）。

（三）工艺流程

酱油、白糖→加热→溶解→加调味料→煮沸→过胶体磨→灭菌→灌装→成品

（四）操作要点

（1）酱糖溶解　酱油与白糖一起加热，溶解，并搅拌均匀。

（2）加调味料　继续加热，并加入葱、姜、蒜和泡辣椒，搅拌均匀，最后加入米醋、黄酒、味精，煮沸片刻，即停火。

（3）加添加剂　配制4%羧甲基纤维素钠，取0.6千克左右添加在鱼香汁中，边加边搅，充分搅拌。

（4）灭菌灌装　将调配好的鱼香汁通过胶体磨，并采用常压灭菌30分钟，趁热灭菌、灌装，冷却至常温，即为成品。

（五）质量要求

（1）成品酱红色，均匀，无沉淀，有亮度。

（2）口感甜、酸、辣、咸，有浓郁的鱼香味。

【注意事项】

（1）辣椒是鱼香味中最重要的调料，没有它就形成不了鱼香味，因此不能缺少。

（2）加热配制鱼香汁时，沸腾即可，不宜长时间煮沸，以免损失养分。

五、五香汁

五香汁属冷菜汁，是制作卤味的汤汁，最适合烧煮牛、羊肉及鸡、鸭等，其浓郁的五香味，可以除去牛、羊肉的腥膻味。

（一）原辅材料

酱油10千克，鸡骨架5千克，白糖2.5千克，料酒1.5千克，食盐5千克，葱、姜各2千克，花椒、大料、茴香各0.25千克，桂皮0.1千克，糖色适量。

（二）工艺流程

鸡骨架→煮沸→加辛香料→加调味料→文火→煮沸→过滤→糖色→灭菌→灌装→成品

（三）操作要点

（1）鸡骨架煮沸　将鸡骨架放入锅内，加入 150 千克水，烧开后撇去浮沫。

（2）加辛香料　将花椒、大料、茴香、桂皮一起倒入鸡汤内，约煮 10 分钟后，再加入食盐、料酒、白糖、葱、姜，用文火煮沸 2 小时。

（3）过滤、灭菌、灌装　停火后将鸡骨架捞出（可再利用），将汤过滤，最后加入酱油、糖色，常压灭菌后趁热灌装，冷却后即为成品。

（四）质量要求

（1）色泽酱红，无沉淀，无分层。

（2）味道醇香。

六、怪味汁

（一）产品特色

怪味汁适合浇拌煮熟的鸡肉、猪肉等，也可以拌凉面和拌脆嫩的蔬菜，风味独特，有咸、甜、辣、麻、酸、鲜、香味等，各味俱全，因此被人们称为怪味汁。

（二）原辅材料

酱油 50 克，芝麻酱 20 克，米醋 20 克，辣椒油 25 克（用油炸干红辣椒而得），白糖 25 克，花椒 1 克，葱末 15 克，蒜泥 15 克，芝麻 25 克，香油 30 克，味精 2.5 克，姜末 15 克。

（三）工艺流程

麻酱、酱油→搅匀→加调味料→加热溶解→加辛香料→乳化→灭菌→灌装→成品

（四）操作要点

（1）调匀　将酱油加入麻酱内，边加边搅，调配均匀，使成米汤样的稀稠状。

（2）加调味料　加入白糖，加热溶解，待白糖完全溶解时加入葱、姜末及蒜泥，搅拌均匀，停止加热。

（3）加辛香料　将花椒炒热，粉碎成面与辣椒油、香油、味精一起加入上述半成品调味液中。

（4）灭菌灌装　将芝麻炒熟粉碎成末，最后加入，搅拌均匀，过胶体磨，常压灭菌，趁热灌装，即为成品。

（五）质量要求

（1）成品酱色，浓度适中。

（2）口感咸、甜、辣、麻、酸、鲜、香味俱全。

【注意事项】

（1）可根据各地习惯和口味来调配，不能一味突出而压过其他味。

（2）怪味汁属凉菜汁，可拌凉面及脆嫩蔬菜，因此，灭菌要彻底。

七、醋蒜汁

醋蒜醋适用于烹调鱼、虾，凉拌菜及蘸食水饺等，是很好的调味汁 。

（一）原辅材料

醋 100 千克，白糖 3.5 千克，蒜 6 千克，盐 1 千克。

（二）工艺流程

鲜蒜→去皮→清洗→破碎→混合→浸泡→过滤→瞬时灭菌→装瓶→成品

（三）操作要点

（1）鲜蒜剥皮　将鲜蒜剥去外皮，去掉腐烂变质之蒜瓣。

（2）冲洗破碎　将选好之蒜瓣反复用水冲洗干净，控干水分，用绞碎机破碎。

（3）混合浸泡　将醋经灭菌后按照配料数量放于密闭储存罐中，再加入称重好的蒜泥、白糖和盐，搅拌均匀，浸泡 7～10 天，然后用滤布滤去蒜渣，即得蒜汁醋。

(4) 灭菌装瓶　将蒜汁醋经瞬时灭菌器灭菌，即可灌装。空瓶事先必须清洗、干燥、灭菌。冷却即为成品。

(四) 质量标准

(1) 感官指标　澄清透明，呈红褐色；有米醋及大蒜的特有香气，味道醇香，酸甜柔和，蒜味纯正；体态澄清，无悬浮物，无霉花、浮膜。

(2) 理化指标　总酸（以醋酸计，克/100毫升）≥4.50；还原糖（以葡萄糖计，克/100毫升）≥3.0；氨基酸态氮（以氮计，克/100毫升）≥0.30。砷（以As计，毫克/升）≤0.5；铅（以Pb计，毫克/升）≤1.0。

(3) 微生物指标　黄曲霉毒素（毫克/千克）≤5，细菌总数（个/毫升）≤5000；大肠菌数（个/100克）＜3；致病菌（系指肠道致病菌）不得检出。

【注意事项】

(1) 醋要选择总酸在4.5/100毫升以上，澄清透明，红褐色、味道纯正之优良米醋。卫生标准符合部颁标准。

(2) 密闭储存缸用前要清洗干净，浸泡过程中不要与外界空气接触，以免污染杂菌，影响产品质量。

八、腐乳扣肉汁

(一) 产品特色

腐乳扣肉汁是以酱油、腐乳、黄酒为主要原料，再配以各种调味剂调配而成的一种特殊调味汁。该产品色泽酱红、食用方便，可使肉烂味香、肥而不腻。

(二) 原辅材料

酱油20千克，腐乳25千克，黄酒10千克，白糖10千克，味精1克，葱、姜、蒜各8千克，大料末8千克，香油、增稠剂各适量，红曲色素少量。

(三) 工艺流程

酱油、腐乳、白糖→加热搅拌→各种调味料→加热搅拌→增稠→磨浆→包装→成品

（四）操作要点

（1）加热搅拌 将酱油、腐乳、白糖一同注入锅内，边加热边搅拌至均匀的调味汁。

（2）加调味料 将葱、姜、蒜捣碎，大料粉碎，加入到上述调味汁中。

（3）混合加热 调味汁与调味料混合后继续加热至微沸，加热中要不断搅拌。

（4）增稠 将适量增稠剂加入到上述半成品中，边加热边搅拌至沸腾。停止加热后再加入香油、味精，用食用色素调好颜色。

（5）磨浆 将调配好的腐乳汁经过胶体磨磨细，使其混合均匀、细腻。

（6）包装 将腐乳汁用瓶（袋）分装，即为成品。

（五）质量要求

（1）成品为酱红色，有一定黏稠度，但比酱稀。

（2）有腐乳味，咸中稍带甜味。

【注意事项】

（1）调味汁在加热时要不停搅拌，以防粘锅。

（2）大料要粉碎成大料粉，葱、姜、蒜要捣碎成泥状。

九、叉烧汁

（一）产品特色

叉烧汁是以白糖、酱油、白酒等为原料经煮沸、调配而成的一种烧烤调味汁。如将酱肉放入叉烧汁中，腌1天，放入烤炉，烤20分钟，再用旺火把汁焙浓，浇在肉上即可。其味道甜咸醇香，风味独特。

（二）原辅材料

白糖8千克，酱油8千克，白酒10千克，芝麻酱5千克，甜面酱3千克，精盐60克，香油1千克，味精0.1千克，色素少量。

（三）工艺流程

酱油、麻酱→搅拌→调配→煮沸→加酒→灭菌、灌装→成品

（四）操作要点

（1）搅拌　将酱油、麻酱一同注入锅内，搅拌均匀。

（2）调配煮沸　将白糖、甜面酱、精盐一同加上，并用文火加热，加热边搅拌，使其充分溶解，加热至微沸时，即停火。

（3）加调料、灭菌、灌装　停火后加入白酒、香油、味精、色素搅拌均匀；采用常压灭菌，趁热灌装于干净的玻璃瓶中密封，冷却至常温，即为成品。

（五）质量要求

（1）成品枣红色，香气纯正。

（2）口感以甜为主，甜咸醇香。

十、红烧型酱油调味汁

红烧型酱油调味汁是用香菇、酱油等加工而成，适用于红烧猪肉、鸡、鸭、鱼等的调味。

（一）原辅材料

酱油 100 千克，香菇 0.1 千克，白糖 3 千克，料酒 3 千克，食盐 3 千克，味精 0.2 千克，酱色 3 千克，香辛料 0.2 千克，水适量。

（二）工艺流程

```
香菇→清洗─┐
          ├→加热至沸→自然冷却→装入布袋→于酱油中浸泡→调配
香辛料→水洗─┘                                          │
                    成品←装瓶←瞬时灭菌←搅拌均匀←────────┘
```

（三）操作要点

（1）加热灭菌　将香菇清洗后与各种香辛料加适量水放于夹层锅中加热至沸 10 分钟，以达到浸出与消灭香辛料中杂菌的目的。待其自然冷却后，装入布袋中。

（2）酱油浸泡　将装入布袋中的香辛料放于灭菌后的酱油中，浸泡罐中浸泡 7～10 天，使香辛料中成分充分浸出。

（3）调配　将所有原料按比例调配，并搅拌均匀。

（4）瞬时灭菌　所得调味汁，经瞬时灭菌器灭菌后即可装瓶

(空瓶清洗、干燥灭菌后备用)。冷却后即为成品。

(四)质量要求

(1)感官指标 红褐色,鲜艳,有光泽;有酱香和酯香;口味鲜美、醇厚,咸甜适口;澄清、浓度适当,无杂质。

(2)理化指标 无盐固形物(克/100克)≥20.00;氨基酸(以氮计,克/100毫升)≥0.7;还原糖(以葡萄糖计,克/100毫升)≥4.50;食盐(以氯化钠计,克/100毫升)≥17.00;全氮(以氮计,克/100毫升)≥1.40;总酸(以乳酸计,克/100毫升)≤2.50;相对密度(20℃)1.18。砷(以As计,毫克/升)≤0.5;铅(以Pb计,毫克/升)≤1;

(3)微生物指标 黄曲霉毒素(毫克/千克)≤5;细菌总数(个/毫升)≤5000;大肠菌群(个/100克)≤30;致病菌(系指肠道所致病菌)不得检出。

十一、蛋白调味液

(一)产品特色

蛋白调味液是利用生产粉丝的废液,经絮凝沉淀、离心分离、盐酸水解、混合调配而制得。这种废物利用,既避免了蛋白资源的浪费,又减少因废液排放而引起的环境污染。蛋白调味液味道鲜美,清澈透明,气味芳香,适用于各种凉拌菜、炒菜,是一种烹调佳品。

(二)原辅材料

水解液75～80千克,白糖10～12千克,食盐4～6千克,酱油3～5千克,黄酒1千克,味精0.3～0.5千克,增香剂适量。

(三)工艺流程

粉丝废液→调pH值→絮凝沉淀→离心分离→回收蛋白→水解→中和

成品←封口←装瓶←杀菌←调配←过滤←脱臭←过滤←

(四)操作要点

(1)粉丝废液选择 粉丝废液中蛋白质的含量关系到蛋白质的回收率,蛋白质含量低回收意义不大。一般要求浆液中蛋白质含量高于 2%。调 pH 值视粉丝废液的 pH 值进行调整，最终调整至 pH 值 6.5～6.8，使蛋白质充分溶解。

（2）絮凝沉淀　将废液泵入沉淀罐或放入沉淀池，调整废液温度 20～30℃，加入液重 0.0035%～0.004%的回收蛋白絮凝剂，以 40～80 转/分的速度，搅拌 2～3 分钟，自然沉降 2～3 小时，使蛋白质沉淀，放掉上面清液。

（3）离心分离　沉淀后的浓蛋白液经离心机脱水得到回收蛋白，其含水量约为 20%～30%。

（4）酸解　将回收蛋白称重，放入盐酸水解罐中加入蛋白重 0.6～0.7 倍的 20%的食用盐酸，在 100～110℃下水解 20～24 小时，使蛋白质转变为氨基酸。

（5）中和　酸解液降温、冷却至 40℃左右时，加入碳酸钠中和至 pH5 左右，加热至沸，用过滤机过滤。

（6）脱臭　在滤液中加入液重 0.5%～1%的活性炭，每 10～20 分钟搅拌一次，反应 3～4 小时，或经树脂交换器进行脱臭处理，消除豆腥味及酸解异味，经过滤去掉活性炭，即为水解液。

（7）调配杀菌　将水解液、白糖、食盐、酱油按配方重量称重混合，加热至沸，冷却至 85℃左右时加入味精、黄酒、增香剂，搅拌均匀，并在此温度下保持 20～30 分钟，进行灭菌。

（8）装瓶　将灭菌后的蛋白调味液，用灌装机装于预先经清洗、消毒、干燥的玻璃瓶内，封口，贴标，即为成品。

（五）质量标准

（1）感官指标　具有鲜味，甜咸适中，不得有异味。色泽为棕褐色。体态为透明液体，不得有沉淀。

（2）理化指标　氨基酸态氮（克/100 毫升）0.5～1，总糖（克/100 毫升）10～15；食盐（克/100 毫升）12～14；总酸（克/100 毫升）0.1～0.2；无盐固形物（克/100 毫升）15～18。

（3）微生物指标　致病菌不得检出。

【注意事项】

（1）蛋白的凝絮剂种类很多，使用时以沉浆速度快、回收率高者为佳，其中由中国科学院生态环境研究中心研制的高效无毒CTS絮凝剂、由北京环境保护科学研究所研制的1号回收蛋白絮凝剂效果均较好，厂家可根据自己的实际情况选择不同的絮凝剂。

(2) 为了使絮凝剂与粉丝废液混合均匀，充分发挥絮凝剂作用，使用前将絮凝剂配成1%的水溶液，再根据用量折合溶液的重量，徐徐加入，轻轻搅拌。

(3) 絮凝沉淀时严格掌握絮凝条件，如温度、pH值、搅拌速度、时间等。温度不能过高或过低，搅拌速度不能超过100转/分，搅拌时间不能超过5分钟，否则不利于絮凝沉淀。

十二、芦笋黄油汤料

(一) 原辅材料

芦笋浆94.63升，精盐908克，新鲜乳94.63升，黄油2.21克，汤汁基料94.63升，磨细的白胡椒227克，玉米淀粉或面粉1.82千克。

(二) 加工方法

(1) 将鲜乳放入锅中煮沸，加入玉米淀粉或面粉；另一锅中融化黄油，把融化后的黄油和玉米淀粉混合物加入鲜乳中，连续搅拌至很稠，加汤汁基料、芦笋浆、精盐、胡椒粉煮沸，趁热装入1号野餐罐中，装量300克，密封后于121℃杀菌30分钟，冷却，即为成品。

(2) 若不用乳或汤汁基料时，必须用2倍的增稠剂。采用上述方法可制取高度芦笋浓汤，加工时加入2倍的精盐、香辛料，1.5倍的黄油和增稠剂，还要加入454克的牛肉提取物，食用时加1倍开水冲泡，即可作调味料用。

十三、高浓度番茄汤料

(一) 原辅材料

番茄浆454.2升，牛肉提取物454克，冷水3.79升，玉米淀粉227克，精盐6.36千克，磨细的白胡椒184.28克，糖5.45千克，磨细的月桂28.35克，切细洋葱6.81千克，肉豆蔻14.18克，黄油908克。

（二）加工方法

（1）把番茄浆和黄油放入锅内煮沸，加洋葱煮40分钟，当结束前10分钟时，加牛肉提取物、精盐、糖和胡椒，当结束前2分钟时，加月桂和肉豆蔻及冷水与淀粉混合物，搅拌煮沸后关闭蒸汽。

（2）然后通过打浆机过滤，装入1号野餐罐密封杀菌，条件为116℃ 30分钟，冷却即为成品。

十四、牛尾巴汤料

（一）原辅材料

牛尾巴454千克，水473.13升，雪利酒1.89升，酱色1.1升，切细洋葱11.95千克，切细芜菁11.35千克，整丁香227克，月桂叶113.5克，黄油4.54千克，切细胡萝卜11.35千克，精盐1.82千克，黑胡椒227克。

（二）加工方法

（1）把牛尾巴切成2.5厘米长短的段，放于笼箱中，烤焦。

（2）将蔬菜、月桂叶和丁香入锅内加融化的黄油和水，煮沸后维持1.5小时，取出放于笼箱的牛尾巴再煮0.5小时或至大块的牛尾巴酥为止。

（3）取出牛尾巴，放入锅内，加入盐，胡椒、酒和酱色炒煮成深色，将牛尾巴分小节装入罐内，趁热加入汤汁，1号野餐罐装300克。

（4）密封后在121℃下杀菌30分钟，冷却即为成品。

十五、什锦蔬菜汤料

（一）原辅材料

汤汁基料378.5升，胡萝卜11.35千克，芜菁5.68千克，芹菜 6.81 千克，洋葱 2.27 千克，韭菜 2.27 千克，花菜 2.27 千克，罐装豌豆 2.27 千克，罐装芦笋 2.27 千克，精盐 1.36 千克，磨细白胡椒 113.5 克。

（二）加工方法

（1）胡萝卜和芜菁切丁，芹菜切成 1.2 厘米左右的段，切细洋葱，韭菜则切成 1.2 厘米左右的段，花菜切成小块。

（2）把汤汁基料放于锅内煮沸，加胡萝卜和芜菁煮 10 分钟，加芹菜、洋葱、韭菜、花菜煮 15 分钟，加芦笋、豌豆、精盐和胡椒粉，关闭蒸汽。

（3）倒出汤汁，装入 1 号野餐罐内，密封杀菌，条件为 121℃下 30 分钟，冷却即为成品。

十六、高浓度芹菜汤料

（一）原辅材料

汤汁基料 125 升，精盐 7.26 千克，芹菜浆 125 升，黄油 3.63 千克，新鲜牛奶 125 升，味精 1.13 千克，面粉 1.36 千克，胡椒粉 26.8 克，玉米淀粉 908 克，水解植物蛋白粉 567.4 克。

（二）加工方法

（1）将玉米淀粉与面粉之外的所有成分放入夹层锅中加热煮沸，慢慢搅拌。 在和面机内先加 19 升水或冷汤汁基料调制面粉和淀粉成浆状，搅拌至浆内无硬块现象。

（2）将此浆放入沸汤中慢慢搅动，再煮沸 10 分钟，在 82℃以上的温度下趁热装于 1 号野餐罐内，121℃下杀菌 30 分钟，冷却即为成品。

十七、高浓度扁豆汤料

（一）原辅材料

水或汤汁基料 378.5 升，28%番茄酱 18.93 升，扁豆 68.10 千克，咸肉碎屑 13.62 千克，胡萝卜浆 9.28 千克，蔗糖 2.27 千克，味精1.13千克，水解植物蛋白粉567.40克，洋葱粉454.00克，芫荽粉56.70克，精盐7.26千克，精炼植物油4.54千克，玉米淀粉3.63千克，磨细芹菜28.35克，蒜粉14.18克，红辣椒454克。

（二）加工方法

（1）将扁豆浸泡过夜，在高压锅内110℃下再蒸煮35分钟，取出加入190升水打浆。

（2）将咸肉碎屑通过磨浆机磨细，孔板在3毫米左右。

（3）将淀粉加冷水制成淀粉浆。

（4）把扁豆及扁豆浆入锅，加入咸肉、各种调味料及番茄浆，搅拌下加热煮沸，加入淀粉浆，再煮10分钟。

（5）在80℃以上的条件下趁热装入1号野餐罐，密封后在121℃下杀菌35分钟，冷却即为成品。

十八、芦笋菜汁汤料

（一）原辅材料

芦笋汁64千克，蔬菜汁1.8千克，玉米淀粉1.9千克，奶粉9千克，水120千克，人造黄油1.8千克，食盐1.8千克，白胡椒粉0.227千克，肉豆蔻粉0.012千克。

（二）工艺流程

奶粉→溶解→配料→加热→装罐→密封→杀菌→冷却→成品

（三）操作要点

（1）先将奶粉加热溶解，再将芦笋汁、蔬菜汁、食盐、白胡椒粉、肉豆蔻粉及人造黄油依次加入，成糊状后加入玉米淀粉使之浓厚，加热煮熟。

（2）于80℃下装罐，封口后，于116℃下杀菌30～40分钟，冷却后即为成品。

十九、无锡调味汁

无锡菜肴中经常使用下列三种调味汁。

（一）炸鱼汁

这种调味汁是典型的无锡风味特色，即甜出头，咸收口，采用重咸重甜和多种香料熬制而成。

1. 原辅材料

酱油 50 克，精盐 50 克，白糖 300 克，黄酒 100 克，葱花、姜末、高汤、味精、香油少许。

2. 制作方法

将酱油、精盐、白糖、黄酒、葱花、姜末、高汤熬至汤汁浓稠，加入味精和香油即成。如果用油炸鱼，还要加入一些五香粉。

（二）番茄汁

这种调味汁可以醪香酥鸡吃，也可抹馒头、面包等食用。

1. 原辅材料

番茄酱 150 克，精盐 25 克，白糖 100 克。

2. 制作方法

烧热炒锅，用油刷锅后，将锅移到文火上，加入番茄酱、精盐和白糖，用手徐徐推动，炒至水分基本收干，番茄酱成一种固体状，就成为番茄汁。

（三）糖醋汁

主要用于蘸炸肉、炸排骨等食品食用。

1. 原辅材料

白糖 150 克、红醋 75 克，精盐 25 克，葱油 50 克，酱油、黄酒少许，高汤适量。

2. 制作方法

将白糖、红醋、精盐、酱油、黄酒和高汤煮沸以后，勾成稀芡，然后另用锅炒熬葱油，将沸葱油浇入糖醋汁即成。

将以上三种调味汁，分别用干净玻璃瓶分装，即得成品。

二十、几种调味汁的配制法

烹制佳肴美味少不了各种风味独特的调味汁。下面介绍几种风味汁的配制方法，其原料易得、制法简便，既可由家庭自制备用，也可供乡镇企业开发新产品参考。

（一）甜酸汁（广东风味）

配制方法：将炒锅置中火上，烧热后下白醋 500 克，片糖 300 克，溶解后再加精盐 25 克，番茄汁 50 克及蒜泥、辣酱少量，调匀即成。

（二）咖喱汁（上海风味）

配制方法：将花生油 800 克入锅，中火烧热后放入葱头末、姜末各 50 克，炸成深黄色时，加入蒜泥 100 克，咖喱粉 600 克，继续煸炒至透，再加入香叶 2 片，出锅即成香辣利口的咖喱汁。

（三）怪味汁（四川风味）

配制方法：将麻酱 150 克，优质酱油 400 克，香醋 50 克，辣椒油 150 克，白糖 150 克，花椒粉 10 克，葱花 150 克，蒜泥 150 克，豆瓣酱 100 克，先将以上各料充分和匀搅烂，加熟植物油调制适当浓度即成。

（四）五香汁（北京风味）

配制方法：将炼猪油和植物油各 500 克入锅，中火熬熟，放入葱、姜各 100 克，炸香后，加入花椒、八角、桂皮各 50 克，炸透后移开火继续浸泡至室温，然后取出以上各种香料，油即成香气浓郁的五香汁。

（五）红油汁（湖南风味）

配制方法：将茶油 500 克，入锅烧热，至微冒烟时，投入姜片、葱段各 50 克，炸出味后离火，待油温降至 40℃左右时，放入干净的干红辣椒丝或粉，再移至小火上慢熬，至油完全呈红色时离火，捞出葱、姜，即成红油汁。

将以上五种调味汁，分别用干净的瓶装，即为成品。

第八章 鱼虾类调味品

鱼虾类调味品是用鱼、虾、蟹、贝等水生动物加工而成，具有浓郁的海味，深受海内外人士欢迎。

一、鱼露

（一）产品特色

鱼露又名鱼酱油，福建称鱼油，是一种小杂鱼和小虾加盐腌制，让其蛋白酶和利用鱼体内的有关酶及各种耐盐细菌发酵，使鱼体蛋白质水解，经过晒炼溶化、过滤、再晒炼，去除鱼腥味，加热灭菌而成。营养丰富，味道鲜美，是可作酱油用的调味品。主产福建、广东等地，除当地食用外，产品大部外销东南亚各国，很有开发前景。

（二）工艺流程

小杂鱼虾→盐腌（←食盐）→发酵溶化→成熟→抽滤→原油

头渣→浸泡（←鱼卤）→过滤→中油

过滤→二渣→浸泡→过滤→鱼油

原油、中油、鱼油→配制→成品

（三）操作要点

（1）盐腌　一般在渔场就地加部分盐，趁鲜腌渍，运回后检查补盐至达26%左右。

（2）发酵　通常以自然发酵为主，将盐腌后的鱼虾加盐腌渍2～3年，在此期间要进行多次翻拌，并倒池1～2次，使鱼逐渐在酶的作用下分解成汁和渣，也可以采取保温措施，加速鱼的分解。

（3）成熟　分解完毕后，移入缸中进行露晒，每天翻拌 1～2 次。日晒 1 个月左右，逐渐产生香气而趋于成熟。

（4）抽滤　将竹编长筒插入晒缸中，抽出清液，即得原油。滤渣一般再浸泡过滤两次。

（5）配制　取原油、中油混合，即为成品鱼露。鱼露共分 6 级，级别越高，质量越好。

（四）产品质量

（1）颜色橙黄或棕色，透明澄清。

（2）具有鱼肉特有的香气和鲜味，无苦涩等异味，咸淡适宜。

（3）不浑浊、不乌黑。

二、虾酱

（一）制作方法

虾酱以各种小鲜虾加盐发酵，然后磨细，制成一种黏稠状虾酱。用玻璃瓶分装即为成品。

（二）产品质量

（1）虾酱的形状略似甜酱，色红黄。

（2）味纯香，具有虾米的特有鲜味。

（三）食用方法

虾酱可直接食用，也可作为调味品使用。放入各种鲜菜内、肉内食用，味道最鲜美。吃汤面加入少许虾酱，则别具风味。

（四）保管方法

宜用缸盛装，也可用木桶装，但必须严密封口，防止雨淋和沾生水。存放阴凉通风处。开缸取货和零售后，都要即时加盖，防止苍蝇叮爬污染、生蛆、生虫、发霉变质。如发现有翻泡现象尚未变质时，及时加少许白酒，密封保存。如已翻泡变质和有臭味者，不能作为食用。

三、虾汁

虾汁是用鲜虾或虾头煮汁为主料，辅以其他调味品制成的液状调味品。其味道鲜美，可根据不同客户需求调配成各种口味。

（一）原辅材料

鲜虾10%（可用加倍的虾头代替)、水46%，食盐18%，味精1.4%，核苷酸二钠（是新一代的核苷酸类食品增鲜剂）0.055%，香辛液20%，酵母精0.1%，米酒1.5%，焦糖色素2%，蔗糖10%，酱油香精1%，干贝素及植物蛋白水解物适量。

（二）工艺流程

鲜虾或虾头→加盐水酶解→过滤→调配→包装→灭菌→成品

（三）操作要点

（1）原料预处理　将虾头洗净、称重、粉碎待用，食盐按20%加入沸水中溶解。

（2）虾头酶解　鲜虾按盐水为1∶6加入到热盐水中，待其温度降至40℃时，将pH值调至6.8，加入1.4%中性蛋白酶，水解20小时，将反应物加热微沸灭酶，用粗纱布过滤，得滤液。

（3）调配　按配方将各种配料加入虾头蛋白质水解液中，充分搅拌、混匀。

（4）装瓶　按常规装瓶、灭菌、冷却，即为成品。

四、虾头汁

（一）产品特色

虾头汁是一种滋味鲜美的调味品，色泽呈肉粉色，体态黏稠，虾味浓郁，是加工虾仁的下脚料综合利用的产物。由虾头、虾皮经煮汁、酶解、调配而成，是一种大众化的烹调用品。

（二）原辅材料

虾头煮汁60千克，虾头水解液40千克，白糖10～15千克，食盐20千克，味精0.4～0.5千克，淀粉1.5～2千克，增稠剂

0.5～0.6千克，白醋0.5千克，黄酒1千克，防腐剂0.1千克，虾味香精适量。

（三）工艺流程

虾头煮汁＋虾头水解液→调配→均质→灭菌→装瓶→成品

（四）操作要点

（1）虾头煮汁　将虾头、虾皮称重，加2.5倍的水破碎，放入夹层锅中煮沸1.5～2小时，用120目筛过滤，滤液即为虾头煮汁。

（2）制虾头水解液　虾头煮汁后的滤渣加入2倍的水，用3.7%的食用盐酸调pH值7.0左右，按虾头渣重的0.2%加入复合蛋白酶，在50℃下水解3～4小时，然后加热至沸，使酶失活，用120目筛绢布过滤，滤液即为虾头水解液。

（3）混合调配　将虾头煮汁、虾头水解液、白糖、食盐、淀粉、增稠剂，按配方重量称重，混合搅拌均匀，加热至沸，稍冷却后加入味精、虾味香精、防腐剂、白醋、黄酒，搅拌均匀。

（4）均质　调配好的虾头汁经胶体磨进行均质处理，使其组织均匀。

（5）灭菌　将均质后的虾头汁加热到85～90℃，保温20～30分钟，达到灭菌的目的。

（6）装瓶　用灌装机将虾头汁装于预先经过清洗、消毒、干燥的玻璃瓶内，压盖，贴标，即为成品。

（五）质量要求

（1）感官指标　具有浓郁的虾味，不得有异味。色泽为粉红色，体态为黏稠状，不得有颗粒、沉淀和分层现象。

（2）理化指标　氨基酸态氮（克/100毫升）0.12～0.15；总糖（克/100毫升）12～15；食盐（克/100毫升）15～20；总酸（克/100毫升）0.12～0.32；无盐固形物（克/100毫升）21～23。

（3）微生物指标　致病菌不得检出。

【注意事项】

（1）虾头煮汁及水解液应现用现制，如用不完可在汁液中加入

10%～15%的食盐，暂时保存，但不宜久放，以免变质。

（2）酶解时应严格控制温度，若温度太高，易使酶失活，不能充分发挥蛋白酶的作用，影响酶解效果。

五、虾味素

（一）产品特色

虾味素是一种调味新产品，填补了我国食品天然调味品种的一项空白。可广泛用于方便食品、虾味酱油、龙虾片等调味品生产。具有用量少、虾味浓、成本低等优点。是一种营养价值很高的高档调味佳品。

（二）制作方法

用出口对虾加工后的副产品对虾头，经采肉机将对虾头中的虾黄、虾肉和虾汁采出，然后经加热，研磨成调浆状，再进行喷雾干燥、分离。由于虾味素的浆料是一种高蛋白、高脂肪的物料，用一般干燥方式是无法得到滑爽的粉状产品的，因此采用了我国首创的膏状物直接喷雾干燥技术，干燥时间短，且能保持虾味素成品的浓郁风味。

（三）产品质量

（1）成品咖啡色、滑爽粉细。对虾风味纯正，无腥异味。

（2）含蛋白质60%以上，脂肪18%以上，水分10%左右。

六、虾头酱

虾头酱是以虾粉或虾头为原料，添加其他调味品、增稠剂，经过均质杀菌后制成的酱状调味品。

（一）原料处理

将大蒜、生姜去皮、清洗、绞碎、打浆；将花椒、茴香等香料烘炒、粉碎、过200目筛；将黄原胶、羧甲基纤维素钠等用温水化开；其他辅料还有植物油、香油、黄酒、白砂糖、精盐、味精、鸡精等调料及苯甲酸钠或山梨酸钾等防腐剂。

（二）工艺流程

虾头、鲜虾或虾粉→与调味品和增稠剂混合→打浆、混匀→过胶体磨

成品←杀菌←热装罐←煮酱←

（三）操作要点

（1）虾粉制备　将虾头去杂清洗，沥干后放入温度50～60℃烘箱中干燥，先用粗粉碎机粉碎成虾末，再用超微粉碎机粉碎，用200目过筛后备用。

（2）大蒜预处理　将大蒜去皮后，蒜瓣置于70%的盐水中，沸水烫漂4～5分钟钝化酶，以抑制大蒜产生臭味，将烫漂后的大蒜放入绞碎机中绞碎，再经打浆处理为大蒜浆。

（3）香料粉的制备　将花椒、茴香等十几种香料烘炒出香味，再粉碎成粉，过网筛备用。

（4）煮酱、热装罐　将磨好的酱倒入夹层锅中，加入精炼植物油和芝麻油，加热至85℃左右，灭菌20分钟，趁热灌装，即为成品。

七、虾味酱油

（一）产品特色

虾味酱油是在传统酱油制曲的工艺过程中添加一定量的虾粉培养米曲霉，在后续发酵过程中，米曲霉分泌的蛋白酶将虾粉中的蛋白质分解而成，生产出的酱油不仅具有传统的酱油的鲜味，还具有虾的鲜香味，极受消费者欢迎。

（二）原辅材料

虾头、壳：豆饼：面粉：麸皮为（40～50）：（35～40）：（5～10）：（10～15）；As3.951种曲0.3%～0.5%、成曲10%、K氏酵母3%、淀粉酶0.3%、食盐10%～12%、核苷酸二钠0.05%、味精0.7%、姜粉0.2%、大蒜末0.4%、白糖4%。纯碱0.1%，氯化钙0.2%。

（三）工艺流程

虾头、虾壳→蒸煮、烘干、粉碎→浸提→分别收集浸液与浸渣→浸渣与豆粕粉、麸皮粉等混合→蒸煮灭菌→冷却、接种黑曲霉→通风制曲→拌盐水、入池→保温发酵→成熟酱→浸提→晒油→装瓶（袋）→成品

（四）操作要点

（1）原料处理　新鲜的虾头、壳蒸煮、烘干、粉碎备用。将豆饼、麸皮原料加水120%～130%，按常规方法蒸煮。

（2）接种　将经过处理的龙虾头、壳和豆饼、麸皮等原料混合均匀，接入0.3%～0.5%的As3.951种曲，拌匀。

（3）通风制曲　采取通风制曲，料层厚18～20厘米，控制温度在28～38℃，40小时成曲。

（4）制备酒液食盐水　面粉加5倍水搅拌均匀，加入纯碱和氯化钙，升温至50℃，再加入0.3%的淀粉酶，加热至88～90℃液化15分钟，然后煮沸1小时，冷却至60～62℃，加入10% As3.951种曲，液化8小时，继续冷却至30～32℃，加入K氏酵母3%，发酵14小时，即为低浓度的酒液。加入食盐，调整盐分至12%～14%，即为低浓度的酒液食盐水。

（5）保温发酵　将成曲和原料量10%的As3.951种曲混合均匀，再加入原料量50%～60%的酒液食盐水，维持温度在45～50℃，发酵8～12天。

（6）浸提、晒油　采用原池浸出法，按1∶2加入90℃食盐水，浸泡24小时浸出头油，同理浸出二油、三油。将浸出的头油加热至90℃，加入已蒸熟并烘干的虾头、壳浸泡，冷却后滤去虾渣，移至室外晒露1个月，调入味精、姜粉、大蒜末、白糖，即为虾味酱油。

（7）装瓶（袋）　将调好味的酱油用干净的瓶（袋）分装，即为成品。

八、海鲜汤料

（一）产品特色

海鲜汤料是容易消化，且最富营养的一种调味品。物美价廉、使用方便，它只需要用开水冲泡，即成为具有海鲜味的鲜美汤料。这种汤料可制成粉末状或颗粒状，用塑料袋或复合材料袋包装，食用方便，便于携带，很受广大消费者欢迎。

（二）原辅材料

（1）干虾粉 75 克，蒜粉 10 克，姜粉 15 克，洋葱粉 20 克，胡椒粉 12.5 克，砂糖 50 克，食盐 250 克，味精 60 克，虾子香精 7.5 克。

（2）干虾仁 10 克，食盐 50 克，无水葡萄糖 10 克，虾子香精 10 克，葱粉 5 克，味精 10 克，姜 3 克，酱油粉 2 克。

（三）工艺流程

干虾仁、胡椒、蒜、葱、姜和其他调味料粉碎研末→混合搅拌→喷入虾子香精→包装→成品

（四）操作要点

（1）原料加工　干虾仁粉碎过 40 目筛，胡椒粉碎过 60 目筛。将各种调味蔬菜去皮，洗净，切成片，绞碎，然后在 60℃左右的温度下烘干，使水分达到 5%以下。将烘好的物料粉碎，过 60 目筛网，即成调味蔬菜粉末。

（2）混合、包装　准确称取各原料，在混合机中混合均匀，搅拌速度控制在 35～40 转/分之间，搅拌中间喷入虾子香精，混合完成后用粉料包装机包装。7 克为一小袋。使用时，用 200 毫升开水冲汤或炒菜用。

九、蟹粉酱

用小河蟹为原料，经过煮汁或酶解，抽出鲜味成分而制成的调味品，鲜香味美，营养丰富。

（一）工艺流程

原料处理→酶解→水解→脱异味→澄清→调配→浓缩、造粒、烘干→包装→成品

（二）操作要点

（1）原料处理　取新鲜河蟹洗净，河蟹处理前用清水养一些时间，使之吐净腹内的污物，然后加入 6 倍水将河蟹入粉碎机破碎。

（2）酶解　用复合风味蛋白酶对蟹肉进行酶解 1 小时。加酶量为 0.3%～0.4%，酶解温度 45～50℃，pH 值为 6。

（3）水解　用木瓜蛋白酶进行水解 3 小时。加酶量 11%～2%，酶解温度 60～65℃，pH 值为 5～6。

（4）过滤　将酶解液煮沸过滤后，在温度为 90～100℃的水中静置 20～30 分钟，趁热过滤，去除沉淀。

（5）脱异味　在水解液中加入 0.8%～2%的 β-环状糊精煮沸 2～6 分钟，然后加入 0.2%～0.8%酵母粉于 35～45℃加热 30 分钟。

（6）澄清　将上述水解液和发酵液混合，经硅藻土加压过滤或在 4000 转/分钟条件下离心 10 分钟，将得到的澄清液再经孔径为 5 微米和 0.5 微米两级微孔滤膜过滤。

（7）调配　在上述滤液中加入食盐 5%～10%，白糖 3%～7%，味精 2%～4%，洋葱粉 1%～4%，姜蒜粉 1%～2%，胡椒粉 0.5%～1.5%，小茴香精油 1%～3%，搅拌均匀，用瓶（袋）分装。即为成品。

十、蟹香精膏

1. 加工方法

将带肉的蟹加工下脚料蒸熟，冷却后打碎，添加适量水，调节 pH 值为 4.5～6.0，温度 50～65℃，加入蛋白酶搅拌酶解。调节 pH 值为 5.0～6.5，温度为 45～60℃，加入蛋白酶搅拌酶解。加热灭酶，过滤去残渣，滤液经调配后，用干净的玻璃瓶分装，即为成品。

2. 产品质量

蟹香味浓郁，鲜味明显，咸香可口。

十一、蟹香调料

蟹香调料是日本发明的，完全不含蟹肉而具有蟹味的鲜味、芳香和天然感。可使一般食品具有天然蟹肉的风味。

（一）原辅材料

氨基酸 50%以上，无机盐约 30%，5′-核苷酸约 2%，糖分 1%，蟹壳提取物为调料中固形分量之 20%。

调料中，5′-核苷酸也可用 5′-鸟苷酸、5′-胞苷酸、5′-肌酸酸。无机盐，可用组成物水解生成的钠离子、钾离子、氯离子和磷酸离子等无机盐类。糖分宜用葡萄糖或含葡萄糖的转化糖。所用蟹壳提取物，可用食用蟹壳，以热水提取法、乙醇等有机溶剂提取法或稀酸抽提法等方法提取。

（二）制作方法

将上述各成分制成粉末，按比例配合即可。但为使制品有浓郁蟹香，最好有加热过程，即按比例制成调味液后以 80～120℃加热 30～120 分钟。经加热处理的调味液可直接使用，也可浓缩制成酱型调料，或添加糊精等助剂制成粉末型或颗粒型固体蟹香调料。

（三）产品包装

将调味液用干净玻璃瓶装，粉、粒型用食品袋包装，即为成品。

十二、化学鱼酱油

化学鱼酱油是用蚌肉加工而成的调味品，蚌肉是贝类经济价值较低的一种，除鲜销外可制成化学鱼酱油。其制品蛋白质含量很高，一般超过黄豆酱油，而且鲜味也好。

（一）制作方法

（1）预解　先将原料浸入盐酸（其他酸亦可，但不及盐酸适宜），进行分解，用酸量为鲜原料的 15%～20%。

（2）加热　将盐酸浸泡过的原料，置于耐酸缸或蒸发皿内，以文火加热，保持80～105℃，缸盖上面穿孔，插一长玻璃管，将蒸汽冷凝，收回盐酸，加热分解的时间为8～10小时。

（3）保温　停止沸腾后，保温4小时，使其分解完全，然后再倒入缸内，准备中和。

（4）中和　待温度冷却至60℃，逐渐加入碳酸钠（纯碱），用量为盐酸的50%左右，中和残余盐酸，中和时不断搅拌，最后以蓝色石蕊试纸试之，至不呈酸性反应为止。

（5）过滤　将中和后的液渣静置至泡沫停止，用布袋过滤（加力压榨），即得鱼酱油液汁。

（6）制酱油　将过滤的液汁，进行蒸煮消毒，煮沸后保持10～20分钟，同时亦能去腥，再测其浓度，应在20～22波美度，如不足此浓度时须加盐水补足，超过时须开水稀释，随后掺和5%的酱色，即成化学鱼酱油。

（二）灌装

将产品用干净的玻璃瓶灌装，即为成品。

十三、鱼酱汁

鱼酱汁是以沙丁鱼为原料制取的一种调味汁。沙丁鱼的水解率最高。如果加入氯化钠或者鱼肉经热处理（即100℃，5分钟）后，会降低鱼肉的水解率。目前，已经建立了以沙丁鱼为原料，制取鱼酱汁的新方法。

（一）制作方法

在上述指定的最适条件下，将沙丁鱼内脏萃取物加入到沙丁鱼碎肉中，发酵5小时，经发酵后的混合物，用离心方法澄清。然后，把25%的氯化钠溶液加入到清液中，调节盐浓度，即制成沙丁鱼鱼酱汁。

（二）产品质量

沙丁鱼鱼酱汁在质量方面可与化学鱼酱油媲美。

十四、贝肉辣酱

（一）原辅材料

贝肉（蛤肉、蚶肉）、面粉、酱油曲种、食盐、甘草粉、辣椒粉、姜粉、胡椒粉、苯甲酸钠各适量。

（二）工艺流程

原料处理→发酵→加食盐水分解→调味煮沸→灌装→成品

（三）操作要点

（1）原料处理　原料应充分脱沙洗净，然后绞碎。以85％贝肉和15％面粉搅拌均匀，入蒸笼蒸1小时左右。

（2）发酵　蒸后冷至40℃左右，加入预先用少量面粉调好的酱油曲种拌和均匀，装入盘内。放在温度变化不大的室内，使之生霉发酵。盘内物料每日上、下倒换一次，使其发酵均匀。经3～5天，贝肉上全部生有白霉，并渗入内部时使温度由高温下降至室温，即发酵完成。

（3）加食盐水分解　发酵半成品中加入其重量1倍的15％的食盐水，置室温内或阳光下使之进一步分解。每日早晚各拌一次，直至贝肉分解成糊状。

（4）调味煮沸　将50千克贝肉糊加入酱油2～5千克、五香粉250克、甘草粉125克、辣椒粉500克、姜粉125克、胡椒粉45克、苯甲酸钠适量，调均匀后煮沸20～25分钟，趁热灌装即为成品。

十五、扇贝浸汁

（一）工艺流程

原料→煮汁→一次脱水浓缩→固液分离→原液浸汁→二次脱水浓缩→膏状浸汁→干燥→粉状浸汁→包装→成品

（二）操作要点

（1）原液浸汁　首先用少许植物油涂于蒸发锅表面，然后再加入蒸发锅容积2/3的煮汁，温火加热煮沸，不断搅拌防止外溢。蒸发约3小时后，定时测定汤汁密度，待达20波美度时停止加热，移出冷却，并进行固液分离，所得液体即为原液浸汁。分离出的固体部分加入适量的蛋白酶水解，经加热过滤后与原液浸汁合并。

（2）膏状浸汁　将浸汁进行二次浓缩得到膏状浸汁。

（3）粉状浸汁　将食盐、可溶性淀粉、味精等固形物质按适当比例加入膏状浸汁中拌匀，50℃以下干燥后制成粉状，即制得粉状浸汁。

（4）包装　将粉状浸汁用食品袋分装，即为成品。

十六、紫菜酱

（一）工艺流程

紫菜→切碎→调味→装瓶→排气→灭菌→冷却→成品

（二）操作要点

（1）原料处理　紫菜酱原料主要是来自紫菜烘烤车间切片后的碎屑和等外品（发黄、发绿或有孔洞的紫菜饼），也可用鲜紫菜，将紫菜切成1厘米大小。

（2）调味　将切碎后的紫菜置于夹层锅内调味，调味料参考配方：灭菌水50%，味精2%，盐3%，糖5%，醋1%，变性淀粉1%，脱氢乙酸0.2%，花生油6%。

（3）装瓶、灭菌　将调味后的菜酱装瓶上盖，在排气箱中于100℃排气15分钟后取出旋紧盖，然后进杀菌锅在105℃杀菌10分钟，取出后用70℃、40℃分段冷却至室温，即为成品。

十七、紫菜酱油

（一）工艺流程

紫菜→洗涤→切碎→胶体磨研磨→酱油提取→过滤→包装→成品

（二）操作要点

（1）原料处理　将紫菜经洗涤、切碎。

（2）磨浆、抽提、过滤　切碎后的紫菜以胶体磨研后，按1倍比例加入基础酱油，在30℃保温抽提，其后加入0.2%脱氢乙酸防腐过滤。

（3）装瓶　将过滤后的酱油装入干净的玻璃瓶中密封，即为成品。

十八、海带酱

（一）产品特色

海带含有丰富的碘，可防甲状腺肿，并可散坚化结，能抗肿瘤，还有降压降脂、降血糖、抗辐射等作用。用其制作的酱，不仅是优质调味品，也是防病治病的良药。

（二）工艺流程

海带清洗→切碎→蒸煮→磨浆→提取海带汁→离心分离→真空浓缩→配料装瓶→杀菌冷却→成品

（三）操作要点

（1）海带清洗切碎　将干海带用温水浸泡，漂洗，除去泥沙和污物，切成碎片。

（2）蒸煮磨浆　将切碎的海带放入2%柠檬酸液中加热蒸煮5分钟，在90～95℃下保温60分钟，使其熟化、脱腥。随即投入磨浆机中磨碎，边磨边加入85%的热水，用单道打浆机打浆。

（3）提取海带汁　将海带浆打入浸提罐中，加入0.04%柠檬酸溶液适量，煮沸保温至2小时，充分提出海带汁。

（4）离心分离　用离心机将海带汁离心分离，除去滤渣；将滤渣移入锅中，加2倍量水煮沸，浸提离心分离3小时。将两次分离的滤液泵入真空浓缩罐中浓缩。

（5）真空浓缩　将滤液用真空减压浓缩罐浓缩，真空度为0.085兆帕，蒸发温度50～55℃，浓缩至固形物浓度为25%～30%即可。

（6）配料装罐　在浓缩液中加入盐、糖、醋、面酱、蒜蓉、辣椒酱等混匀，然后将其装入已消毒的玻璃瓶中，用真空封罐机封口。

（7）灭菌冷却　将装好的罐放入90℃的热水中杀菌30分钟，取出冷却至室温即为成品。

（四）质量要求

（1）海带酱体呈棕褐色，固形物不低于30%。

（2）具有甜、辣滋味，无异味。

（3）无致病菌，符合卫生要求。

第九章 菇菌类调味品

菇菌类营养丰富，味道鲜美，并具有较高的药用价值，可预防多种疾病，用其加工成的调味品深受海内外人士欢迎。

一、蘑菇面酱

（一）原辅材料

蘑菇下脚料（次菇、碎菇、菇脚、菇屑）15 千克，面粉 50 千克，食盐 1.75 千克，五香粉 100 克，糖精 50 克，苯甲酸钠 50 克，柠檬酸 150 克，水 15 千克。

（二）工艺流程

1. 制曲

面粉＋水拌和→蒸熟→冷却→接种→通风培养→面糕曲

2. 制酱

下脚料＋食盐→菇汁→澄清→加热→加盐水→酱胶保温→成熟酱醅→调配→包装→成品

（三）操作要点

（1）原料处理　用面粉 50 千克加水 15 千克拌匀，使其成蚕豆大小颗粒，放入蒸锅蒸煮至呈玉色、不粘牙，让其冷却接种。

（2）面曲培养　接种最好采用曲精（从种曲中分离出的孢子），接种后即入曲池或曲盘中，于 38～42℃下培养。培养成熟即为面糕曲。

（3）菇汁制备　将蘑菇下脚料加水煮沸 30 分钟，用三层纱布过滤两次，取滤汁，加适量食盐，冷却沉淀后再次过滤备用。

（4）面酱发酵　把面糕曲入发酵缸内，用消毒棒耙平后自然升温，从面层缓慢注入14波美度的菇汁热盐水，用量为面糕的100%，同时将面层压实，加入酱胶保温，缸口加盖进行发酵。发酵时品温维持在53～55℃，若温度不高应加温。2天后搅拌一次，以后每天搅拌一次，4～5天后已糖化，8～10天后即为成熟的酱醅。

（5）调配　用石磨或螺旋机将酱醅磨细过筛，入调配容器中，通入蒸汽加热至65～70℃，并加入事先用300毫升水溶解的五香粉和糖精，最后加入柠檬酸和苯甲酸钠，拌匀后即为味道鲜美的蘑菇面酱。

（6）包装灭菌　将调配好的酱体用小玻璃瓶分装封口，入蒸汽灭菌在9.8×10^4帕下灭菌45分钟，冷却，即为成品。

（四）质量标准

（1）感官指标　为黄褐色或红褐色，有光泽，具有蘑菇香味，味甜而鲜，咸淡适口，无霉花和杂质。

（2）理化指标　氨基酸含量≥0.3%；氯化钠＜7%；水分＜50%；还原糖＜20%；总酸（乳酸）＜2%。

（3）微生物指标　无致病菌检出，符合食品卫生要求。

二、蘑菇麻辣酱

（一）工艺流程

选料处理→烫漂→粉碎→胶磨→调配→加增稠剂→分装封口→杀菌→包装→成品

（二）操作要点

（1）选料处理　选鲜蘑菇或盐渍菇做原料，如用盐渍菇，要将盐渍菇加水静置脱盐48小时后，用自来水冲洗3次，再加自来水静置脱盐12小时后，用自来水冲洗3次备用。

（2）烫漂粉碎　将鲜菇（或脱盐菇）入沸水烫漂，按水菇3∶2的比例（质量比），置入绞肉机粉碎备用。

（3）胶磨　将粉碎的菇块按2∶3的比例（体积比）加水（菇烫漂水）进胶体磨研磨，反复4次（碎细度10～15微米），备用。

（4）调配　在胶体磨研磨过程中加辅料，每千克菇加食盐8

克、味精2克、白醋24毫升、黄酒20毫升、绵白糖80克、四川麻辣酱60克、辣椒色素7克、高粱色素4克。

(5) 加增稠剂　先将琼脂完全溶化，按0.2%比例于60℃下放入调配后的蘑菇酱中，边加边搅拌均匀。

(6) 分装灭菌　将配制好的蘑菇麻辣酱分装于200克或250克精制小玻璃瓶内，瓶口加聚丙烯膜（膜厚0.02毫米）一层，铁盖封口，入蒸汽灭菌锅灭菌，9.8×10^4帕下灭菌45分钟，冷却至室温，加商标装箱打包即为成品。

（三）质量标准

(1) 感官指标　色泽酱红色；麻辣爽口；体态半固体。

(2) 理化指标　水分65%～70%，干物质30%～35%，食盐0.8%，粗蛋白2.8%～3.8%，脂肪2.0%～2.2%，碳水化合物45%～48%，pH值4.0～4.5。

(3) 微生物指标　细菌总数≤3个/毫升；大肠菌群≤30个/100毫升；无致病菌。

三、大豆蘑菇酱

（一）产品特色

大豆酱含有大量的蛋白质和维生素，蘑菇中富含人体所需的矿物质。此品以蘑菇和大豆酱为主要原料，加工而成的大豆风味蘑菇酱，既保留了大豆酱丰富的营养价值和醇美风味，又突出了蘑菇的清香鲜美，是一种优良的调味品，极具开发价值。

（二）原辅材料

大豆酱230克，大蒜10克，鲜蘑菇20克，葱5克，植物油30克，味精3克，食糖5克。

（三）工艺流程

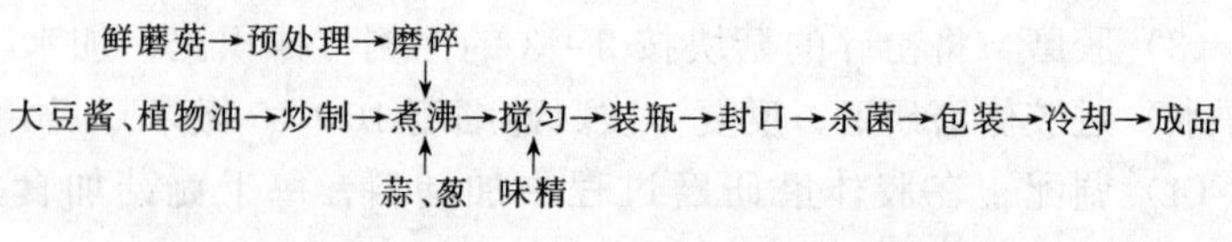

鲜蘑菇→预处理→磨碎↓

大豆酱、植物油→炒制→煮沸→搅匀→装瓶→封口→杀菌→包装→冷却→成品

↑蒜、葱（加入煮沸）　↑味精（加入搅匀）

（四）操作要点

（1）蘑菇预处理　将蘑菇去除根部杂质，洗净沥干，放入开水中焯一下，然后用粗磨磨成小块，晾干，不可太干，以不易破碎为好。

（2）大豆酱的炒制　植物油入锅加热至200℃左右，加入大豆酱煸炒，待炒出浓郁的酱香味时加入磨好的蘑菇块。酱的炒制是制作此酱的关键，酱炒得轻，香味不够丰满；炒得重，会使酱变焦，味苦，影响成品的颜色和滋味。

（3）装瓶　在炒制料中加入味精拌匀，冷却至80℃左右即可装瓶。这样既能抵制细菌生长又能为下一步杀菌作准备。

（4）灌装封口　采用四旋玻璃瓶进行灌装，灌装后添加适量的芝麻油作面油，再用真空蒸汽灌装机封口。

（5）杀菌包装　将灌装好的酱瓶放入真空封罐机中杀菌。要求品温控制在90℃，时间15分钟。冷却至常温，随后用纸箱成件包装上市。

（五）质量标准

（1）感官指标　成品棕褐色，滑润有光泽；酱香浓郁，菇香鲜美；有蘑菇特有的清香，口感甘滑醇美，无苦涩等异味；稀稠合适。

（2）理化指标　水分40%，食盐14%，氨基酸态氮0.78%，总酸1.2%。

（3）微生物指标　符合GB 2718—1996卫生标准。

四、蘑菇王酱油

（一）产品特色

本品含有蘑菇的保健成分，滋味特鲜，咸甜适口，风味醇厚，极受国内外市场的欢迎。

（二）工艺流程

原料处理→发酵→过滤→勾兑、调味→灌装→成品

（制种曲↑ 接入"过滤"）

制种曲

（三）操作要点

（1）原料处理　将鲜蘑菇洗净，绞碎，加水，菇水比1∶3；或蘑菇干片加水，菇水比1∶30，在50℃左右的温水中浸提4小时以上，过滤。滤渣再加上述量温水一起放在夹层不锈钢锅煮沸30分钟左右，再过滤。然后两液合并，浓缩掉10%水分，打入发酵缸或池中，滤渣同时放在另外的发酵缸或池中备用，在4小时内加入双菌种发酵。

（2）制种曲　采用双菌种制曲，即使用沪酿3042米曲霉及中科3350黑曲霉两个菌种分别制曲，制曲时间控制在40小时左右，制曲品温保持在32℃。

（3）发酵过滤　用双菌种分别制成的种曲，按7∶3比例混合加入蘑菇浓缩液发酵池中和蘑菇滤渣中发酵7～10天。终止发酵后将浓缩液过滤；发酵滤渣进板框压滤器过滤，将滤液混合，打入不锈钢加热配制罐中备用。

（4）勾兑、调味　在不锈钢加热配制罐中，用6份蘑菇混合发酵液加4份优质酱油混合均匀，加入事先用香辛料配好的调料，煮沸10分钟，然后加白砂糖1%、味精0.1%、2%～3%的酱色和食盐18克/100毫升，加苯甲酸钠0.6克/千克，调pH值不低于4.8，最后打入储存缸、灌装。

（5）包装　将调配好的酱油用干净的瓶（袋）分装、密封，即为成品。

（四）质量要求

（1）色泽红褐色或棕褐色，鲜艳，有光泽；有酱香和酯香气，无其他异味。

（2）体态澄清，浓度适当，无沉淀物，无霉花浮膜。

（3）20℃以下相对密度不低于1.2，总氮不低于1.4克/100毫升，氨基酸不低于0.7克/100毫升，无盐固形物不低于18克/100毫升，食盐为16～18克/100毫升，pH值不低于4.6。

（4）无致病菌检出，符合卫生标准。

五、蘑菇调味汤汁

（一）工艺流程

原料处理→调配→包装→成品

（二）操作要点

（1）原料处理　取蘑菇制罐加工过程中的菇柄、残次菇等用清水漂洗干净，除去杂质，切片后晒干或烘干并磨成细粉。

（2）调配汤料　将其与辅料配合成汤料。其配方是：蘑菇干粉40%，精盐粉40%，全脂奶粉2%，胡椒粉2%，干姜粉2%，粉状味精2%，白糖2%及膨化大米粉10%等，将以上各料均匀混合即成。此外还可以根据不同消费者的口味，适量往汤料中加入桂皮、八角等香辛料的汁液，但加量不宜过多，以免掩盖了蘑菇的风味。

（3）包装　汤料配好后，应及时定量分装于塑料袋内封存，分装量一般为50克或100克。于袋上注明汤料名称、食用方法及稀释量等。

（4）食用方法　一袋10克蘑菇汤料，加开水冲泡可制作1千克蘑菇汤，不必添加其他佐料，且味道鲜美可口。

六、口蘑汤料

（一）产品特色

口蘑汤料是方便汤料的一个品种，它加工简便，香味浓厚，做汤、炒菜、拌面俱佳。由于它含有大量的鸟苷酸，所以具有味精的鲜味，是居家旅行的佐餐佳品。

（二）原料配方

配方一：口蘑粉10克，味精15克，食盐45克，砂糖10克，白胡椒5克，糊精10克，酱油粉5克。

配方二：口蘑粉10克，味精80克，精盐300克，砂糖100克，白胡椒10克。

配方三：口蘑粉10克，味精50克，食盐200克，砂糖50克，白胡椒10克，葱粉15克，姜粉15克。

（三）工艺流程

口蘑→清洗→晒干→粉碎┐
其他原料┘→拌和→包装→成品

（四）操作要点

（1）原料粉碎　选用肉厚、肥大的口蘑，除去杂质，用清水洗净，晒干或在60℃的恒温下烘干，然后碾成粉末，过100目筛网，把配方中的胡椒、砂糖等原料用粉碎机粉碎，过60目筛。

（2）配料包装　按配方将各原料准确称量，混合搅拌均匀，用粉料包装机装袋，即为成品。

（五）质量标准

（1）感官指标　呈酱色粉末，无结块现象，香味纯正，无杂质。

（2）理化指标　水分≤5%。冲汤后溶解快，味道鲜美，柔和，无变味现象。

（3）微生物指标　无致病菌检出。

七、香菇柄酱油

（一）工艺流程

香菇柄→预处理→酱油浸泡→加热→配制→过滤澄清→检验→包装→成品

（二）操作要点

（1）香菇柄的挑选　选干净、无虫蛀、无霉变的干香菇柄，剔除不合格的菇柄和去除木质、锯屑、泥沙、棉籽壳等杂物。

（2）香菇柄的预处理

① 烘烤　将菇柄置烘烤箱中，于75～80℃烘烤5分钟。其目的除了为下道破碎工序创造条件外，主要起增香作用，是生产香菇酱油的关键工序。

② 破碎　经烘烤的菇柄，冷却后用破碎机破碎成小颗粒状，

其颗粒大小应根据过滤的工艺设备而定，以有利于澄清过滤为准。

（3）浸泡　用本色酱油适量，加入5%～8%的香菇柄小颗粒，混合后在常温下浸泡24小时。

（4）加热　将浸泡后的混合物置于不锈钢容器中，在不断搅拌下加热使混合物升温至80℃，并维持5分钟。

（5）配制　在加热过程中，根据各地的口味习惯，添加糖、酒、鲜味剂或香料等辅料，然后加热升温到沸腾，除去泡沫。

（6）过滤澄清　经加热配制的半成品，趁热过滤，除去菇柄渣等杂物，滤液经冷却后静置澄清。

（7）检验包装　澄清后的酱体经检验合格后，用干净的玻璃瓶分装密封，即为成品。

（三）质量要求

（1）色泽棕红，酱香浓郁，无异味。

（2）无致病菌，符合卫生标准。

八、香菇糯米醋

（一）产品特色

本产品利用残次香菇和糯米生产，产品风味独特，口感新鲜，含有多种氨基酸、酶类、维生素、有机酸等营养成分，且具有消除疲劳、预防感冒、防动脉硬化、防高血压和高血脂症的保健作用。

（二）工艺流程

残次香菇→清洗→干燥→粉碎→浸渍→蒸煮→分离→香菇渣→加脱臭食用酒精浸泡

分离↓香菇液↓；加脱臭食用酒精浸泡→糖化及酒精发酵

糯米→浸泡→蒸煮→冷却→糖化及酒精发酵→固态醋酸发酵→翻醅

水＋酒药＋麦麸↑（糖化及酒精发酵）

翻醅→加盐陈酿→淋醋→灭菌→冷却澄清→检验→成品

（三）操作要点

（1）香菇液提取　取加工下脚料香菇碎片、香菇柄及无霉变的残次菇，用清水清洗后干燥、粉碎，加10倍干香菇重的清水浸渍4

小时，煮沸2小时，冷却分离，滤液即为香菇汁液。香菇渣加70%脱臭食用酒精备用。

(2) 糯米处理　选用上等糯米，冬季浸泡24小时，夏季浸泡12小时，用清水淋洗后沥干，蒸煮至熟透，出锅冷却。

(3) 糖化和酒精发酵　将冷却至30～34℃的糯米饭置发酵缸内，加0.4%酒药，加水拌匀，按实后缸中间留一个洞，经24～36个小时发酵培养，待洞中基本充满酒液时，加入3%香菇提取液拌匀，3～4天糖化基本结束。加入香菇渣酒精、6%麦麸和水，充分拌匀，控温26～28℃发酵，当发酵由旺盛渐衰时品温逐渐下降，酒精发酵即将结束。

(4) 固态醋酸发酵　将酒醪移入大缸中，加80%～85%麸皮、80%～85%谷糠，再加发酵成熟的醋醅20%，拌匀。保持醅料疏松，加席盖进行醋酸发酵。当醋醅上层达38℃以上时，进行第一次翻醅（热醅翻下去，凉醅翻上来），以后每天翻醅一次，以调节品温和通气，使整个醋醅组织结构趋于一致。3～5天品温达到高峰，不宜超过45℃。此温度是醋酸菌生长的最旺盛阶段，有利提高食醋的风味。发酵后期品温开始下降。取样化验，连续2天测醋醅含醋酸量基本一致，酒精含量甚微时，说明醋酸发酵结束。

(5) 加盐陈酿　醋醅成熟后及时加入3%～5%食盐，抑制醋酸菌的活动，防止成熟醋醅发生过度氧化，降低醋酸产量。一半食盐放入醋醅上拌匀，另一半食盐撒在醋醅表面，第2天翻醅一次，接着再翻醅1～2天，压紧密封，常温下储存陈酿，时间越长，食醋风味越好。

(6) 淋醋　将陈酿后的醋醅置醋缸中，加入上次淋醋的二淋水，浸数小时后进行淋醋，醋由缸底的管子流入地下缸里。淋出醋为成品生醋。醋液流完后再加入上次淋醋的三淋水浸数小时，淋出的醋液为二淋水，供下次淋醋的二淋水，如此，每缸淋醋3次。

(7) 配制成品　生醋加入3%白糖进行配制，经80～85℃加热灭菌，冷却澄清，检验合格后，用干净的玻璃瓶分装，密封包装即成成品。

（四）质量标准

（1）感官指标　橙黄色或淡黄色；具香菇香和米醋香气，无其他气味，酸味柔和，微甜；体态澄清，无沉淀，无悬浮物。

（2）理化指标　总酸（以醋酸计）＞6.0 克/100 毫升，还原糖（以葡萄糖计）＞1.5 克/100 毫升，氨基态氮＞0.3 克/100 毫升。Se 含量≤0.5 毫克/千克，Pb 含量≤1 毫克/千克。

（3）微生物指标　杂菌总数≤500 个/100 毫升，大肠杆菌群≤5 个/100 毫升；致病菌不得检出。

九、香菇黄豆酱

（一）主要原料

香菇母种、米曲霉（沪酿酒 3.042）菌种、优质大豆、食用精盐、麸皮、标准面粉、饮用水。

（二）工艺流程

大豆处理→装瓶灭菌→接香菇菌→发菌 ┐
大豆处理→装瓶灭菌→接米曲霉→制曲 ┘→混合发酵→包装→成品

（三）操作要点

（1）培养菌丝　大豆浸泡至无皱纹，用清水洗净，装入三角瓶中，装量为瓶量的 1/4 左右，高压灭菌 30 分钟，冷却至室温。无菌操作接入豆粒大小的香菇斜面菌种一块，置于 25℃ 恒温箱内培养，待菌丝长满后取出备用。

（2）豆曲制作　大豆浸泡约 8 小时，待豆粒涨发无皱纹时，洗净沥水后入锅煮，煮豆时水要浸没豆粒，沸腾后维持 30 分钟备用。用麸皮 80 克、面粉 20 克、水 80 毫升，混匀后筛去粗粒，装入 300 毫升三角瓶中，加棉塞，高压灭菌 30 分钟，趁热无菌操作接入米曲霉，摇匀，于 30℃ 温箱里培养 3 天，待长满黄绿色孢子即可使用。

将煮好的大豆取出，当温度降至 40℃ 左右时，拌入面粉，振荡曲盒，使每粒大豆都粘上面粉，然后拌入三角瓶种曲，接种量

0.3%，在料面上覆双层湿纱布，置温室内33℃下恒温培养。3天后长出黄绿色孢子，至第11天菌丝长满豆，即成具有浓郁酱香豆曲。

（3）混合发酵　将香菇菌丝体和豆曲以1∶（3～5）的比例混合均匀，装入保温发酵缸，稍加压实。待豆曲升温到42℃左右时，加入14.5波美度的盐水，盐水温度60℃左右，盐水与曲用量比为0.9∶1。让盐水向下渗透于缸内，最后覆一层细盐，缸内温度保持在43℃左右，经10天发酵酱醅成熟。发酵完毕，补加24波美度盐水和食盐适量，充分搅拌，使盐全部溶化、混匀，在室温下再发酵4～5天，即为成品。

（4）成品包装　将成品香菇豆酱按需要装瓶或袋，外装纸箱，密封保存或直接上市。

（四）质量标准

（1）感官指标　红褐色有光泽，中间夹杂有部分白色。咸淡适口，有豆酱独特的滋味，又有香菇菌丝的清香，无苦味、无焦煳味、无酸味及其他异味。黏稠适度、无霉花、无杂质。

（2）理化指标　含水量60%以下，氯化物12%以上，氨基酸氮0.06%以上，总酸（以乳酸计）0.2%，总糖（以葡萄糖计）3%以上。铵盐（以氨计），不得超过氨基酸氮含量的27%，砷（As）＜0.5毫克/千克，铅（Pb）＜1毫克/千克。

（3）微生物指标　大肠杆菌菌群＜30个/100克，不得检出致病菌。

十、香菇肉酱

（一）原辅材料

猪肉（腿肉、夹花肉、肥膘肉之比为9∶2∶1）100千克，豆瓣酱70千克、青葱20千克、香菇（干）3千克、番茄酱（12%）10千克、猪油15千克、辣椒粉0.5千克，蒜头2千克、味精0.28千克、砂糖30千克、辣油10千克、酱油2.5千克、精盐20千克。

（二）工艺流程

原料处理→煮制调配→包装灭菌→成品

（三）操作要点

（1）原料处理　选择去皮去骨的猪肉，用温水洗净，切成0.5～1厘米大小的肉丁。切块时应注意肥瘦搭配，尽量避免有全肥的肉丁。肉丁允许带有不超过小块1/3的肥膘。干香菇先用清水浸软泡发，充分洗涤干净，不允许混有泥沙杂物，然后把泡发好的香菇切成0.5厘米大小的菇丁。青葱剥去绿叶，清洗沥干后打碎，在104℃油温中炸3～5分钟，炸至浅黄色捞出沥干。脱水率为40%～50%，豆酱去杂质搅匀后绞细，酱油用纱布过滤，砂糖溶于番茄酱中用纱布过滤。

（2）煮制调配　猪肉、香菇及番茄酱，在夹层锅中边搅拌边加热约3分钟，煮至肉块熟透，再加入豆瓣酱、青葱、蒜头、味精和酱油（先混匀再加入）搅拌后，再加入辣椒粉、辣油及猪油等，继续加热约7分钟，酱温达80℃时出锅。

（3）包装灭菌　上述加工后，分装于罐头瓶内，经排气、封罐，高压灭菌20～30分钟（121℃），冷却后即成成品。

（四）质量标准

（1）感官指标　酱色褐黄或红褐色，有光泽，有菇香，味甜美，咸淡适口，黏度适中，无霉花、无杂质。

（2）理化指标　含水量50%以下，氯化物10%以下，总酸2%以下，总糖3%以下。

（3）微生物指标　不得检出致病微生物，应符合国家食品卫生标准。

十一、香菇蒜蓉酱

（一）原辅材料

鲜香菇46.0%，鲜大蒜8.0%，砂糖5.0%，麦芽糖5.0%，食盐5.0%，淡色酱油1.0%，味精0.7%，生姜0.6%，柠檬酸

0.5%，羧甲基纤维素钠 0.2%，水 28%。

（二）工艺流程

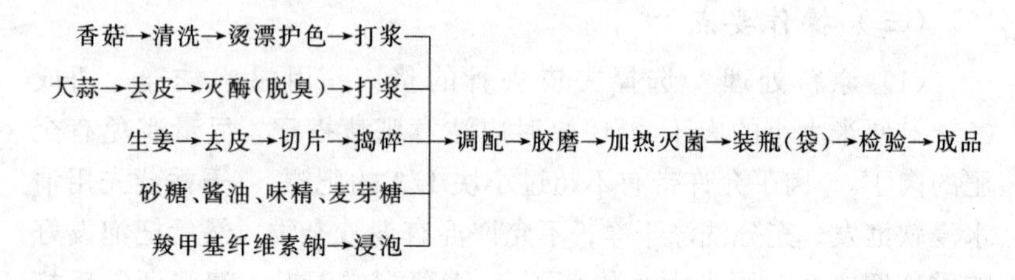

（三）操作要点

（1）香菇预处理　香菇要求原料新鲜，外表损伤或病虫害形成严重缺陷的应剔除。

（2）清洗　将香菇用带毛刷的清洗机高压喷淋清洗，洗净表面的泥沙等物。

（3）烫漂打浆　烫漂的目的是钝化氧化酶，软化组织，便于打浆。烫漂水的组成：食盐水 5%、柠檬酸 0.5%。烫漂温度 90～95℃，时间 2～3 分钟。烫漂后迅速冷却。烫漂后的香菇应及时打浆，避免积压，为使浆液呈黏稠状，均匀，流散，打浆时应加入约 15%的清水。

（4）大蒜预处理　选用成熟、清洁、干燥、个大、瓣肉洁白、无病虫害、无机械破损的大蒜。浸泡清洗，切除根蒂、根须，用冷水洗净，剥开蒜瓣，在 40℃左右的温水中浸泡 1 小时左右，搓去蒜皮，淘洗干净，去除带斑、伤疤、干瘪、病污的杂瓣蒜。

（5）灭酶（脱臭）　将蒜瓣置于 5%盐水中，沸水烫漂 2～3 分钟，目的是钝化蒜酶，抑制大蒜臭味的产生，软化组织，方便捣碎。

（6）生姜预处理　选用新鲜、肥嫩、纤维细、无黑斑、不瘟不烂的鲜姜做原料，洗净泥沙。手工去皮或化学脱皮，漂洗干净，用不锈钢刀切成薄片，放入组织捣碎机打碎备用。

（7）泡胶　将羧甲基纤维素钠用 25 倍的冷水浸泡分散备用。

（8）调配　按配方称取香菇浆、蒜蓉浆及各种辅料倒入调配桶，不停搅拌使混合均匀。

(9) 磨浆 将配制好的半成品酱通过胶体磨磨浆，使物料粒度小于15微米。

(10) 灭菌 将磨好的酱倒入夹层锅中加热至90℃，灭菌15分钟，趁热灌装于预先清洗、消毒的玻璃瓶中或袋中。

(11) 封口 采用封口机封袋或真空旋盖机封瓶。检验、贴商标，即为成品。

(四) 质量标准

(1) 感官指标 香菇蒜蓉酱红色，鲜艳有光泽，均匀一致，具有香菇和大蒜特有滋味，咸淡适口，辣味柔和，微有甜味，同时具有香菇特有香气，无其他不良气味。酱体细腻，呈黏稠状，不稀不稠，无沉淀分层，无杂质。

(2) 理化指标 酱体含水分50%～60%；pH4.0～4.5；砷≤0.3毫克/千克，铅≤0.1毫克/千克。

(3) 微生物指标 大肠杆菌≤30个/100克，致病菌（系指肠道致病菌）不得检出。

十二、香菇柄调味液

(一) 产品特色

本品含有香菇特有的香气和风味，酸度、乙醇、糖、氨基酸的比例协调，是一种优质营养保健调品味。

(二) 原辅材料

无霉变、无虫蛀、脱水的香菇柄，8～10波美度的米曲汁，酵母，水各适量。（也可直接用香菇加工后的下脚料菇柄抽提加工）

(三) 工艺流程

米曲汁→杀菌→培养→添加菇柄粉及酵母液→培养→添加香菇柄粉→注入曲汁中→培养发酵→补酸→调香调味→分离过滤→滤清液→杀菌→熟化→成品

(四) 操作要点

(1) 曲汁的制备 用新鲜的曲汁作培养基，将曲汁的波美度调整至8～10度，放入烧瓶中，烧瓶栓应放入丝绵中用火杀菌。先将装入曲汁的烧瓶放入沸水中蒸煮30～40分钟，进行杀菌。

（2）一级培养和分离　在上述曲液中添加适量香菇菇柄粉末和酵母液30毫升，在25～30℃下培养24小时，至表面形成小泡，并有香菇香味，即为一级培养液。此时将一级培养液进行分离，取上清液。

（3）二级培养　在分离出的上清液中，再添加香菇柄粉末，以3∶1比例放入曲汁中作培养液。将这种培养液再添加到1∶10的曲液中，在品温25～30℃下培养约10天。

（4）补酸　在二级培养期间要补酸，100升曲汁的补酸量为75%乳酸300毫升，以防止杂菌繁殖。

（5）调香调味　当发酵液的酒精含量达到7～8度，开始散发菇香及酯香，接近发酵结束时，添加少量糯米酒进行调香和调味。

（6）分离过滤　发酵结束后，分离发酵液的上清液，过滤去除不溶性物质，得澄清液。

（7）杀菌熟化　将液体通入蒸汽杀菌，在85℃下杀菌2～3分钟。将杀菌的香菇液在储液缸中进行熟化，时间为1个月左右，然后装瓶，即为成品。

（五）质量标准

（1）感官指标　外观棕褐色，无沉淀；含有独特的香菇香味及酯香，无其他不良气味，风味独特宜人；体态澄清，不浑浊，无沉淀，无霉花浮膜，浓度适当。

（2）理化指标　浓度2.3～3.0波美度；糖分含量75.5%；氨基酸>2.1%；乙醇<12%；酸度<3.3%。

（3）微生物指标　杂菌数<5个/毫升；大肠菌群<30个/100毫升，致病菌不得检出。

十三、香菇柄调味精

（一）原辅材料

香菇柄浓缩液25%～50%，氯化钠8%～12%，麦芽糊精

12%～18%，细糖粉 15%～30%，食醋 1.6%～3.2%，酒 3%～6%，植物油 0.3%～0.6%，辣素 0.01%～0.05%。

（二）工艺流程

1. 香菇柄成分提取

香菇柄→漂洗、去杂→切碎→热水浸提→过滤→滤液Ⅰ
↓
滤渣→沸水浸提→过滤→滤液Ⅱ
↓
滤渣→酶解浸提→过滤→滤液Ⅲ

2. 调味精制作

合并滤液Ⅰ、Ⅱ、Ⅲ→真空浓缩
氯化钠、麦芽糊精、细糖粉、辣素充分混匀
食醋、酒→植物油搅拌均匀
→造粒→干燥→离心喷雾干燥→包装→成品

（三）操作要点

（1）香菇柄浓缩液制作　将香菇柄漂洗干净，去杂质，切成碎片，用 40～55℃的热水浸提 4～6 小时。菇与水之比为 1∶10。浸提后过滤，得滤液Ⅰ。将滤渣加水煮沸 1 小时，过滤，得滤液Ⅱ。再将滤渣加水，加细胞分离酶与纤维素酶的混合酶液 0.6%，浸提 3 小时后过滤，得滤液Ⅲ。合并 3 次滤液，在真空浓缩锅内浓缩，浓缩至固形物含量不低于 15%。浓缩香菇液经杀菌后，立即分装、密封，低温储藏备用。

（2）辅料混匀　将氯化钠、麦芽糊精、细糖粉、辣素充分混合搅拌均匀，然后加香菇柄浓缩液、食醋、酒、植物油搅拌均匀。

（3）造粒及干燥　采用摇摆式造粒机造粒。造粒直径为 2 毫米，在 3.87×10^4 帕、50～60℃条件下，干燥 25 分钟左右，然后输入离心喷雾干燥机喷成粉状体。干燥温度为 100℃，其产品含水量在 13%以下，及时用食品袋进行分装，封口密封，即为成品。

（四）成品质量

（1）成品呈粒状浅褐色。

(2) 滋味香甜酸辣。

(3) 含水量小于13%。

十四、平菇芝麻酱

(一) 产品特色

本品是用平菇下脚料制成的一种浆状调味品，因色泽酱红且有光泽、味美香、辣，且具浓郁的平菇香味而备受消费者喜爱。

(二) 原辅材料

平菇下脚料(菇脚、次菇、碎菇)20千克，大豆25千克，红辣椒5千克，芝麻3千克，甜酒酿汁8千克，香油1千克，面粉15千克，鲜酱油4千克，砂糖2.5千克，食盐4千克，苯甲酸钠100克，柠檬酸200克。

(三) 工艺流程

1. 制大豆酱曲

大豆→清洗→冷水浸→热碱浸→清洗→脱皮→拌面粉→接曲霉菌种→培养→大豆酱曲

2. 制辣椒酱胶

红辣椒→洗净→除蒂柄、杂物→盐腌→磨酱或轧酱→加甜酒酿汁→辣椒酱胶→熟酱胶

3. 抽提菇汁

平菇→除杂、清洗→破碎→水煮→菇汁

4. 制风味芝麻酱

辣椒酱胶、平菇抽提汁→混合→加热→调味→杀菌→包装→成品

(四) 操作要点

(1) 抽提菇汁　选用无病虫害的平菇脚、碎菇、次菇做原料，除去杂质，洗净后破碎成细条，放入锅中煮沸30分钟，使菇汁充分抽提至水中，同时加入少量食盐，即为平菇菇汁抽提液。

(2) 制作酱曲　首先把大豆洗净，去掉杂物，浸在冷水中(夏季浸5～6小时，冬季浸15～16小时)，然后将2%的氢氧化钠液加热至80～85℃，将水浸的大豆转浸在热碱液中5～6分钟，当大豆皮色转变成棕红色时取出，立即用清水冲去碱性，此

时皮壳容易脱落，操作必须迅速，使豆内保持玉白色为好。其次，将面粉和无皮大豆加入适量水拌和，再入锅内蒸煮，达到既熟又软且豆粒不烂为度，待其自然冷却至25℃时，接入曲霉菌种(从种曲中分离而得)。拌均匀后，入发酵缸或发酵池中，在一定温度下培养。前期温度维持在32～36℃，后期降至28～31℃。如果培养、发酵期间温度过高，可加大通气量，并进行翻曲打碎、松动团块，以降低温度。因大豆颗粒较大，故培养时间可适当延长，待其培养成熟后即成大豆的酱曲。

（3）制辣椒酱胶　将红辣椒洗净，除蒂柄和杂物。5千克辣椒加食盐1.5千克，一层辣椒一层盐地腌制在缸内压实。2～3天后有汁液渗出时，连同卤汁一起移入另一缸中，再加1千克食盐平封于表层，上铺竹帘，再压重物。务使卤汁压出，避免辣椒与空气接触变质。如水分蒸发，要及时补20波美度的盐水，使辣椒不露出液面。腌制好的辣椒，使用时用磨磨成酱或用轧碎机轧成酱。辣椒轧酱时其含水量应在60%左右。若含水量不足应加入20波美度的盐水进行调整，在磨酱或轧酱的同时，加进8千克甜酒酿汁一起轧磨，即成辣椒酱胶。

（4）制熟酱胶　先将辣椒酱胶与平菇抽提汁倒入锅中，加热至60℃（加热时应搅拌，防止粘底），再将大豆酱曲捣碎放入锅中混均匀，待温度又升至60～65℃后将其移入发酵缸或池中铺平，上盖一层白布，布上用10千克食盐封住（此盐可反复使用），让其发酵。发酵温度维持在40～45℃，保持15小时，发酵期15天，期间翻动1～2次，酱温逐渐升至55～58℃（夏季60～70℃），继续保持36小时，10天后加入20波美度的盐水，充分拌匀，中后期适温发酵4天，即为成熟酱胶。

（5）制风味芝麻酱　将事先炒熟喷香的芝麻和鲜酱油、砂糖、香油一起加入成熟酱胶中，搅拌均匀，将盐度调整到18波美度。若喜食甜味，可调盐度为16波美度，稍加大甜酒酿汁和砂糖的用量；若喜食酸辣味，可适当加点食醋。然后采用夹层锅，外层通入蒸汽加热，温度80～100℃，维持15～20分钟杀菌。因酱黏稠，杀菌时要不断搅拌，一方面防止粘锅，另一方面可使温度分布均匀。

(6) 包装　在酱油80℃左右时，用干净的玻璃瓶分装，密封瓶口，即为成品。

(五) 成品质量

(1) 酱体深红色，香甜爽口，无异味。

(2) 无致病菌，符合食品卫生标准。

十五、美味平菇酱

(一) 原料配方

(1) 麻辣型　菇浆100克，精盐5克，白糖3克，味精1克，麻辣油（色拉油＋干辣椒＋花椒）10克，辣椒粉1.5克，芝麻1克。

(2) 鸡汁型　菇浆100克，精盐5克，白糖3克，味精0.5克，鸡汤，辣油（色拉油＋辣椒）3克，芝麻1克。

(二) 工艺流程

少量平菇→预煮＋平菇残渣→打浆→调味→装袋→封口→杀菌→冷却→包装→成品

(三) 操作要点

(1) 原料处理　取少量鲜平菇经预煮加入平菇残渣中打浆，不仅改善风味，更提高产品的营养价值。

(2) 调料　按配方菇浆中加入油溶性调味料、鸡汁等拌均匀。

(3) 装袋封口　装入复合塑料膜袋中，真空封口，即为成品。

(四) 成品质量

(1) 成品外观呈黄褐色，组织细腻。

(2) 具平菇香味，清香可口，无异味。

(3) 无致病菌，符合卫生要求。

十六、平菇蒜蓉酱

(一) 原辅材料

平菇450克，大蒜160克，食盐45克，白糖80克，姜28克，

40%的明胶60克，10%的柠檬酸10克，蜂蜜适量。

（二）工艺流程

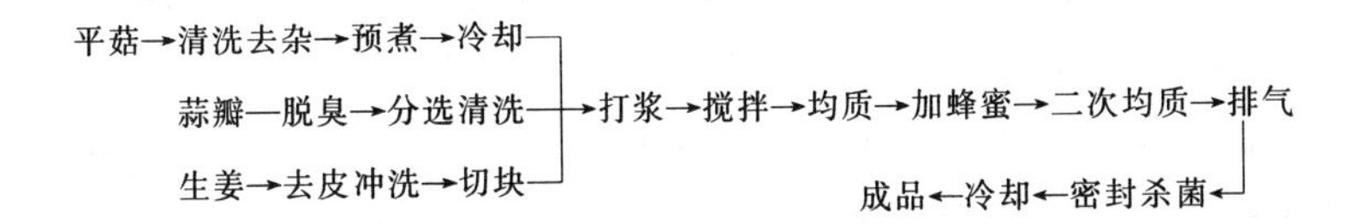

（三）操作要点

（1）原料及处理　平菇要求菌体肥厚，无霉变，并剪去老化部分，再冲洗干净，在90～95℃下预煮2～3分钟，以防褐变。大蒜要新鲜，要求大蒜形态良好，无损伤。大蒜剥去外皮后，于脱臭液中脱臭（脱臭液由0.16%的半胱氨酸与0.10%的硫酸铜及2.5%的食盐溶液配成），在10℃浸泡28小时，取出后用清水冲洗。生姜去皮、洗净、切小块。

（2）打浆　将上述原料加入糖、酸、盐入打浆机中打成浆状混合物，搅拌均匀，再加入明胶溶液进行均质，为增加制品风味，在二次均质前加入适量蜂蜜。

（3）灌装与排气　用清洗消毒后的玻璃瓶进行灌装，采用排气箱排气，中心温度达到80～85℃后，即可取出密封。

（4）杀菌　采用蒸汽杀菌，瓶内中心温度在85℃左右，保持2～3分钟，然后冷却即为成品。

（四）成品质量

（1）酱体均匀细腻，呈黄褐色。

（2）无沉淀与分层现象。

（3）可溶性固形物≥36%；酸度1%。

（4）无致病菌检出及微生物引起的腐败征象。

十七、平菇酱油

（一）产品特色

本品利用平菇烫漂液或盐渍液为原料制成，提高了平菇综合利用价值，且营养丰富，味道鲜美，是一种优质保健调味品。

（二）工艺流程

原料（平菇烫漂液或盐渍液）→浓缩→中和→浸泡→淋油→杀菌→装瓶→封口→成品

（三）操作要点

（1）浓缩与中和　将烫漂液或盐渍平菇时的盐水经过过滤除去碎屑等杂质，并加热浓缩至可溶性固形物含量5%～6%，在浓缩液中加入适量的碳酸钠，以中和烫漂液中残留的柠檬酸，将pH值调整至6.5～7.0。

（2）浸泡与淋油　采用发酵工艺制作普通酱油，在淋油前把平菇浓缩液倒入发酵容器中，浸泡酱醪12小时。淋出平菇酱油后，再向发酵容器中加入平菇浓缩液，方法同上。经3次淋油后，合并淋出的平菇酱油。

（3）杀菌与装瓶　按酱油添加适量食盐和柠檬酸。在85℃温度下杀菌，经冷却、过滤后装瓶，即为成品。

（四）成品质量

（1）色泽棕红，酱香醇厚，无异味。

（2）无致病菌，符合食品卫生标准。

十八、草菇麻辣酱

（一）工艺流程

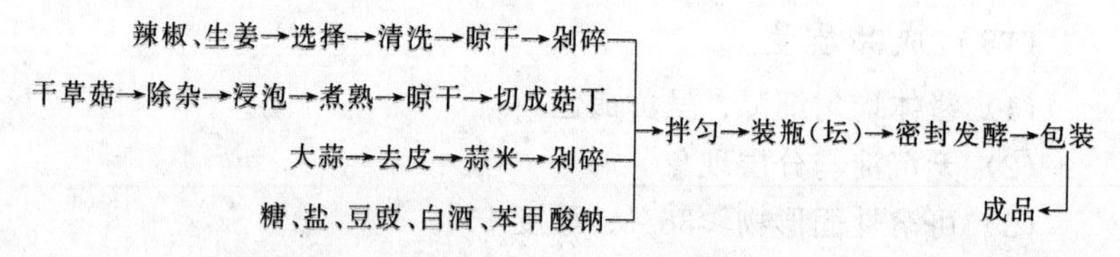

（二）操作要点

（1）草菇处理　若用鲜草菇，除杂后用5%沸盐水煮8分钟左右，捞出冷却，把菇切成黄豆般大小的菇丁备用。若用干品则需浸1～2小时，用5%沸盐水煮至熟透，捞出，冷却切成黄豆般大小的菇丁备用。

（2）辣椒处理　选用无病虫、无霉烂、无质变、自然成熟、色泽红艳的牛角椒，洗净，晾干表面水分，然后剪去辣椒柄，剁成大米般大小，备用。

（3）生姜处理　选取新鲜、肥壮的黄心嫩姜，剔去碎坏姜，洗净，晾干表面水分，剁成豆豉般大小备用。

（4）大蒜处理　把大蒜头分瓣，剥去外衣，洗净后晾干表面水分，制成泥状备用。

（5）混合装坛　将各种主料、辅料、添加剂混合均匀。将混合好的原料置于坛中，压实、密封。

（6）发酵　将坛置于通风干燥阴凉处，让酱醅在坛中自然发酵，每天要检查1～2次坛子的密封情况，一般自然发酵8～12天，酱醅即成熟。

（7）包装　将成熟酱体用干净瓶（袋）分装，密封，即为成品。

（三）质量标准

（1）感官指标　色泽鲜红色间杂豆豉、草菇的棕黑色，有光泽；有草菇、辣椒、姜的香气和醇香气，无其他不良气味；味鲜醇厚，辣咸酸兼具，香脆适口，无苦味及其他气味；黏稠适度、不稀不稠，无霉花、无杂质。

（2）理化指标　水分≤65%；食盐（以氯化钠计）≥12%；总酸（以乳酸计）≤2%；氨基酸氮（以氮计）≥0.50%；还原糖（以葡萄糖计）≥1.5%。

（3）微生物指标　无致病菌检出，符合卫生标准。

十九、金针菇面酱

（一）原辅材料

1. 成曲制备的原料及配方

大豆：面粉：曲粉为250：100：1。

2. 酱醅发酵的原辅材料

①金针菇　柄长8厘米以上，菌盖直径1.2厘米左右，无开

伞、无病虫害的菇体，弃菇柄基部；已制备好的成曲；精制盐；鲜黄姜。

② 酱醅发酵原料　金针菇：成曲：食盐：生姜为13：8：2.5：1。

3. 原酱调配的原辅材料

① 已发酵好的原酱；自制五香粉（八角：茴香：花椒：桂皮：干姜为4：1.6：3.6：8.6：1）；增香调味料食用植物油：自制五香粉：白砂糖：食盐：炒芝麻：辣椒粉：黄酒：味精：芝麻油各180：5.2：42：60：68：52：16：1：86。

② 原酱调配的比例　原酱：增香调味料为4：1。

（二）工艺流程

面粉　种曲
↓　　↓
精选大豆→清洗、浸泡→蒸煮→拌和→摊晾→接种→恒温培养

装瓶←炒酱←原酱←恒温发酵←装缸←配料混合←成曲

↑ 调味料（装瓶）　↑ 盐水金针菇、姜末、食盐（配料混合）

装瓶加盖→排气密封→杀菌→冷却→成品

（三）制作要点

（1）原料处理　将选好的金针菇浸入0.3%～0.5%的低浓度的盐水溶液中，漂洗干净，倒入含0.04%柠檬酸的沸水中，煮沸2分钟后再浸入2%的盐溶液中。

（2）大豆的浸煮　浸泡时间一般为常温下10～12小时，达到软而不烂（以用手搓挤豆粒感觉不到有硬心）为宜。大豆的蒸煮采用高压锅蒸煮，时间约15分钟。

（3）拌和与接种　用经过消毒的用具进行，待拌和的料温降至30～32℃时接入1%曲种，并充分拌匀。同时要控制好温度、湿度，防止污染。培养1～2天，成曲呈嫩黄绿色即可。

（4）酱醅发酵　成曲加入盐水金针菇和姜末后，再加入相当于醅料质量9%的食盐，在40℃下恒温培养，每日翻料一次，保证发酵均匀。10天左右，补足含盐量至12%，45℃下继续发酵6～7天后即可进行炒制。

（5）炒制与调味　将发酵好的原酱与调味料按热油、白糖、辣椒粉、原酱、料酒、花椒粉、五香粉、炒芝麻粉的顺序依次入锅，翻炒 20 分钟，加入味精，即可装瓶。

（6）装瓶　所用的瓶子及盖子要经过灭菌处理。装料不可太满，封口处加 10 毫升的芝麻油，扣上瓶盖，进行 10 分钟加热排气，在 70～80℃密封，常压水煮杀菌 30 分钟，冷却，即为成品。

（四）质量标准

（1）感官指标　色泽红褐色酱体，琥珀色菇体，具光泽；具该产品特有的香气，无不良气味，味鲜而醇厚，咸淡适口，无苦、焦、酸等异味；黏稠适中、无杂质。

（2）理化指标　pH5.1；食盐 12%。

（3）微生物指标　细菌总数＜3000 个/克；大肠菌群＜30 个/100 克；肠道致病菌不得检出；黄曲霉毒素＜5.0 微克/千克。

二十、金针菇酱油

（一）工艺流程

原料处理→过滤浓缩→中和调料→调配兑制→澄清杀菌→装瓶→成品

（二）操作要点

（1）原料处理　所用的原料为金针菇杀青水，要求新鲜洁净，加热至 65℃备用。若是在加工过程中使用过焦亚硫酸钠或其他硫酸盐护色的金针菇，其杀青水必须充分加热，以彻底排除二氧化硫的残余。

（2）过滤浓缩　加热处理过的杀青水，要经 60 目筛过滤，或经离心机进行分离，以去除金针菇残留下的碎屑及其他杂质。把滤液吸入真空浓缩锅中进行浓缩，真空度为 66.67 千帕，蒸汽压力为 147～196 千帕，温度为 50～60℃，浓缩至可溶性固形物含量为 18%～19%（折光计）时出锅。

（3）中和调料　加入柠檬酸预煮的金针菇杀青水，含酸量较高，一般 pH 值为 4.5 左右，应调整至偏酸性 pH 值为 6.8 左右，然后再进行过滤。将桂皮烘烤至干焦后粉碎，再与八角、花椒、胡椒、老姜等调料混合在一起，用4层纱布包好，放在锅中加水熬煮，取其液汁，加入酱色和味精适量，制成调料备用。

（4）调配兑制　取浓度为18%～19%的金针菇溶液40～43千克，置于不锈钢夹层锅里，加入8.0～8.5千克的食用酒精，加热并不断搅拌，煮沸后加入一级黄豆酱油9～11千克和上述调料液500克、精盐5千克，继续加热至80～85℃。

（5）澄清杀菌　将兑制好的金针菇酱油进行离心分离，以去除其中的微粒等，使之澄清，取上清液进行杀菌，温度70℃，恒温5～10分钟。

（6）装瓶压盖　在澄清的酱液中加入酱体量0.05%的苯甲酸钠防腐剂，充分搅拌均匀后装瓶、压盖，贴商标，即为成品。

（三）质量标准

（1）感官指标　菌体色泽黄褐，具有金针菇的特殊香味和滋味，无苦涩、无霉味、无沉淀和浮膜。

（2）理化指标　含有金针菇具有的营养成分，特别是氨基酸含量高。固形物含量为18%左右，pH值为5左右，氯化钠含量为17%左右，防腐剂不超过总量的0.05%。

（3）微生物指标　大肠杆菌菌群＜30个/100毫升，不得检出致病菌，应符合国家卫生标准（GB2717—81）。

二十一、金针菇调味汤料

（一）原料及处理

利用金针菇加工中选下的低档菇及残次菇做原料。除去菇根、杂质，漂洗干净，置于沸水中烫漂3分钟，用冷水冷却并及时烘烤至干，再粉碎，过100筛。

（二）汤料配制

金针菇干粉20%，精盐45%，白糖8%，洋葱粉1.5%，大蒜粉1.5%，生姜粉1.5%，胡椒粉2%，葱0.3%，紫菜2.7%，可溶性淀粉5%，复合味精10%（含谷氨酸钠95%，5′-鸟苷酸2.5%），琥珀酸钠2.5%，充分混合均匀即成。

（三）包装

将配好的汤料用食品袋分装密封，每袋 50 克或 100 克。

（四）使用方法

50 克一袋的汤料，加开水可冲成 500 克汤汁，味道鲜美可口。

二十二、猴头菇酱油

（一）工艺流程

猴头菇预煮水（杀清水）→减压浓缩→加饴糖→加食盐→调配→装瓶→成品

（二）操作要点

（1）猴头菇预煮水的处理 将制罐时的猴头菌预煮水澄清、过滤备用。

（2）浓缩 将澄清过滤后的猴头菌预煮水减压浓缩至原体积的 1/3，以增强其产品的营养浓度。

（3）调味 在浓缩液中加入 1％的饴糖和 17％的食盐调味。

（4）勾兑 将猴头菇酱油与普通酱油按 3∶1 的比例混合勾兑。

（5）包装 将勾兑好的酱油用干净的酱油瓶或塑料膜袋分装贴上商标，即可上市。

（三）质量要求

（1）色泽棕红，气味清香，略带猴头菇味，无杂味，无异味。

（2）无致病菌，符合卫生要求。

二十三、猴头菇保健醋

（一）工艺流程

猴头菇液体培养基 —接猴头菇种→ 摇瓶培养→过滤补料 —接酵母菌→ 酒精发酵 —接醋酸菌→ 醋酸发酵→加盐淋醋→过滤灌瓶→巴氏灭菌→密封陈酿→检验成品

（二）操作要点

（1）液体培养基 取马铃薯（去皮）200 克，切成约 2 厘米见方的小块，放入铝锅中，加水 1000 毫升煮沸 30 分钟。煮好后用双层纱布过滤，弃渣取液，加20克蔗糖，补足水至1000毫升，pH值自然，在107.87千帕压强下灭菌20分钟。

（2）猴头菇发酵液　按无菌操作规程，挑取经扩大培养的猴头菇斜面菌种，接入液体培养基的三角瓶中，置于28℃恒温摇床上，转速为150转/分钟培养发酵。

（3）制种曲　采取双菌种制曲，即使用沪酿3042米曲霉及中科3350黑曲霉两个菌种分别制曲。制曲时间控制在40小时左右，制曲品温保持在32℃。

（4）发酵过滤　用双菌种分别制成的种曲，按7∶3比例混合加入猴头菇浓缩液发酵缸中和菇滤渣缸中，发酵7～10天。终止发酵后将浓缩液过滤，打入不锈钢加热配制罐中。发酵滤渣必须进板框压滤器过滤，将压滤液同样打入不锈钢加热配制罐中混合备用。

（5）勾兑调味　在不锈钢加热配制罐中，用6份猴头菇混合发酵液，加4份优质酱油混合均匀。加入事先用辛香料配好的调料袋，一起煮沸灭菌10分钟，然后调味，加白砂糖1%、味精0.1%，再加2%～3%的酱色调色，加食盐到18克/100毫升，调pH值不低于4.8。最后打入储藏缸，待灌装。

（6）包装　将调制好的醋液分装于干净的瓶中，封口，即为成品。

（三）质量标准

（1）感官指标　红褐色或棕褐色，鲜艳有光泽；有酱香和菇香气，无其他异味；咸甜适口，风味醇厚；体态澄清，浓度适当，无沉淀、无霉花浮膜。

（2）理化指标　相对密度（20℃）不低于1.2，总氮不低于1.4克/100毫升，pH值不低于4.6，食盐为16～18克/毫升。

（3）微生物指标　细菌总数不得超过1000个/100毫升，大肠杆菌菌群不超过30个/100毫升，不得检出致病菌。

二十四、灵芝保健醋

（一）产品特色

灵芝是中国药学宝典中之极品，本品利用灵芝菌丝体酿成，与用灵芝子实为原料相比，具有省时节料的优点。不仅食醋香味纯正、清冽适口，且保健功能无异。

（二）原辅材料

米糠 25 千克，玉米 25 千克，麸皮 50 千克，大曲 20 千克，醋酸液 80 千克，食盐 3 千克。

（三）工艺流程

灵芝菌丝体培养→蒸料→拌曲→发酵→陈酿→过滤→装瓶→成品

（四）操作要点

（1）菌丝体培养　将玉米 40 千克放入 pH 值为 10 的水中浸泡 18 小时，捞起沥干后加入 0.1%石灰水煮至无硬心为止，沥干摊晾于表皮稍干，然后拌入米糠 30 千克及麸皮 25 千克，并加入石膏 1 千克，调节含水量达 65%。装袋灭菌，高压灭菌 3 小时。待袋温降至 30℃以下时抢温接种，保持温度在 25～28℃发菌，一般经 25～30天可发满菌，经 5～7 天即可使用（也可直接用灵芝子实体加工）。

（2）蒸料　将剩余固态原料米糠、玉米等粉碎，兑水浸泡 24 小时，入锅蒸煮至熟烂。这样可使原料与微生物接触面扩大，促使糊化均匀，加速糖化进程。

（3）拌曲　将蒸熟的原料焖放 10～20 分钟后取出摊开晾凉；将培养好的菌块脱袋晒干，粉碎成细粒，待蒸熟的原料降温至 50℃左右，拌入大曲及酵母液、醋酸液搅拌均匀，温度降到 17～18℃时装缸酿制。较低的温度能促使糖化完全，有利于抑制杂菌，提高醋的品质。

（4）发酵　原料拌曲装缸后，开始进入糖化与酒精发酵阶段，此时温度以 25～30℃为宜。约经 36 小时，料温升至 39℃进入醋酸发酵阶段，此时温度应控制在 40℃左右。与此同时，掺谷糠 40 千克，搅拌均匀。1 周后料温下降，酒精氧化结束，醋化完成。

（5）陈酿　缸内醋化后，加水降低醋液中的酒精浓度，有利于空气中的醋酸菌进行繁殖生长，自然酿制。一般每千克料加水 300～350 千克，夏季需 20～30 天，冬春季节 40～50 天，醋液变酸成熟。此时醋面有一薄层菌膜，发生刺鼻酸味。上层清亮，中下层显原料色，略呈浑浊状。将两者相拌，经过滤除固悬浮物，装瓶密封，即为商品灵芝醋。

（五）质量标准

（1）感官指标　色泽橙黄，具灵芝气味，体态澄清，无浮悬物。

（2）理化指标　总酸（以醋酸计）＞6 克/100 毫升；还原糖＞1.5 克/100 毫升；氨基态氮＞0.3 克/100 毫升。

（3）微生物指标　细菌总数≤500 个/100 毫升；大肠菌群≤5 个/100 毫克；致病菌不得检出。

二十五、鸡腿菇保健醋

（一）工艺流程

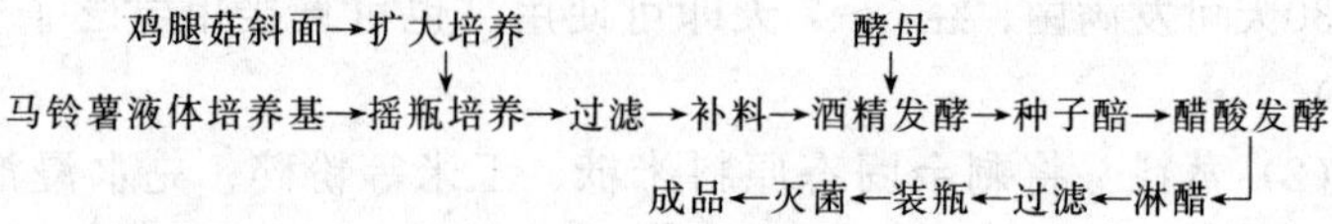

鸡腿菇斜面→扩大培养 ↓ 摇瓶培养；酵母 ↓ 酒精发酵

马铃薯液体培养基→摇瓶培养→过滤→补料→酒精发酵→种子醅→醋酸发酵→淋醋→过滤→装瓶→灭菌→成品

（二）操作要点

（1）鸡腿菇发酵液的制备　将鸡腿菇斜面接种于马铃薯培养基上，扩大培养后将其接种在盛有 150 毫升马铃薯液体培养基的 500 毫升锥形瓶中，置 28℃恒温摇床中，控制转速为 120 转/分钟，培养 6～7 天后，得鸡腿菇菌丝体及发酵液，用双层纱布过滤，滤除菌丝后即得发酵液（也可直接用鸡腿菇子实体加工）。

（2）补料　按 1∶10 的比例向上述鸡腿菇发酵液中补充已灭菌的 20％的蔗糖溶液，将其可溶性固形物含量调整为 8％～10％。

（3）酒精发酵　取上述补好料的鸡腿菇发酵液 1000 毫升盛于 2500 毫升烧杯中，并接入预先活化好的干酵母 2.5 克，搅拌均匀，然后用无菌单层牛皮纸覆盖、扎紧，置 28～30℃恒温培养箱中，每日搅拌 2～4 次，经过 4 天左右的酒精发酵，酒精含量可达 5.1％～5.4％。

（4）醋用种子醅的制作　将麸皮1千克，糠壳0.5千克，加水拌和，控制湿度约为40%（以手握时指缝有水而不滴水为度），经100℃灭菌30分钟，冷却后，接种培养30小时的醋酸菌液100毫升，再用浅盒装料置于35℃培养室，每2小时翻拌一次，使物料充分接触空气，培养3天后备用。

（5）醋酸发酵　酒精发酵结束后，将酒精发酵的酒醪中拌入醋用种子醅约0.3千克，及预先灭菌的麸皮0.4千克、糠壳0.3千克，翻拌均匀，使醅料疏松、透气。维持品温30～33℃进行醋酸发酵，但温度不宜超过38℃，每日翻拌2～3次，经过30天左右醋醅发生醋香，同时酸度不再升高即终止醋酸发酵，并立即加入10%左右的食盐，再翻醅2天即可淋醋。

（6）淋醋　以1千克醋醅加1千克温水，将水倒入盛醋醅的烧杯中，浸泡5小时后，用3层纱布将醋汁分离出来，然后再用分出的醋汁反复多次淋洗醋醅，直至酸度达到要求即可。

（7）过滤　将上述醋液用4层纱布进行粗滤，之后再用滤纸精滤，即得澄清透明的鸡腿菇醋。

（8）装瓶灭菌　将醋液定量装瓶封盖。装瓶后，立即用巴氏消毒法进行灭菌，即得成品。

（三）质量标准

（1）感官指标　成品鸡腿菇醋应为褐绿色，澄清透明，有光泽，均匀一致，无沉淀，无悬浮物，酸味柔和纯正、绵长，具有鸡腿菇特有的清淡芳香，无异味。

（2）理化指标　总酸（以醋酸计）≥4.0克/100毫升；酒精度（体积分数）≤0.2；还原糖（以葡萄糖计）≥1.0克/100毫升；砷（以As计）≤0.5毫克/千克；铅（以Pb计）≤1.0毫克/千克。

（3）微生物指标　大肠菌群≤3个/100毫升；致病菌不得检出。

二十六、竹荪液体酱油

（一）工艺流程

原料处理→拌种曲→发酵→调配→分装→灭菌→成品

（二）操作要点

（1）原料处理　取优质黄豆或未经脱脂处理的豆饼 70 千克，粉碎成米粒大小的颗粒，加入麦麸 30 千克，用适量水拌合以手捏成团、落地即散为度，然后放入笼中蒸煮至熟透。将其取出摊于料盘中，待料温降至 35℃时，拌入种曲 200 克，进行发酵培养。发酵时控制品温在 28～30℃，经 24 小时，当料面长满“白毛”使料连接成块时，中止发酵备用。

（2）热烫盐渍　取竹荪菌盖、菌托干品 2 千克，粉碎后在沸水中热烫 30 分钟，捞起，加入 50％食盐盐渍备用。

（3）混合发酵　先将黄豆等发酵块打碎，加入食盐 30 千克，用适量水拌匀（以手捏料成团而不滴水为度）；再加入盐渍竹荪混合均匀，装入缸内，在室温下进行第二次发酵培养。经 15～20 小时，待酱醅成棕红色，有突出酱油香味时，即可中止发酵。

（4）调配制酱油　将酱醅装入底部有小孔的制酱缸内（装缸时原料不可压得过实，以免影响酱油渗漏），然后取花椒 150 克，大料 150 克，加水煮沸，倒入酱醅缸内，浸泡 12 小时，即成酱油。

（5）分装、灭菌　经常压灭菌，冷却，拔去缸底木塞，竹荪酱油即从小孔流出，用经灭菌处理的瓶口接收分装，经常压灭菌，冷却至 30℃左右，即为成品。

（三）质量要求

（1）酱油棕红色，具竹荪酱香味，无异味。

（2）无致病菌，符合卫生要求。

二十七、竹荪固体酱油

（一）原辅材料

竹荪、酱油、食盐、蔗糖、花椒、胡椒、八角、桂皮、生姜、柠檬酸、苯甲酸钠各适量。

（二）工艺流程

原料处理→调配→浓缩→包装→成品

（三）操作要点

（1）原料处理　取竹荪菌盖、菌托干品1千克，加水10千克（如用鲜品竹荪，每千克加水3千克），在70～80℃下加热1小时，滤去残渣，得竹荪提出液备用。

（2）调配　取普通酱油100千克，加竹荪提取液6千克，蔗糖4千克，花椒200克，胡椒200克，八角300克，桂皮100克，生姜1.5千克，在90℃下加热1小时，过滤，即得竹荪液体酱油。

（3）加防腐剂　在液体酱油中加入0.15%～0.6%的防霉剂（含醋酸、柠檬酸、琥珀酸、乳酸，比例为3∶2∶2∶2），防止竹荪酱油滋生膜酵母菌（当液体酱油不能及时浓缩固化时，需采用此措施，否则可不加上述处理）。

（4）浓缩固化　取上述酱油放入带有搅拌装置的浓缩锅内（容积为50升的浓缩锅可装入30千克），然后在减压条件下进行真空浓缩，通过视孔观察，当酱油浓缩成饴状时，停止加热，关闭真空泵。然后在加料孔中加入预先配制好的辅料：谷氨酸450克，蔗糖2400克，精盐7200克，苯甲酸钠5克。开动搅拌器，充分混匀，趁热放出。

（5）包装　将固化好的酱油块装入食品塑料袋中，冷却封口，即得竹荪固体酱油。

（四）质量要求

（1）酱体棕褐色，固态，冲泡性好。

（2）具竹荪特殊香味，无异味。

（3）无致病菌，符合卫生要求。

（五）使用方法

用开水冲泡或直接将其投入菜中烹饪即可。

二十八、竹荪营养汤料

竹荪营养汤料加工方法有两种，现分别介绍如下。

A法：

（一）原辅材料

竹荪干粉、精盐、姜粉、葱段、胡椒粉、谷氨酸钠等。

（二）工艺流程

竹荪粉碎→过筛→调配→包装→成品

（三）操作要点

（1）竹荪粉制备　将竹荪菌盖、菌托洗净、烘干、粉碎、80 目过筛备用。

（2）姜、葱处理　将姜、葱洗净，切成 2～3 毫米长，烘干备用。

（3）调配　取竹荪干粉 19.5 千克，谷氨酸钠 9.5 千克，5′-鸟苷酸 0.25 千克，5′-肌苷酸 0.25 千克，精盐 67.7 千克，胡椒粉 0.2 千克，姜粉 0.6 千克，葱段 2 千克，进行干态混合。

（4）包装　将混合物用防潮纸袋分装，每袋 50 克。

（5）使用方法　配汤时，入水煮沸 5～8 分钟即可；或用开水冲泡，加盖，泡 8～10 分钟食用。

B 法：

（一）原辅材料

竹荪、精盐、洋葱、葱段、生姜、胡椒粉、谷氨酸钠等。

（二）工艺流程

竹荪粉碎→过筛→配料→干燥→调味→包装→成品

（三）操作要点

（1）竹荪处理　将竹荪菌托、菌柄的干制品粉碎成粗颗粒，按质量比加入 2 倍量清水，煮沸 30 分钟，过滤，在滤渣中加入 1 倍量清水，煮沸 20 分钟，在滤汁冷至 25℃时，过滤，合并两次滤汁。

（2）配料　按竹荪量加入 1.75 倍可溶性淀粉（先用冷水调浆）、0.1 倍量麻油，加热浓缩，至固形物含量为 70％时，停止加热。

（3）干燥　将浓缩物移至真空干燥器内干燥，装盘厚度 1～

1.5 厘米，真空度（9.03～9.28）$\times 10^4$ 帕，至干燥物含水量为 20%。然后将干燥物粉碎，过 100 目筛，备用。

（4）调味 另取洗净的菌托，切片，在沸水中烫漂 3 分钟，取出沥干水分后，备用。

称取竹荪浸出物 10 千克、菌托切片 10 千克、精盐 35 千克、谷氨酸钠 5 千克、白胡椒粉 0.2 千克、洋葱片 10 千克、葱段 1 千克、姜粉 0.2 千克，进行干态混合。

（5）包装 将调味好的干态物装入防潮纸袋内，每袋 50 克。

（6）使用方法 用时，每袋冲入沸水 120～150 毫升，即成竹荪营养汤料。

二十九、白灵菇面酱

（一）原辅材料

白灵菇加工罐头的下脚料（次菇、碎菇、菇柄、菇屑）30 千克、面粉 100 千克、食盐 3.5 千克、五香粉 0.2 千克、糖精 0.1 千克、柠檬酸 0.3 千克、水 30 千克。

（二）工艺流程

1. 制曲

面粉加水→拌和→蒸熟→冷却→接种→培养→面糕曲

2. 制酱

菇料
食盐 } →菇汁→澄清→加热＋面糕曲→发酵缸→自然发酵→加盐水→酱胶保温

成品←包装←加热调配←成熟酱醅←

（三）操作要点

（1）各料蒸熟 将上述所需原料备齐后，用面粉 100 千克加水 30 千克，均匀拌和，使其成为细长条形或蚕豆大颗粒，然后放入蒸笼内蒸熟，其蒸熟标准为玉色，不粘牙、有甜味，待料自然冷却至 25℃时接种。

（2）接种培养 最好采用曲精（从种曲中分离出的孢子接种），食用时才感细腻无渣，接种后即刻置于曲池或曲盘中培养，培养温度为38～42℃。培养成熟后即为面糕曲。

（3）煮菇取汁 将白灵菇下脚料切碎，加水煮30分钟，用三层纱布过滤两次，取其滤汁，同时加入定量的食盐，让其冷却沉淀后再次过滤备用。

（4）入缸发酵 把面糕曲送入发酵缸内，耙平后从面层缓慢注入14波美度的菇汁热盐水，用量为面糕的100%。同时将面层压实，加入酱胶保温，把缸口加盖进行保温发酵。发酵时品温维持53～55℃（若温度不高，应加温）。并在两天后搅拌一次，以后一天搅拌一次，4～5天后已糖化，8～10天即为成熟酱醅。

（5）加热调味 将成熟的酱醅用石磨或螺旋机磨细过筛，同时通入蒸汽加热至65～70℃，加入事先用300毫升水溶解的五香粉、糖精、柠檬酸，最后加入苯甲酸钠，搅拌均匀后即为味道鲜美的白灵菇面酱。

（6）包装 将酱料用玻璃瓶分装密封，入库储存或上市。

（四）质量标准

（1）感官指标 成品呈黄褐色或红褐色，有光泽。有白灵菇特有菇味，味甜而鲜，咸淡适口，并无霉花和杂质。

（2）理化指标 水分50%以下，氯化物7%，氨基酸氮0.3%以上，还原糖20%以下，总酸（乳酸）2%以下。

（3）微生物标准 不得检出致病菌，应符合国家食品卫生标准。

三十、大球盖菇酱油

（一）原辅材料

大球盖菇杀青水50千克、食盐300克、胡椒80克、五香粉47克、八角120克、桂皮250克、生姜340克。

（二）制作方法

将原料用2～3层纱布包好，于杀青水中煮沸1.5小时，使杀青水入味、上色，然后除去纱布包调料装瓶即成。

也可在以上产品中趁热加入花椒油、苯甲酸钠、食用色素、柠檬酸等，搅拌均匀，调配其溶液浓度16～18波美度，冷却过滤，装瓶封口。即为大球盖菇成品酱油。

（三）质量要求

（1）产品为棕褐色或红褐色，鲜艳而有光泽。

（2）有深厚大球盖菇味，无异味。

（3）无致病菌，符合卫生要求。

三十一、大球盖菇甜酱

（一）原料处理

以大球盖菇加工过程中的菇柄或残次菇为原料，将菇柄、残次菇清洗，除去泥沙、杂质，脱水后烘烤至干，先35～40℃，逐步提升加热温度，并加强排湿，在55～60℃至干。烘烤是本项工艺的关键技术，一切菇类只有烘烤才有浓厚的菇香，但不能烘烤焦煳，否则会有异味。

以上干菇入粉碎机破成细粒状或粉状，在不锈钢锅内，加入干菇等重60%～70%的蔗糖，搅拌均匀，煮沸20～25分钟，使之成稀糊状。

（二）调味制酱

在糊状物中加入适量食盐、柠檬酸等，以口味适中为宜，随即加入明胶，以增加菇酱黏稠度，并加强搅拌，防止粘锅及焦煳。于菇酱中加入0.5%的苯甲酸钠，搅拌均匀。

（三）装瓶密封

将调味好的酱体趁热分装入经开水煮沸过的带盖玻璃瓶中，加盖密封，并于95～97℃下杀菌30分钟，冷却至常温，即为成品。

（四）质量要求

（1）酱体红褐色，质地浓稠，不分层。

（2）具大球盖菇特殊风味，无异味。

（3）无致病菌，符合卫生要求。

水果类调味品

水果类营养丰富，味道鲜美，并具较高的药用价值。用其加工成调味品，既可解决水果大量上市时的积压败变，又可丰富调味品市场，是一举多得的一大好事。

一、苹果酱

（一）工艺流程

选料→清洗破碎→煮制→制酱泥→调配→装瓶→成品

（二）操作要点

（1）选料　选用充分成熟的苹果做原料，用木棒击碎后淘洗1～2次，入锅加水适量煮烂。

（2）制酱泥　将煮烂的果料滤取果泥，用文火煮沸，加入砂糖适量搅匀，加热至果酱浓缩到不流散为止。

（3）调配　将浓缩的果酱调入少量蜂蜜，使成品呈现淡黄或棕黄色即可。

（4）装罐　将调配好的果酱装入洗净的玻璃瓶中，密封，即为成品。

（三）质量要求

（1）酱体淡黄或棕黄色。

（2）果酱细腻，酸甜适口，具苹果特有风味，无异味。

（3）无致病菌，符合卫生要求。

二、菠萝酱

（一）工艺流程

原料选择→打浆→过滤→加配料→浓缩→装罐→杀菌、冷却→成品

（二）操作要点

（1）原料选择 可充分利用成熟度适当的新鲜小菠萝的果肉或制糖水罐头时被挑出的碎果肉做原料。

（2）打浆 将挑选出的原料送入打浆机或磨泵粉碎机打成浆。

（3）过滤、配料 将粉碎的果浆进行过滤，滤去大块果渣。在过滤的浆液中加入白砂糖、柠檬酸，调配好糖酸度，再加入用水溶解的琼脂，搅拌均匀。配料比例为鲜菠萝碎肉54%、白砂糖46%、每100千克菠萝碎肉添加琼脂300克。

（4）浓缩 采用真空浓缩，真空度不低于79.98千帕，温度不超过60℃，达到浓度后关闭真空，升温至95℃时即可装罐。如用开口锅浓缩，其浓缩时间不得超过30分钟。浓缩后，迅速将酱温降到83～95℃装罐。

（5）装罐、杀菌、冷却 将浓缩好的酱液装入消毒好的罐头瓶中，用封罐机密封，然后在100℃蒸汽中消毒15～20分钟，再分段冷却至38℃左右，即为成品。

（三）质量要求

（1）菠萝酱呈金黄或浅棕色，均匀一致，在20℃时呈凝胶状，无汁液析出，无糖结晶。

（2）酸甜适口，具菠萝特有风味。

（3）可溶性固形物含量达66%～67%，含糖量不低于60%。

三、芒果酱

（一）工艺流程

原料选择→清洗→打浆→预煮→配料→加热→浓缩→装罐、密封→杀菌、冷却→成品

（二）操作要点

（1）原料选择、清洗 选择八成熟的新鲜果实。成熟度过高的芒果果胶及酸含量低；成熟度过低，则色泽风味差，且打浆困难。要求选择香味浓、含果胶及含酸较高、无病虫害和霉烂的果

实做原料。用清水洗净原料表面的灰尘、杂质，沥干水分。

(2) 打浆　将清洗干净的原料用不锈钢刀去皮、去核，再用打浆机打浆。

(3) 预煮　用夹层锅加热果浆，煮沸 10 分钟，这样可破坏其酶的活性，防止变色和促进果胶含量，并蒸发一部分水分。注意加热时要不断搅拌，防止煮焦。

(4) 配料、浓缩　按产品标准要求配料，一般果胶 100 千克搭配白砂糖 100 千克，果浆要求含果胶 1%，含酸 1%，不足时补加。按比例将果胶、配料倒入夹层锅加热浓缩，不断搅拌。浓缩至可溶性固形物含量达 65%（糖度计），酱体温度达 104～105℃即可出锅。

(5) 装罐、密封　出锅后，应及时装罐。密封时的酱体温度不低于 80℃。

(6) 杀菌、冷却　封罐后，立即投入沸水锅中杀菌 5～15 分钟。杀菌后马上冷却至 38℃，然后擦去罐外水分、污物，送入仓库保存或外销。

(三) 质量要求

(1) 芒果酱呈橙黄色，色泽一致。

(2) 酱体黏稠，含有芒果碎块，无蔗糖结晶，无汁液析出。

(3) 具有芒果香气和风味，无焦煳味及其他异味。

(4) 可溶性固形物含量≥65%。

四、草莓酱

(一) 工艺流程

选料→清洗破碎→煮制→制酱泥→调配→装瓶→成品

(二) 操作要点

(1) 选料、清洗　选用充分成熟的草莓做原料，去除果蒂梗，用漂白粉溶液浸泡清洗，用木棒击碎后淘洗 1～2 次，入锅加水适量煮烂。

(2) 制酱泥　将煮烂的果料滤取果泥，用文火煮沸，加入砂糖适量搅匀，加热至果酱浓缩到不流散为止。

(3) 调配　草莓泥100千克，加砂糖80千克，柠檬酸50克，山梨酸钾25克，及加入少量蜂蜜，使成品呈现淡黄或棕黄色即可。

(4) 装罐　将调配好的果酱装入洗净的玻璃瓶中，密封，即为成品。

(三) 质量要求

(1) 酱体淡黄或棕黄色，果酱细腻。

(2) 酸甜适口，具草莓特有风味，无异味。

五、杨桃酱

(一) 工艺流程

原料选择→原料处理→软化→打浆→调配→浓缩→装罐密封→杀菌、冷却→成品

(二) 操作要点

(1) 原料选择　选择八九成熟、新鲜、风味浓、无病虫害、无霉烂的果实做原料。

(2) 原料处理　用清水洗净果面的尘土和杂质，用不锈钢水果刀切去头尾、削去棱角。处理好的杨桃禁止堆积，以防变色。

(3) 软化、打浆　将杨桃浸入沸水锅中软化2～3分钟，以便于打浆和糖液渗透，同时破坏其酶活性，防止果实变色。软化后的杨桃放入打浆机中打成果浆。

(4) 调配　杨桃果胶含量少，而含酸量较高，打浆后的原浆pH值低，一般仅为1～2。使用凉开水调浆，使pH值达到3～3.2，然后再进行压榨（压榨后的汁可作浓缩果汁和汽水用）。榨汁后果浆含水量适中，浆重量与打碎后的原浆重相同。掌握浆量占总配料的40%～50%，砂糖占45%～60%（其中，允许使用淀粉糖浆，量占总糖量的20%以下），琼脂添加量为0.5%～0.7%（琼脂先溶于20倍热水中，过滤后用）。

(5) 浓缩　按1∶3的糖浆和果酱在夹层锅中加热煮沸10～20分钟，使其软化并蒸发部分水分，再分批加入剩余的糖液，待浓缩

至可溶性固形物含量达到60%～65%时，加入琼脂液，搅拌均匀，立即起锅、装罐。在浓缩过程中要经常搅拌，防止焦锅。

(6) 装罐、杀菌　装罐时，要求酱温在85℃以上。装罐后立即加盖密封，并杀菌。将密封的罐头投入100℃沸水中煮5～15分钟，然后分段冷却至38℃，即为成品。

(三) 质量要求

(1) 成品杨桃酱呈胶黏状，无糖结晶，无汁液析出，无焦煳味和其他异味，具有杨桃独特风味。

(2) 可溶性固形物含量不低于65%，糖含量按转化糖计不低于57%。

六、水蜜桃果酱

(一) 工艺流程

选料→清洗→剥皮→去核→打浆→调配→浓缩→分装→贴标→成品

(二) 操作要点

(1) 选料　选用无虫害、无腐烂、完全成熟的水蜜桃做加工原料。

(2) 清洗　采摘后的水蜜桃在运输中往往会粘上一些灰尘，这些灰尘要用清水冲洗掉。

(3) 剥皮及去核　将清洗干净的成熟水蜜桃用手剥去外皮，然后再去掉果核，即得水蜜桃果肉。

(4) 打浆　把果肉送入打浆机打浆，要求浆体均匀细腻。

(5) 调配及浓缩　把水蜜桃浆倒入搅拌式夹层锅中，加入21%的蔗糖，15%的柠檬酸。加热浓缩，边搅拌边加糖浓缩，浓缩至总固形物含量达75%以上时，便成为浓稠的膏体状果酱。

(6) 分装及贴标　将空瓶洗净烘干，灌入足量的水蜜桃果酱，旋紧瓶口，洗净瓶壁上残留的果酱，并擦干瓶表面水，贴商标，即为成品。

(三) 质量标准

(1) 感官指标　乳白色浓稠膏体，均匀一致，无气泡；口感酸甜适口，具有水蜜桃的特有香味。

（2）理化指标 总糖45%～50%；水分20%～25%。

（3）微生物指标 细菌总数≤750个/克；大肠菌群≤30个/100克；致病菌不得检出。

七、龙眼酱

（一）原辅材料

龙眼果肉60千克，砂糖36千克，琼脂130克，柠檬酸175克。

（二）工艺流程

选料→除梗→洗果→去核→预煮→绞碎→浓缩→装罐→密封→杀菌→冷却→成品

（三）操作要点

（1）选料、除梗、去核 选八九成熟的果实，剔除烂果及成熟度过低果。除果梗、去核，洗净。

（2）预煮、绞碎、打浆 先将果肉与柠檬酸同时放入夹层锅中，加水浸没。在98～196千帕（1～2工业大气压）的蒸汽压力下预煮40分钟左右，至果肉软烂。用孔径为10～12毫米的筛筒绞碎1次，果渣再打浆1次。

（3）浓缩 琼脂经除去杂质后用清水洗净，在20倍的沸水中浸15分钟，加热溶解，过滤备用。取砂糖配制成70%～75%的糖浆，用纱布过滤后备用。

将果肉倒入夹层锅中，用0.25～0.30兆帕的蒸汽压加热浓缩。煮沸后，将糖浆分3次加入，并不断搅拌，浓缩至浆呈淡金黄色，浆液温度达106℃时，加入琼脂（也可不加）。

（4）装罐 趁热将果酱装入玻璃罐中，在罐中心温度不低于80℃时趁热密封，并倒罐3分钟。

（5）杀菌、冷却 将罐趁热投入沸水中杀菌5～20分钟，并立即分段冷却至40℃以下，即为成品。

（四）质量要求

（1）产品呈淡黄色至橙黄色，均匀一致。

（2）具有龙眼酱应有的良好风味，无焦煳味，无异味。

（3）酱体呈粒状，不流散，无液汁分离，稍有韧性，无糖结晶体。

（4）转化糖含量不低于 57%，可溶性固形物含量不低于 65%。

八、杏子酱

（一）工艺流程

原料选择→清洗→浸硫→漂洗→打浆取泥→浓缩→调配→再浓缩→灌装→成品

（二）操作要点

（1）选料和清洗　选择肉厚、色浅的杏果为原料，剔除褐变严重、有霉变和虫害的杏果，用清水充分清洗至洁净。

（2）浸硫　采用杏果重量 4 倍浓度为 0.3% 的亚硫酸氢钠溶液，将杏果浸泡 6 小时，可将杏果表面褐色基本褪去，成品的外观质量较好。

（3）打浆取泥　将浸硫好的杏果加入 2 倍重量的水，用打浆机打浆。打浆机转速不宜太快，以免使粗纤维含量高，打完浆后用孔径为 0.5 毫米的筛网过滤取泥，浓缩。

（4）配料浓缩　配方：50%杏泥，40%糖，10%沙棘汁，并添加 0.3%～0.5%增稠剂（琼脂和魔芋精粉）。用传统的工艺可以制得风味、外观质量较好的杏酱，有条件的工厂最好采用真空浓缩工艺。

（5）装罐　将浓缩后的酱体用瓶、罐分装，即可上市。

（三）质量要求

酱体细腻浓稠，酸甜适口，具杏仁风味，无异味。

九、山楂果酱

（一）工艺流程

选料→清洗→软化→打浆→过滤→浓缩→装罐→密封→杀菌→冷却→擦罐→包装→成品

（二）操作要点

（1）选料　选择充分成熟、无腐烂、无虫蛀的山楂为原料。山楂酱对原料的要求不太严格，可以用作罐头、果脯的破碎果块做原料。在使用残次原料时，要与新鲜山楂搭配使用，残料的使用量不得超过原料总量的1/3。

（2）清洗　将选好的原料用清水清洗2～3次，除去污物。

（3）软化、打浆、过滤　按果与水的重量比为2∶1，放在夹层锅中加热至沸腾，维持微沸状态20～30分钟，然后用打浆机打浆，趁热用孔径0.7～1.5毫米的竹筛进行过滤，除净果梗、果核、果皮、萼片等。

（4）浓缩　如用常压浓缩，按每锅出成品50千克计算，投料配比为：果浆30千克，砂糖30千克，水3千克。浓缩时，将30千克果浆和制成75%浓度的砂糖溶液，置于夹层锅内并搅拌均匀，再进行加热浓缩。浓缩蒸汽压力一般控制在0.196兆帕以下，经常搅拌，防止焦煳。当可溶性固形物含量达66%～67%，温度为105～106℃时，立即出锅，装罐。

若采用真空浓缩法，则将山楂果浆与75%浓度的糖液，于配料容器中混合均匀，在混合料不低于70℃的情况下，抽吸进入真空浓缩罐中。当真空浓缩至可溶性固形物含量达65.6%～66%时，破除真空，将蒸汽压力提高至0.245兆帕以上，搅拌加热至90℃时，迅速出锅装罐。

（5）装罐、密封　果浆出锅后立即装罐（瓶），并在温度不低于85℃时进行封罐。

（6）杀菌、冷却　在100℃条件下，杀菌5～15分钟，杀菌后冷却至常温。

（7）擦罐、检查　冷却后擦净罐身，入库储存或外销。

（三）质量要求

（1）产品呈红褐色，酸甜可口，具山楂风味，无异味。

（2）酱体呈胶黏状，不流散，不分层，不分泌汁液。

十、柑橘果酱

（一）原辅材料

碎橘肉 50 千克，碎橘皮 6 千克，砂糖 44 千克。

（二）工艺流程

原料选择→原料处理→加热浓缩→装罐密封→杀菌、冷却→成品

（三）操作要点

（1）原料选择　选择含酸量高，成熟、味浓的柑橘做原料。也可使用制糖水橘子罐头时剔出的新鲜碎橘肉做原料。

（2）原料处理　将选用的橘果剔除腐烂、苦涩果，洗果后去皮、去核。将橘肉用打浆机打成浆状，或用孔径 2～3 毫米的绞肉机绞碎。保留果肉重 12%左右的无斑点橙红色橘皮，在 10%的盐水中煮沸两次，每次 30～45 分钟，再用清水漂洗 8～12 小时，期间要换 3～5 次水。取出榨去部分水分，与果肉一起绞碎打浆。

（3）加热浓缩　用夹层锅或真空浓缩锅浓缩。一般用夹层锅浓缩 30～60 分钟，在加热后 20～40 分钟内分两次加糖，温度保持 100℃左右。原料中果胶和酸不到 1%时，可适量加果胶和柠檬酸。如原料过熟，可加相当于酱体重量 0.1%的氯化钙，帮助凝冻。煮制时要不断搅拌，以防煮焦。当酱体温度达到 105～107℃，可溶性固形物含量达到 66%～68%时，即可出锅装罐。

（4）装罐密封　橘酱趁热装入预先消过毒的罐内，并在酱温不低于 80℃时密封。

（5）杀菌、冷却　密封后在沸水中煮 15 分钟杀菌，然后分段冷却至常温，即为成品。

（四）质量要求

（1）酱体金黄色或橙红色，色泽均匀一致。

（2）具有橘酱的固有风味，无焦味和其他异味。

（3）组织呈现黏稠状，经稀释后允许有细小橘皮粒。

（4）糖度以转化糖计不低于 57%；可溶性固形物以折射率计

不低于67%。

十一、石榴果酱

（一）工艺流程

选果→洗净→削皮→破碎→磨泥→加柠檬酸、糖→煮沸→装瓶→封盖→成品

（二）操作要点

（1）果实处理　选用成熟、无病虫害的优质石榴为原料；将果实削皮、切开、压碎，筛除种子，迅速入0.15%的柠檬酸溶液中，以防止变色。

（2）磨泥　将果实入胶体磨磨成细泥，放入不锈钢锅中，加少许清水煮熟，加水不可过多，以免浓缩时间过长而影响品质。

（3）调配　糖酸比例一般为去皮果20千克、白糖14千克、柠檬酸40克、果胶质少许。白糖应分二次加入。第二次加糖时，尽快使终点温度达到105℃。

（4）浓缩　浓缩的停火点为105℃，或用汤匙取一部分果酱放入水中，不扩散，呈凝固沉着即可。到终点时若发现不凝固沉淀，或黏度不够时，可添加少许果胶质、琼脂或羧甲基纤维素钠。

（5）装瓶密封　将浓缩后的果酱趁热装入干净的瓶中密封，即为成品。

（三）质量要求

（1）酱体细腻，不流散，不分层。

（2）具石榴风味，无异味。

十二、玫瑰果酱

（一）工艺流程

选料→漂洗→打浆→调配→浓缩→装瓶→灭菌→成品

（二）操作要点

（1）选料　选用成熟果实，剔除病虫果、烂果及果梗、果皮，筛去种子。

（2）漂洗　将选好的果实用清水洗净。

（3）打浆　方法有二：一是将鲜果放入沸水中软化 3～5 分钟后用 0.5 毫米筛孔打浆机打浆；二是将洗净的鲜果直接用 0.5 毫米筛孔打浆机打浆。

（4）调配　在果浆内加入适量白糖和柠檬酸，以鲜果：白砂糖：柠檬酸＝100：50：0.35 的配比较为合理。其产品酸甜适口。

（5）浓缩　方法有二：一是在 105℃常压下浓缩；二是减压中温浓缩。有条件的以后者为宜。

（6）装瓶　将浓缩物在 70～80℃时趁热装入玻璃瓶中，盖紧瓶盖。

（7）灭菌　将玻璃瓶按常规灭菌，然后冷却至 35℃左右，即为成品。

（8）包装入库　将玻璃瓶用木(纸)箱成件包装，入库储存或外销。

（三）质量要求

（1）酱体细腻，酸甜可口。

（2）具玫瑰果特有风味，无异味。

十三、刺梨果酱

（一）原辅材料

刺梨果泥、白砂糖、淀料糖浆、马铃薯淀粉、琼脂、冷水各适量。

（二）工艺流程

选料→清洗→切半去子→软化→打浆→配料→浓缩→装罐→杀菌→冷却→包装→成品

（三）操作要点

（1）选料　选无虫害、无霉烂的成熟鲜刺梨为原料。进料后及时加工，避免堆压发热、发酵，产生霉烂、褐变而影响产品质量。若不能及时加工，应低温储存待用。

（2）清洗　用高压自来水冲刷、漂洗果实，除去果皮和果刺上的污物，沥干水分。

(3) 切半去子　果料清洗后用不锈钢刀削去萼片，切半去子。

(4) 软化　用10%浓度的糖液浸没果肉，在不锈钢双层锅内加热10～20分钟，软化果肉组织以便打浆。

(5) 打浆　果肉软化后用孔径0.7～1.5毫米的打浆机打成果泥浆，再用粗纱布或筛网过滤，除去粗长纤维。

(6) 配料　果泥50千克、白砂糖24千克，配成60%的糖液；淀粉糖浆6千克、琼脂0.14千克，于50℃温水浸泡软化、洗净杂质，放在夹层锅内加水4千克升温溶解、滤去杂质、冷却备用；马铃薯淀粉5千克，溶解于25千克冷水，用100目筛过滤备用。

(7) 浓缩　将果泥置于不锈钢浓缩锅内，按计算量的30%添加糖液，缓慢打开蒸气阀加热，常压浓缩，蒸汽压力为0.2兆帕左右，真空浓缩为0.1～0.15兆帕，温度为50～60℃，浓缩10～20分钟再加入其余70%的糖液，浓缩至可溶性固形物约60%时，依次缓慢加入琼脂、淀粉等，浓缩到可溶性固形物达66%时迅速出锅。在浓缩的过程中应不停地搅拌，严防焦锅。为了提高浓缩效率和产品质量，最好采用真空浓缩法。

(8) 装罐　空罐及罐盖预先清洗、消毒。酱出锅后迅速装罐，最好在20分钟内装完。用排气密封法，酱温应保持在85℃以上，尽量少留顶隙；用抽气密封法，真空度应为26.66千帕。严防果酱沾染罐口和外壁。

(9) 杀菌和冷却　密封后立即杀菌，在100℃中杀菌5～15分钟；玻璃罐杀菌后分段冷却至38℃左右，镀锡薄板铁罐一次冷却至38℃左右。

(10) 包装　擦干罐外水分，运入保温库，在35～37℃保温一周。经检查合格者贴标签上市。

（四）质量要求

(1) 酱体淡黄或黄棕色，有光泽，呈黏稠状，均匀一致。

(2) 具刺梨特有风味，无焦煳味及其他异味。

【注意事项】

(1) 操作全过程中果料不得与铜铁等金属离子接触，以免引起褐变。

(2) 密封和杀菌条件不够理想者，出锅前需在果酱中添加0.04%～0.05%的山梨酸或其盐类防腐。

十四、枇杷果酱

(一) 原辅材料

枇杷果、白砂糖、琼脂、柠檬酸、清水各适量。

(二) 工艺流程

原料选择→清洗、去皮、去核→配料→预煮→绞碎

成品←冷却←杀菌←密封←装罐←浓缩←┘

(三) 操作要点

(1) 原料选择　选用新鲜、无霉烂、无虫蛀、果大肉厚、充分成熟的枇杷果实做原料。也可以利用加工罐头剩余的碎料为原料。

(2) 清洗、去皮、去核　用1%的盐水或0.05%的高锰酸钾溶液洗果，然后用清水漂洗干净，再手工去皮、去核。

(3) 配料、预煮　用果肉60千克、柠檬酸150克进行配料。将果肉和柠檬酸等同时放入夹层锅中，加水使果肉淹没，预煮40分钟，煮至果肉软烂为止。煮制过程中要不断搅拌，防止煮焦。

(4) 绞碎　首先要用孔径为10～12毫米的筛筒绞肉机将果肉绞碎，再用打浆机打成果浆。

(5) 浓缩　将白砂糖配成浓度为75%的糖液，加热溶解，用纱布过滤后备用。琼脂用清水洗净，再加20倍水煮沸，使琼脂溶解，过滤备用。将果肉倒入夹层锅中，用蒸汽加热浓缩。煮沸后，分三次将糖液加入，并不断搅拌，直到浆液呈金黄色，温度达105℃时加入琼脂溶液，搅拌均匀。

(6) 装罐、密封、杀菌、冷却　趁热将果酱装入消过毒的罐中，在浆体中心温度为80℃以上时密封。密封后将罐放入100℃

沸水中杀菌。杀菌公式为5分钟—20分钟—10分钟/100℃。然后分段进行冷却至40℃以下后，擦干罐体水分，入库储藏或外销。

（四）质量要求

（1）成品枇杷酱色泽橙黄至金黄色，具有枇杷酱应有的风味，无焦味和其他异味。

（2）酱体呈粒状，不流散，无汁液析出，无糖结晶，稍有韧性。

（3）可溶性固形物含量不低于65%。

十五、猕猴桃酱

（一）工艺流程

选果→清洗→去皮→打浆→配料→煮酱→浓缩→装罐→杀菌→冷却→成品

（二）操作要点

（1）选果　选用充分成熟的果实为原料，剔除腐烂、发酵、生青、污染、变质、有病虫等不合格之果实。

（2）清洗、去皮　用流动清水洗净果实表皮上的泥沙和杂物。晾干后将果实投入到20～25℃的沸碱液中，浸烫1～2分钟去皮，然后用1%盐酸中和，用清水洗净果实，去除果毛、果蒂和残留的果皮。

（3）打浆　将果肉放入不锈钢桶内捣碎，或用打浆机打浆，打浆机筛孔0.8～2毫米。

（4）配料　1份果肉兑1份或1.1份白砂糖。将白砂糖化成浓度为80%的糖浆，煮沸，用绒布或4层纱布过滤备用。若果实含酸和果胶量低，可适当补加柠檬酸和果胶，以利达到凝胶条件。

（5）煮酱、浓缩　将100千克果肉加糖液总量的1/3，一起倒入不锈钢双层锅内，预煮软化8～10分钟，目的是破坏果实内酶的活性，防止变色和果胶水解，并蒸发部分水分，缩短浓缩时间。软化后，再分两次加入其余的糖液，继续加热浓缩约20分钟，蒸汽压力为0.245兆帕，至可溶性固形物达到65%，果酱黏稠，有光泽，温度上升至104～105℃时，即可关闭蒸汽出锅。

（6）装罐、杀菌　将四旋瓶或铁听预先洗净，在排气箱内进行杀菌处理。装罐时酱体温度要保持在80℃以上，并要注意防止瓶口粘酱生霉。装罐时不要过量，保持开罐后的顶隙度3毫米左右。迅速密封。密封后采用蒸汽常压杀菌，蒸汽100℃杀菌5～15分钟；沸水100℃杀菌5～20分钟。杀菌后分段冷却至40℃以下即为成品。

（三）质量要求

（1）酱体呈黄绿色或琥珀色，光泽均匀一致，呈胶黏状。

（2）具有猕猴桃应有风味，无焦煳等异味。

十六、苹果醋

（一）工艺流程

鲜苹果汁或稀释10%的浓缩苹果汁→接种发酵→离心分离

成品←装瓶←杀菌←过滤←陈酿←酸化←储罐←

（二）操作要点

（1）鲜苹果汁　将苹果洗净，用榨汁机榨汁。

（2）接种发酵　用葡萄酒干酵母，接种到苹果汁内，接种量为150毫克/千克。发酵后将汁榨出，然后放置1个月以上，以促进澄清和改善酸化质量。

（3）离心分离和储罐　为了得到澄清的产品，必须进行离心分离和储罐。

（4）酸化发酵　现在常用的酸化方法是连续充气深层培养发酵法。采用Fring型酸化器，运转时一部分苹果醋可定期从发酵罐上部排出，而新原料从底部充入，如此反复进行。

（5）陈酿　酸化结束后，将产品泵入木桶或不锈钢罐内进行陈酿。陈酿可增强香味和提高澄清度，减少装瓶后发生浑浊现象。一般陈酿1～2个月。

（6）过滤、灌装、杀菌　充分陈酿的苹果醋经粗滤后，用水稀释到适当的浓度(零售一般为5%)，再经板式热交换器杀菌，杀菌温度在65～85℃范围，深层发酵苹果醋的醋酸杆菌含量高，最好使用高温杀菌。杀菌后可热灌装在干净的玻璃瓶内，或冷却后装在塑料瓶内即为成品。

(三) 质量要求

(1) 酸甜爽口，兼具醋酸和苹果风味，无异味。

(2) 无致病菌，符合卫生要求。

十七、红枣醋

(一) 工艺流程

原料→清洗→浸泡→破碎→发酵→醋发酵→勾兑→装瓶→成品

(二) 操作要点

(1) 原料处理　将枣中霉烂、变质者挑出，再用清水洗净，浸泡24小时后，粉碎成块。

(2) 接种发酵　在料块中加1/10的大曲和料重5倍的水，接入料重5%～10%的酵母，搅拌均匀后入缸，装至缸容量的80%，防止发酵时汁液外溢。用塑料布封严缸，7天后发酵基本完毕。然后放在太阳下曝晒，保持35℃，经过3个月可完成乙醇和醋酸发酵。

(3) 勾兑　将发酵液调酸、调色和加盐调味。

(4) 装瓶　将调好味的醋液用干净的玻璃瓶分装，即为成品。

(三) 质量要求

成品为淡黄色，酸甜可口。

十八、无花果果酱

(一) 原辅材料

无花果浆、白糖、蜂蜜、骨粉各适量。

（二）工艺流程

无花果→浸泡→打浆过筛→混合→加热化糖→配料
成品←冷却←杀菌←装瓶密封←均质、脱气←

（三）操作要点

（1）浸泡　将无花果加入2倍重的80℃热水中浸泡2小时，使其充分软化。

（2）打浆过筛　将充分软化的原料入打浆机中打浆过筛，筛孔40目。

（3）混合配料　按50千克浆料、45千克白糖、5千克蜂蜜、0.7千克骨粉的比例将配料入搅拌机加热混合，使白糖完全溶化即为混合料。

（4）装瓶　将混合料装入干净的玻璃瓶中，用蒸汽排气，加盖密封。

（5）杀菌　将瓶在100℃下杀菌40分钟，分段冷却至38℃，即为成品。

（四）质量标准

（1）感官指标　果酱呈鲜淡黄色，质地细腻，呈半透明状，稍有弹性，口感酸甜适口，滑润爽口，具有无花果香。

（2）理化指标　水分84.32%；蛋白质0.68%；总糖16%；总酸(以柠檬酸计)0.21%。

（3）微生物指标　无致病菌检出。

十九、野山杏果酱

（一）产品特色

野山杏的营养价值较高，并具有润肺、养颜、生津止渴的功效。含有丰富的维生素B_{17}，用其加工的果酱，具有很强的抗癌作用。

（二）工艺流程

野山杏干→挑选→清洗→浸酸→漂洗→打浆取泥→浓缩→调配→再浓缩→装瓶→产品

（三）操作要点

（1）原料处理 剔除褐变严重、有霉变和虫害的野山杏干，挑选肉厚、色浅的山杏果为原料，用清水充分清洗至洁净。

（2）浸硫 野山杏干在其自然风干过程中发生严重的褐变，采用杏干重量的4倍、浓度为0.3%的亚硫酸氢钠溶液将杏干浸泡6小时，可将杏干表面褐色基本褪去，成品的外观质量较好。

（3）打浆取泥 将浸硫好的杏干加入2倍重量的水，用打浆机打浆。野山杏干粗纤维含量高，打浆机转速不宜太快，以免将粗纤维打碎，打完浆后用孔径为0.5毫米的筛网过滤取泥。

（4）配料浓缩 配方：50%杏泥，40%砂糖，10%沙棘汁，并添加0.3%～0.5%增稠剂(琼脂和魔芋精粉)。用传统的工艺可以制得风味、外观质量较好的野山杏酱，有条件的最好采用真空浓缩工艺。

（5）灌装 将浓缩液装入干净的玻璃瓶中，封盖，即为成品。

二十、山楂果醋

（一）工艺流程

进料→清洗→破碎→预煮→配糖水→乙醇发酵

成品←装瓶←勾兑←澄清←醋酸发酵←保温←┘

（二）操作要点

（1）选料 选鲜山楂，可先制作饮料，然后用下脚料做醋。亦可使用等外山楂或干碎山楂汁直接生产果醋。

（2）清洗 把果实用清水洗净。

（3）破碎 用对辊机把果实轧成4～5瓣。

（4）预煮 将碎果入锅，加清水适量，在100℃下煮20～30分钟。

（5）配糖水 在废山楂渣中补加砂糖15%左右，糖度不可过高，以免对微生物有抑制作用。

（6）乙醇发酵 将预煮料在20～25℃下进行发酵，7天后取出汁液，渣子再加浓度15%的糖水，进行二次发酵。两次汁液合并于一缸，渣子当垃圾处理。

（7）醋酸发酵　在35℃的适宜液温下，醋酸发酵顺利。待密闭一年以上可自然形成高浓度醋，如采用保温发酵，在2～3个月内完成全过程。

（8）澄清　将醋自然静放2个月，待大部分果肉碎屑沉落缸底，取上部澄清液再行后道工序处理。

（9）勾兑　山楂醋为淡黄色或淡红色，如嫌色淡，可加少许焦糖。经储一年后，由于其醋酸度过大，不适合生食，为此，要加冷水稀释，以含3%的醋酸为宜。在醋中还必须加1%～2%的食盐，以提高醋的风味和防腐能力。

（10）装瓶　将勾兑好的醋液用洁净的玻璃瓶分装封口，即为成品。

（三）质量要求

（1）色泽淡黄，汁液澄清。

（2）含醋酸3%，含食盐2%。

二十一、猕猴桃醋

（一）工艺流程

猕猴桃的落地果、残次果→洗净→粉碎→蒸煮→加麸曲→糖化→榨渣→果汁

成品←装瓶←高温灭菌←过滤←醋酸发酵←乙醇发酵←加酒母←┘

（二）操作要点

（1）原料处理　把猕猴桃的落地果、残次果放入水池中洗净泥沙等污物，沥干，然后将其放入双滚筒轧碎机中进行粉碎。粉碎后的果料连同汁一起放入蒸煮锅内，用蒸汽蒸煮1小时左右，使果料蒸熟。蒸煮过程中，可上下翻动几次。

（2）糖化　蒸熟后的果料在温度降至60～65℃时，加入由3.758黑曲霉制成的麸曲，加入量为果料总量的5%，拌匀，一起放入糖化罐中，使品温保持在60～65℃进行糖化，糖化时间约需要2小时。

（3）榨汁　果料经糖化后，送入压榨机压榨取汁，去掉果渣。

（4）乙醇发酵　榨出的果汁调整其浓度为12.6%左右，并使其汁温降至30～35℃，加入酒母(由2.399酵母菌制得)，接种量为果汁量的8%～10%，密封，保温30～35℃进行乙醇发酵，时间6天。

（5）醋酸发酵　乙醇发酵完毕后，发酵液接着加入5%左右的醋酸菌液(用1.41%醋酸菌制得)，混匀，并把混合发酵液转入通风发酵罐中，保持品温30℃左右，进行醋酸有氧发酵。这一过程需27～30天，当测定其酸度超过3.5%时，终止发酵。

（6）后期处理　醋酸发酵终止后，把发酵液送入过滤机过滤，过滤后的滤液经高温灭菌，趁热装罐密封，即为成品。

（三）质量标准

（1）感官指标　淡黄色；澄清、无杂质和沉淀；具有猕猴桃果香和醋的特殊香味，无异味。

（2）理化指标　醋酸3.5%～5%，乙醇0.15%～0.23%，氨基酸态氮0.08～0.12克/100毫升，固形物1.5%～1.8%。

（3）微生物指标　细菌总数≤5000个/100毫升，大肠杆菌≤3个/100毫升，致病菌不得检出。

二十二、葡萄酒渣醋

（一）工艺流程

酒渣→加糖水→乙醇发酵→醋酸发酵→澄清→勾兑→过滤→装瓶→成品

（二）操作要点

（1）原料　葡萄酒生产中的皮渣及下脚料等。

（2）加糖水　配制20%糖水加在皮渣上，进行发酵。同时把加工时的废糖水、果汁等配在一起使用。

（3）乙醇发酵　只要把发酵温度控制在20～30℃内就可顺利完成，因为酒渣中有大量酵母菌，一旦有糖和适温会很快发酵，不必再接种。

（4）醋酸发酵　利用乙醇液中的天然醋酸菌能很快引起醋酸发酵。发酵须开口进行，给予充分的氧气醋酸菌才能活跃。

（5）勾兑　在原醋中加水调酸，加色和加盐调味。

(6) 包装　将勾兑好的醋液用干净玻璃瓶分装，即为成品。

(三) 成品质量

成品醇香甜润，酸度适宜。

二十三、马铃薯果酱

(一) 原辅材料

马铃薯4千克、白砂糖4千克、柠檬酸10克、苯甲酸钠2～3克、胭脂红色素和食用香精适量。

(二) 工艺流程

马铃薯→清洗→蒸煮→去皮→打浆→化糖、配料→浓缩→装瓶→杀菌→冷却→成品

(三) 操作要点

(1) 原料处理　将马铃薯用清水洗净，然后放入蒸锅中蒸熟，取出后经过去皮、冷却，送入打浆机中打成泥状。

(2) 化糖、浓缩　将白砂糖倒入夹层锅内，加适量水煮沸溶化，倒入马铃薯泥搅拌，使马铃薯泥与糖水混合，继续加热，并不停搅拌以防煳锅。当浆液温度达到107～110℃时，用适量柠檬酸水溶液调节pH值为3.0～3.5，加入少量稀释的胭脂红色素，出锅冷却。当温度降至90℃左右时加入适量的山楂香精，搅拌均匀。

(3) 装瓶、杀菌　为延长保存期，可加入酱重0.1%的苯甲酸钠，趁热装入消过毒的瓶中，将盖旋紧。装瓶时温度超过85℃，可不灭菌；酱温低于85℃时，封盖后，可放入沸水中杀菌10～15分钟，冷却后即为成品。

(四) 成品质量

(1) 酱体浓稠，不分层。

(2) 无杂质，酱香浓郁。

二十四、奶味马铃薯果酱

(一) 产品特色

奶味马铃薯果酱的特点是含糖量低、营养丰富，有牛奶风味。

主要用作面制品的夹心填料或涂抹用的甜味料。

（二）原辅材料

马铃薯泥150千克、奶粉17.5千克、白砂糖84千克、菠萝浆15千克、适量的柠檬酸(调pH值至4)、适量的碘盐、增稠剂和增香剂,水为前三者总重量的10%。

（三）工艺流程

菠萝→去皮→打浆→压滤┐
马铃薯→去皮→护色→蒸煮捣碎→打浆┘→混合调配→装罐→封盖→冷却→成品

（四）操作要点

(1) 马铃薯处理　将马铃薯去皮后切成5～6片，用0.05%的焦亚硫酸钠溶液浸泡10分钟，并清洗去除残留硫，汽蒸10分钟后备用。

(2) 菠萝处理　将菠萝去皮打浆过80目绢布筛；增稠剂琼脂与卡拉胶按1∶2的比例混合后加20倍热水溶解备用。

(3) 混合调配　将马铃薯浆与白砂糖、菠萝浆、奶粉和增稠剂混合，在100℃条件下煮制，起锅前按顺序加柠檬酸、碘盐(占物料总量的0.3%)和增香剂。

(4) 装罐、封盖、冷却　采用85℃以上的热装罐，瓶子、盖子应预选进行杀菌，装罐后封盖倒置，然后再分段冷却，经检验合格者即为成品。

（五）质量标准

(1) 感官指标　产品为(淡)黄色，有光泽，色泽均匀一致；口感酸甜，具有牛奶及菠萝的固有香味，无明显马铃薯味；酱体为黏稠胶状，表面无液体渗出。

(2) 理化指标　含糖量(转化糖)≤35%，锡(以Sn计)≤200毫克/千克，铅(以Pb计)≤2毫克/千克，铜(以Cu计)≤10毫克/千克；可溶性固形物≤40%。

(3) 微生物指标　无致病菌及微生物作用引起的腐败现象。

二十五、马铃薯保健醋

（一）原辅材料

马铃薯 100 克、高粱糁 5 千克、米糠 50 千克、曲种 5 千克。

（二）工艺流程

原料选择→清洗→蒸煮→捣碎→配料→入瓮发酵→拌醋→熏醋→淋醋→包装→成品

（三）操作要点

（1）原料选择　将收获的小马铃薯块茎及破损的和不规则的劣质薯块用作加工食用醋的原料，大薯、优质薯留作他用。

（2）清洗　把选择好的准备加工食醋的薯块筛净泥土，用清水冲洗干净。

（3）煮熟　将清洗干净的马铃薯装入大口锅中加入适量清水加热煮熟，煮 20～25 分钟即可。

（4）捣碎　用木杆或木制的锤，将煮好的马铃薯捣碎成豆粒状或泥状。

（5）入瓮加发酵　将捣碎的薯泥装入发酵瓮中，当装到离瓮口 20 厘米时，将 5 千克高粱糁（煮成糊状）掺入瓮中，再将发酵用的曲种 5 千克碾碎加入发酵瓮中，用木棒搅拌均匀，让其在 25℃的室内温度下进行发酵。如果室内温度不足，可以加盖保温棉被或其他覆盖物，一般发酵时间需 14 天。当瓮中冒气泡，嗅到有醋酸味时发酵成功，便可以开始拌醋。

（6）拌醋　准备 60～80 厘米口径的大瓷盘，将大瓷盆用清水清洗干净，在瓷盆中装入 7～8 克米糠或高粱壳，再把发酵好的马铃薯醋料拌入，用手搅拌，双掌对擦，揉擦细碎，擦匀擦到。擦拌后的醋坯大盆应放在温度较高的地方，或放在 25～30℃的室内，盆上要用棉被或其他保温物严密覆盖。每天搅拌，以拌好的醋坯到 14 天时，颜色变为红色，并有很香的醋酸味，能反复品尝出很浓的醋酸味，说明拌醋已经成熟。

（7）熏醋　在院子中垒一灶，灶上置一大缸，作为熏缸，将拌好成熟的醋坯装入熏缸内，熏制 3～4 小时，把醋坯熏成酱红色时，便可以进行淋醋。

(8) 淋醋 把熏好的醋坯装入下部有淋出口的瓷缸中，底部再置一接醋缸，淋醋缸的底部可以垫一些过滤物(如纱布)，然后将醋坯装好，用烧开的沸水冲入淋缸中，反复淋出醋液，淋到由红变黄、色浅味淡，尝到寡而无味时，就可以停止淋醋。

(9) 混合灭菌 将各次淋出的醋均匀地混合在一起，经过常压杀菌。

(10) 灌装 将杀菌后的醋用干净的玻璃瓶分装，即为成品。

(四) 质量要求

(1) 醋液清香，醋味宜人。

(2) 无致病菌，符合卫生要求。

二十六、甘薯酱油

(一) 原辅材料

薯干、麦麸、黄霉曲、豆饼、食盐、红糖、焦糖色素各适量。

(二) 工艺流程

原料→蒸煮→加曲、配料和摊晾→发酵→调色→分装→成品

(三) 操作要点

(1) 蒸煮 将50千克甘薯干放入甑内蒸煮2小时；然后向蒸煮的料上洒水至薯干湿润均匀，继续蒸煮1小时左右出甑；将薯干摊平冷却，其厚度为4～5厘米。

(2) 加曲、配料和摊晾 当薯干温度降低至40℃左右时，加入黄霉曲(制黄霉曲的方法是：将1500克麦麸蒸熟后，加入60～80毫升蛋白发酵菌，充分拌匀后放在曲盘中，经4～5天即成黄霉曲)和10千克麦麸及10千克豆饼混合均匀后，扒平摊晾(约4厘米厚)，夏季放4天，冬季放6～7，即成酱醅。

(3) 发酵 将酱醅捣碎成粉，装入布袋或缸内发酵。发酵温度达到50℃时，按比例(每50千克酱醅用25升水)将70℃的水掺入酱醅内，搅拌均匀后分缸装好。在料面上撒上1～2厘米厚的食

盐，把酱缸放进 70℃左右的温室内保温发酵，约经 24 小时后，按每 50 千克酱醅加盐水 80 升的比例加入缸中拌和均匀，仍放在 70℃温室中保温，经过 48 小时的发酵，即可得到白色的酱油 80 千克。

（4）调色　如果需要将白色酱油加色，可在 80 千克酱油中加入 5 千克红糖搅匀，或加 50 克焦糖色素即成带色酱油。

（5）分装　将调好色的酱油，用干净的瓶(袋)分装，封口，即为成品。

（四）质量要求

（1）酱色淡红，无杂质。

（2）无致病菌，符合卫生要求。

二十七、甘薯保健酱

（一）原辅材料

甘薯 50 千克，水 50 升，蔗糖 65 千克，果胶 800 克，柠檬酸 300 克，香精 100 毫升，明矾 100 克。

（二）工艺流程

甘薯清洗去皮→切块→磨浆→浓缩→配料→装罐→成品

（三）操作要点

（1）清洗去皮　采用人工去皮或碱液去皮的方法去掉甘薯表皮。

（2）切块　将去皮的甘薯切成小块，用清水浸泡，以防褐变。

（3）磨浆　将小甘薯块与水一起用胶体磨磨浆。水的用量应尽量少，以防浓缩时不易进行。水的用量以水、薯之比 1∶1 为宜。

（4）浓缩、配料　将浓缩液于真空浓缩锅中加热到 71～82℃，保持 20 分钟，再继续升温到 88℃，逐渐得到浓缩浆液；将浓缩浆液利用网筛滤掉残渣，加入蔗糖、果胶、明矾、柠檬酸，再继续加热到 99～100℃逐渐浓缩至膏状，使固形物含量达到 68%以上；最后加入果味香精。其间，应注意不断搅拌，以防煳底。

（5）装罐 将上述膏状浓缩物趁热装罐，或散装冷却保存或外销。

（四）质量要求

（1）产品呈淡黄色的膏状，黏稠。

（2）酸甜可口，无异味。

（3）无致病菌。

二十八、甘薯猕猴桃果酱

（一）原辅材料

甘薯25%～30%，猕猴桃20%～25%，魔芋精粉0.3%～0.5%，白糖15%～20%。

（二）工艺流程

原料选择→原料处理→配料、加热→浓缩→灌装、密封→杀菌、冷却→包装→成品

（三）操作要点

（1）原料选择 选择品种好、成熟度好的红心甘薯和新鲜、饱满、果大、肉多的猕猴桃为原料。

（2）原料处理 将挑选出的甘薯用清水洗去表面的泥沙及其他杂质等，并人工剔除其蒂、须及根眼处的污物；然后去皮，再将去皮的甘薯放进适量的沸水中煮10分钟；再放进粉碎机破碎打浆；最后进行均质，使甘薯浆更加细腻。

将选好的猕猴桃用15%的氢氧化钠溶液浸泡冲洗去皮，并洗尽残留的果皮和碱液；然后放入沸水中煮10分钟，送入打浆机中打浆；最后将其浆液放入均质机中进行均质处理，使其更加圆润。

魔芋精粉与水按重量4∶100的比例加水浸泡4～5小时，然后加热煮沸，使其充分溶解待用。

白糖按3∶1的比例加水，加热溶解，过滤后保温备用。

（3）配料、加热 将均质好的甘薯浆、猕猴桃浆、糖浆、部分魔芋精粉液、适量的水等按比例放入夹层锅内，边加热边搅拌，使物料充分均匀地混合在一起。

(4) 浓缩　将上述物料放入浓缩锅内进行浓缩，浓缩压力为0.5～4兆帕，温度为60℃左右。待浓缩到65%时迅速出锅，倒入经过消毒处理的干净保温桶内，若不匀还可以进行适当的搅拌。

(5) 灌装、密封　用经过消毒处理的勺子、大口漏斗趁热将果酱迅速装入已经消毒的空瓶中，随即迅速旋盖密封。

(6) 杀菌、冷却　将灌装好的酱瓶立即进行杀菌。用100℃的水蒸煮10分钟，然后冷却，擦去外表污物及冷凝水后，室温保存，合格品即为成品。

(四) 质量标准

(1) 感官指标　产品呈棕黄色，半透明，均匀一致；呈黏稠状，有一定的流动性但不流散；无液层，味道适口，有甘薯、猕猴桃的天然风味。

(2) 理化指标　可溶性固形物55%以上，酸度pH值3.5～4.3。

(3) 微生物指标　细菌总数(个/100毫升)＜100，大肠杆菌(个/100克)≤4，致病菌不得检出。

二十九、甘薯沙棘果酱

(一) 原辅材料

甘薯35%～40%，沙棘8%～10%，食用明胶3%～4%，苯甲酸钠0.01%，白糖10%～20%，苹果酸适量。

(二) 工艺流程

原料选择→处理→配料→浓缩→灌装、密封→杀菌、冷却→储存→成品

(三) 操作要点

(1) 原料选择　选择品种好、粗壮、形状比较规则、成熟度好的甘薯及外形饱满、颗粒大、肉多籽少、酸味浓郁、色泽金黄的沙棘为原料。

(2) 原料处理　将挑选出的甘薯用水冲洗干净，并人工剔除其蒂、须及根眼的污物；然后去皮，再将去皮的甘薯放进破碎机中破碎成小块颗粒，若颗粒不够小，放进胶体磨磨碎；最后进行均质，

使甘薯浆更加细腻。

沙棘同样经过清洗整理后，进行打浆，然后放入均质机内进行均质处理，使其圆润软滑。食用明胶按重量4∶13的比例加水浸泡2～4小时，然后加热煮沸使其溶解。白糖同样也加水溶解。

（3）配料　将均质好的甘薯浆、沙棘浆、糖浆、部分食用明胶液、适量苹果酸、苯甲酸钠、水(符合软饮料用水标准)按配方放入夹层锅，边加热边搅拌(最好蒸汽加热，加热不应超过80℃)，使物料充分均匀地混合在一起。

（4）浓缩　将上述物料放入浓缩锅进行浓缩，浓缩压力0.5～5兆帕，温度为60℃左右。等浓缩到一定程度后，将食用明胶缓缓加入，待浓缩到可溶性固形物达到65%时迅速出锅，倒入干净的保温桶内，若不匀还可以进行适当的搅拌。

（5）灌装、密封　在经过空气消毒的消毒间用勺子、大口漏斗趁热将果酱迅速装入消毒的空瓶中，随即迅速旋盖密封。

（6）杀菌、冷却　将装好的果酱瓶立即进行杀菌，在100℃水中蒸煮10分钟左右，然后冷却，擦去外表污物及冷凝水，室温(20℃左右)储存，经检验合格的即为成品。

（四）质量标准

（1）感官指标　本品呈棕黄色，半透明，均匀一致；呈黏稠状，有一定的流动性但不流散；无液层，无肉眼可见杂质；味道酸甜适口，有甘薯、沙棘的天然风味，无焦味、苦味及其他异味。

（2）理化指标　可溶性固形物55%以上，酸度pH值3.6～4.1。

（3）微生物指标　细菌总数(个/100克)<100，大肠杆菌(个/100克)≤5，致病菌不得检出。

三十、山药枸杞果酱

（一）原辅材料

山药泥30%～35%，枸杞子泥5%，蔗糖20%～30%，卡拉胶3%，苯甲酸钠0.01%，柠檬酸少许。

（二）工艺流程

```
山药→预处理→破碎打浆→均质─┐
枸杞子→清洗→浸泡打浆→均质─┤
                          ├→调配→加热浓缩→装罐→杀菌→冷却→成品
蔗糖→热溶解→过滤→糖液─────┤
卡拉胶→清洗、浸泡→热溶→过滤┘
```

（三）操作要点

（1）将山药预煮后切碎；将枸杞子洗净，用清水浸泡 30 分钟，分别入打浆机中打浆，用均质机在 4.9 兆帕均质待用。

（2）将卡拉胶清洗后用凉开水浸泡 2～3 小时，让其吸足水分，入锅加热煮沸溶解备用。

（3）将蔗糖加热溶解，配成 60％的糖液，经糖浆过滤机过滤后待用。

（4）将以上各料混合，加入苯甲酸钠和柠檬酸充分搅拌，入锅加热至 85℃，趁热装罐，在 100℃下灭菌 10 分钟，冷却后即为成品。

（四）质量要求

（1）酱体棕红色，质地较浓稠。

（2）具山药枸杞风味，无异味。

（3）无致病菌，符合卫生要求。

三十一、魔芋保健酱

（一）原辅材料

魔芋精粉溶胶 20 千克，红苕泥 10 千克，白砂糖 36～42 千克，柠檬酸 pH 值 3～4 香味料和防腐剂适量。

（二）工艺流程

```
                              消毒←瓶、瓶盖
                                ↓
红苕→清洗→熬煮→打泥→浓缩→灌装→排气→封口→杀菌→冷却→成品
```

（三）操作要点

（1）将魔芋精粉加水 60～100 倍，拌匀成胶液；选红心、干物质含量高、无霉烂的红苕洗净去皮，立即投入1%～2%的食盐溶液中护色。

（2）将红苕蒸透，用打浆机打成泥浆，用60～80目尼龙布挤压过滤，取薯泥。

（3）不锈钢夹层锅内放少量水，再倒入薯泥、魔芋胶、砂糖的1/3～1/2、柠檬酸用量的1/2，混匀后迅速加热，蒸发过多的水分。当锅内气泡减少时，将剩余的糖和酸加入，继续浓缩至糖液浓度达65%，能将糖液挑起吊挂到搅棒上，或糖液面呈鱼鳞状时出锅。

（4）出锅后加入防腐剂和香料搅匀，温度保持在90℃以上装瓶、封口、杀菌,即为成品。

（四）质量要求

（1）酱体细腻，色泽棕红。

（2）具魔芋特有风味，无异味。

（3）无致病菌，符合卫生要求。

三十二、魔芋山楂酱

（一）原辅材料

魔芋精粉50克，山楂果150克，柠檬酸钠150克，白砂糖200千克。

（二）工艺流程

（1）魔芋精粉→水溶液→静置膨化＋柠檬酸钠→加热→可逆性魔芋制剂

（2）山楂→水煮→打浆＋魔芋制剂＋白砂糖混合浓缩→装瓶→灭菌→冷却→成品

（三）操作要点

（1）将魔芋精粉加清水1升，搅拌后膨胀30分，静置反应12小时。然后加入柠檬酸钠，充分混合后加热至70～90℃，保持5小时，即成可逆性魔芋制品。

（2）取山楂果洗净，倒入夹层锅中，加水150升，加热煮沸5～10分钟，连汤液一起入打浆机中打浆。

（3）将山楂果浆倒入夹层锅内，加入可逆性魔芋制品，搅匀后加热浓缩，烧开后加入白砂糖，边加边搅拌，浓缩30～40分钟，使可溶性固形物达65%～70%时，停止加热。

(4) 将浓缩物出锅装瓶，在100℃下灭菌30分钟，取出冷却，即为成品。

(四) 质量要求

(1) 酱体浓稠，不流汁。

(2) 酸甜可口，具魔芋山楂风味，无异味。

(3) 无致癌物，符合卫生要求。

三十三、树莓果酱

(一) 工艺流程

选料→清洗→软化→打浆→配料浓缩→装瓶封口→灭菌→冷却→成品

(二) 操作要点

(1) 选料、清洗　选用完全成熟、色、香、味俱佳的树莓果实为原料，用清水漂洗干净。

(2) 软化、打浆　将果实倒入双层锅内，加少量水煮沸10分钟左右，取出入孔径为0.7～1.0毫米的打浆机中打浆。

(3) 配料浓缩　按果泥：糖＝1：1的比例配料，采用真空浓缩，真空度保持在86.7千帕左右，浓缩至酱体可溶性固形物达60%以上，关闭真空泵，将蒸汽压提高到245千帕进行加热，当酱体温度达85℃以上即可装罐封口。

(4) 灭菌冷却　采用沸水杀菌，杀菌公式为5分钟—20分钟—10分钟/100℃，然后分段冷却至常温，即为成品。

(三) 质量要求

(1) 酱体浓稠，不流汁。

(2) 酸甜可口，具树莓特殊风味，无异味。

(3) 无致病菌，符合卫生要求。

三十四、柰果酱

(一) 工艺流程

选料→处理→配料→浓缩→装罐→灭菌→冷却→成品

（二）操作要点

（1）选料　选用新鲜、充实成熟、无病虫害、含糖量高、风味独特的柰果为加工原料。

（2）原料处理　将选好的柰果用清水洗净，用不锈钢刀切成两半，去果核，将其投入浓度为15%～18%的盐水中，加热至80～85℃，时间为1～2分钟，然后迅速搓去果皮，再用流动清水洗去果实表面残留物；投入绞板孔径为8～10毫米的绞肉机内粉碎，然后加热软化，防止变色和果胶水解。

（3）配料浓缩　按果肉50千克，砂糖48千克进行配料，将配好的料放入夹层锅中加热煮沸25～30分钟，不断搅拌，防止焦化，煮至固形物含量达60%时，加入柠檬酸，继续加热浓缩，至可溶性固形物达66%左右时，出锅。

（4）装罐密封　将浓缩的果酱趁热(85℃左右)装入已消毒的玻璃瓶中，迅速封口。冷却即为成品。

（三）质量要求

（1）柰果酱为红褐色或琥珀色，呈胶黏状，无糖结晶，无焦煳味。

（2）可溶性固形物不低于65%，含糖量不低于57%。

三十五、芦荟香蕉果酱

（一）原辅材料

芦荟鲜叶200克，香蕉3根，白砂糖150克，柠檬汁2汤匙。

（二）制作方法

将芦荟叶洗净，去刺后切成3厘米见方的小块；香蕉去皮，切成薄片，一同放入锅中，加白砂糖和柠檬汁及适量清水，先用旺火烧开，然后改用小火熬煮10分钟，待其呈黏糊状时，趁热装入罐头瓶中，密封备用或上市。

（三）风味特色

（1）酱液浓稠，酸甜可口。

（2）对肠燥便秘患者有良好食疗效应。

第十一章 酿造类调味品

一、发酵酿造酱油

（一）原辅材料

（1）以豆饼或豆粕与麸皮为原料。

（2）利用纯粹培养的曲霉（米曲霉或酱油曲霉）制曲。

（3）在发酵过程中加入稀糖浆液有利于酵母等微生物的作用，可提高酱香味。

（二）工艺流程

1. 原料处理和制曲

豆馅→粉碎→混合→润水→蒸熟→冷却→接种←种曲

（混合←麸皮；润水←加热←水；接种↓通风培养→成曲）

2. 发酵

成曲→粉碎→搅盐水→入容器→保温发酵→成熟酱醅

（搅盐水←溶解；食盐→溶解←水）

3. 浸出

成熟酱醅→一次浸出→一次渣→二次浸出→二次渣→三次浸出→残渣

（二淋油→加热→一次浸出；一次浸出→过滤→头淋油）

（三淋油→加热→二次浸出；二次浸出→过滤→二淋油）

（水→三次浸出；三次浸出→过滤→三淋油）

4. 加热及配制

生酱油→加热→配制→澄清→质检→包装→成品

（配制←防腐剂）

（三）操作要点

1. 原料处理

（1）豆饼粉碎　豆饼粉碎是为润水、蒸熟创造条件，一般认为原料粉碎越细，表面积越大，曲霉繁殖接触面就越大，在发酵过程中分解效果就越好，可以提高原料利用率；但是碎度过细，润水时容易结块，对制曲、发酵、浸出、淋油都不利，反而影响原料的正常利用。所以细碎程度必须适当控制，只要大部分达到米粒大小就行。

（2）润水　润水是使原料中含有一定的水分，以利于蛋白质的适度变性和淀粉的充分糊化，并为米曲霉的生长繁殖提供一定水分。常用原料配比为豆饼 100∶麸皮 50～70；加水量通常按熟料所含水分应控制在 45%～50%之间。如使用冷榨豆饼，要先行干蒸，使蛋白质凝固，防止结块，然后加水润料。润水时要求水、料分布均匀，使水分充分渗入料粒内部。

（3）蒸料　蒸料是使原料中的蛋白质适度变性和淀粉充分糊化，成为容易为酶作用的状态。此外，还可以通过加热蒸煮，杀灭附在原料表面的微生物，以利于米曲霉的生长。

用旋转式蒸煮锅蒸料，应先排放进气管中的冷凝水；原料冷榨豆饼经干燥、润水后，开放排气阀排除冷气，以免锅内形成假压，影响蒸料效果。至排气管开始喷出蒸汽时，关闭排气阀；待压力升至 29.4kPa 时，再一次排放冷气，压力表降到零位，然后按要求升压。蒸料压力一般控制在 78.4～147kPa 左右，维持 15～30 分钟，(或 176.4kPa，5～10 分钟)。在蒸煮过程中，蒸锅应不断转动。蒸料完毕后，立即排气，降压至零，然后关闭排气阀，开动水泵水力喷射器进行减压冷却。锅内温度迅速冷却至 50℃，即可开锅出料。

2. 制曲

当前国内大都采用厚层通风制曲。厚层通风制曲有许多优势，如成曲质量稳定，制曲设备占地面积少；管理集中、操作方便；减轻劳动强度；便于实现机械化，提高劳动生产率等。

原料经蒸熟出锅，在输送过程中打碎小团块，然后接入种曲。种曲在使用前可与适量新鲜麸皮（最好先经干热处理）充分拌匀，种曲用量为原料总重量的0.3%左右，接种温度以40℃上下（夏季35～40℃，冬季40～45℃）为好，并注意搞好卫生。

曲料接种后移入曲池，厚度一般为20～30厘米，堆积疏松平整，并及时检查通风，调节品温至28～30℃，静止培养6小时，其间隔1～2小时通风1～2分钟，以利孢子发芽。品温升至37℃左右，开始通风降温。以后根据需要，间歇或持续通风，并采取循环通风或换气方式控制品温，使品温不高于35℃。入池11～12小时，品温上升很快。此时由于菌丝结块，通风阻力增大，料层温度出现下低上高现象，并有超过35℃趋势，此时应即进行第一次翻曲，以后再隔4～5小时，根据品温上升及曲料收缩情况，进行第二次翻曲。此后继续保持品温在35℃左右，如曲料又收缩裂缝，品温相差悬殊时，还要采取1～2次铲曲措施（或以翻代铲）。入池18小时以后，曲料开始生孢子，仍应维持品温32～35℃，至孢子逐渐出现嫩黄绿色，即可出曲。如制曲温度掌握略低一点，制曲时间可延长至35～40小时，对提高酱油质量有好处。

制曲过程中，要加强温度、湿度及通风管理，不断巡回观察，定时检记品温、室温、湿度及通风情况。

制曲操作归纳起来有："一熟、二大、三低、四均匀"四个要点。

一熟：要求原料熟透，原料蛋白质消化率在80%～90%之间。

二大：大风、大水。曲料熟料水分要求在45%～50%（根据季节确定）；曲层厚度一般不大于30厘米，每立方米混合料通风量为70～80米/分。

三低：装池料温低、制曲品温低、进风风温低。装池料温保持在28～30℃；制曲品温控制在30～35℃之间；进风温度一般为30℃。

四均匀：原料混合及润水均匀，接种均匀，装池疏松均匀，料层厚薄均匀。

3. 发酵

（1）食盐水配制　根据经验，100 千克水中溶食盐 1.5 千克左右，可以配成 11～12 波美度的盐水，食盐在水中溶解后，以波美密度计测定盐水浓度。

（2）制醅　将准备好的盐水，加热至 50～55℃，再将成曲和盐水充分拌匀后入池。拌盐水时要随时注意掌握水量大小，通常在醅料入池最初的 15～20 厘米厚的醅层时，应控制盐水量略少，以后逐步加大水量，至拌完后以能剩余部分盐水为宜。最后将此盐水均匀淋于醅面，待盐水全部吸入料内，再在醅面封盐，盐层厚约 3～5 厘米，并在池面加盖。

成曲拌加的盐水量要求为原料总量的 65%～100%为好。

成曲应及时拌加盐水入池，以防久堆造成“烧曲”。在拌盐水前先化验成曲水分，再计量加入盐水，以保证酱醅的水分含量稳定。入池后，酱醅品温要求为 42～50℃，发酵 8 天左右，酱醅基本成熟。

4. 浸出

浸出是指在酱醅成熟后利用浸泡及过滤的方式将其可溶性物质溶出。浸出包括浸泡、过滤两个工序。

（1）浸泡　酱醅成熟后，可先加入二淋油浸泡（预热至 70～80℃），加入二淋油时，醅面应铺垫一层竹席，作为“缓冲物”。二淋油用量通常应根据计划产量增加 25%～30%。加二淋油完毕，仍盖紧容器，防止散热。2 小时后，酱醅上浮（如醅块上浮不散或底部有粘块，均为发酵不良，影响出油）。浸泡时间一般要求 20 小时左右，品温在 60℃以上。延长浸泡时间，提高浸泡温度，对提高出品率和加深成品色泽有利。如为移池浸出，必须保持酱醅疏松，必要时可以加入部分谷糠拌匀，以利浸滤。

（2）过滤　在大生产中，根据设备容量的具体要求，可分别采取间歇过滤和连续过滤两种形式过滤。

酱醅经浸泡后，生头淋油可以从容器的假底下放出，溶加食盐，待头油将完（注意醅面不要露出液面），关闭阀门；再加入预热至80～85℃的三淋油，浸泡8～10小时，滤出二淋油（备下次浸醅用）；然后再加入热水，浸泡2小时左右，滤出三淋油备用。总之，头淋油是产品，二淋油套出头淋油，三淋油套出二淋油，最后用清水套出三淋油，这种循环套淋的方法，称为间歇过滤法。但有的工厂由于设备不够，也有采用连续过滤法的，即当头淋油将滤光，醅面尚未露出液面时，及时加入热三淋油；浸泡1小时后，放淋二淋油，又如法滤出三淋油。如此操作，从头淋油到三淋油总共仅需要8小时左右。滤完后及时出渣，并清洗假底及容器。三淋油如不及时使用，必须立即加盐，以防腐败。

5. 配制加工

(1) 加热　生酱油加热，可以达到灭菌、调和风味、增加色泽、除去悬浮物的目的，使成品质量进一步提高。加热温度一般控制在80℃以上。加热方法习惯使用直接火加热、二重锅或蛇形管加热以及热交换器加热的方法。在加热过程中，必须让生酱油保持流动状态，以免焦煳。每次加热完毕后，都要清洗加热设备。

(2) 配制　严格贯彻执行产品质量要求的有关规定，对于每批产成的酿造酱油，还必须进行适当的配制。配制是一项细致的工作，要做好这项工作，不但要有严格的技术管理制度，而且要有生产上的数量、质量、储放情况的明细记录。配制以后还必须坚持进行复验合格，才能出厂。

(3) 防霉　为了防止酱油生白霉变，可以在成品中添加一定量的防腐剂。习惯使用的酱油防腐剂有苯甲酸、苯甲酸钠等品种，尤以苯甲酸钠为常用。

(4) 澄清及包装　生酱油加热后，产生凝结物使酱油变得浑浊，必须在容器中静置3天以上，方能使凝结物连同其他杂质逐渐积聚于器底，达到澄清透明的要求。将澄清酱油用瓶分装、加盖、贴标、检查、装箱等工序，最后作为产品出厂。

二、龙牌酱油的发酵酿造

（一）产品特色

龙牌酱油是湖南湘潭特产。1915 年荣获巴拿马国际博览会奖。1966 年开始对外出口，远销香港、澳门、新加坡、马来西亚、加拿大、日本、美国等地区和国家。国内畅销全国各地，1981 年荣获国家银质奖章。

龙牌酱油生产主要以传统的天然发酵为主，利用自然温度，整年生产。原料选择为较好的黄豆、面粉，按黄豆∶面粉∶盐水为 2∶1.5∶1 配制组成一个酱醅，经 30 多道工序，1 年左右的日晒夜露，酱醅的颜色逐渐变成红褐色，并具有浓郁的酱香味。

（二）工艺流程

大豆→淘洗→浸泡→蒸熟→冷却→混合→培养→成曲

（沪 3.042）↑混合

成曲↓晒露发酵（翻醅）→抽油→生酱油→浓缩→加热灭菌→成品

（三）操作要点

（1）原料处理及制曲　大豆清选后洗净，加水浸泡 3～5 小时，以豆粒涨起无皱纹为度。然后将水放净，取出黄豆，入蒸锅内常压或加压蒸煮（常压 4～6 小时；压力 147～196kPa，40 分钟）。以蒸至熟透而不烂，用手捻时豆皮脱落，豆瓣分开为适宜。此时即可出锅，摊于拌料台上进行冷却至 80℃左右，与干面粉拌和，拌匀后装匾，装匾时要中间薄、四周稍厚。每个匾约装 12.5 千克左右，放入曲室制曲。

利用天然制曲时，室温一般保持在 25～28℃，装匾后 24 小时品温逐渐上升，如超过 40℃，需要敞开门通气散热，同时要翻曲，促使霉菌均匀繁殖。温度过高，曲料会发黏产酸。一般选择在早春季节，气温较低，利于低温制曲。

（2）制醅发酵　每缸放入150千克原料制成的曲，压实，加入18～20波美度的盐水约200千克，让盐水逐渐吸入曲内，次日立即把表面的干曲压至下层。使酱醅日晒夜露进行发酵，发酵时间一般要6个月以上，若经过夏天也要3个月。一般以经过夏天发酵质量较好。如遇雨天，须加盖以防止雨水淋入。经过一定时间的晒露，待酱醅表面呈红褐色时，进行一次翻酱。经过三伏热天烈日暴晒，整个酱醅呈现滋润的黑褐色，并有清香味时，已达到成熟阶段，即可进行抽油。

（3）抽取母油　缸内加入适量盐水，插入细竹编好的竹筒，每缸能抽取母油（也称毛油）75千克。母油再经较长时间晒露后，去除沉淀，加入10%左右的酱色，用平布袋多次换袋进行过滤，直至滤出酱油，并无沉淀为止。

抽出母油后的头渣，加入定量的水后，再装袋压榨，作为一般市售酱油。

（4）成品　滤出并经晒露的母油，经加热灭菌（80℃）后得到色泽浓厚的成品。

（四）产品质量

（1）酱油色深汁浓，成品色泽深褐而鲜艳。

（2）咸度适宜，盐水浓度一般在18波美度。

（3）氨基酸含量高，含有18种以上氨基酸，这些氨基酸都具有鲜美的口味，且甘氨酸、丙氨酸呈甜味。大豆蛋白质易被人体吸收，其营养价值很高。

（4）甜酸适当。酱油中味道除鲜美外，还有甜味和酸味，吃起来使人感到味柔而长，具有色、香、味、体五味调和的独特风味。

三、黄山牌豆汁酱油

（一）产品特色

“黄山牌豆汁酱油”是安徽合肥酿造厂以脱脂大豆、麸皮和标准面粉为原料，经高温蒸煮、纯种制曲后，加入13～15波美度盐水制成酱醅，固态发酵，再用二级酱油加入酱醅进行稀醪发酵，循环浸淋，取其原汁，日晒夜露而成，产品色泽红褐、酱香浓郁、鲜咸可口、风味独特。

（二）工艺流程

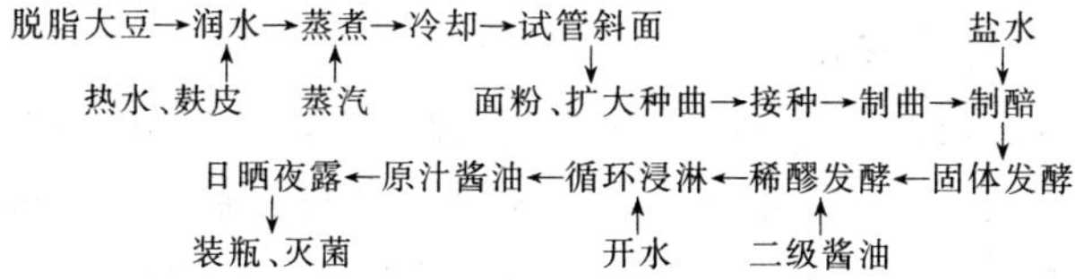

```
脱脂大豆→润水→蒸煮→冷却→试管斜面                                盐水
           ↑      ↑               ↓                               ↓
      热水、麸皮  蒸汽        面粉、扩大种曲→接种→制曲→制醅
                                                                  ↓
日晒夜露←原汁酱油←循环浸淋←稀醪发酵←固体发酵
   ↓                         ↑         ↑
装瓶、灭菌                  开水     二级酱油
```

（三）操作要点

（1）原料配比及处理

① 原料配比　脱脂大豆∶麸皮∶面粉＝65∶25∶10。

② 原料处理　将脱脂大豆和麸皮入旋转式球形蒸锅内，盖好锅盖，边运转边加入50～60℃热水，润水结束后，先用蒸汽预热5分钟，排出锅内冷气，关上排气阀门，加压进气蒸煮，气压升至198kPa时，维持15分钟，脱压冷却出锅，用破碎喷料机将熟料摊在洁净的地面上，冷却至37～40℃时加入种曲和面粉，拌和均匀，送入曲室。

（2）制曲　送入曲室的熟料按定量堆积在曲盘上，控制室温在25～28℃，6～10小时后，上层曲盘开始升温，可将曲盘上下对调，15小时后，上下曲盘品温均已上升，应摊开曲料，料层厚度约1.5～2厘米，当曲料布满菌丝即结块时进行翻曲。如上下品温悬殊过大，应随时调盘，经64～72小时培养，曲料呈黄绿色，用手触之，孢子飞扬，即可出曲。

（3）发酵　成曲从曲盘上铲下，送入发酵室，用拌料机将曲料与已澄清的13～15波美度盐水拌和，投入保温发酵缸内，维持品温45～50℃，固态保温发酵7～10天后，移位至淋发酵缸内，加二级酱油，进行稀醪发酵，发酵温度35～40℃，每隔2天，放出汁液，从原缸头淋下，15天后，放出原汁，补加三油水，浸泡两天后放出二油水备用，再加入开水，继续浸泡一天，放出三油水备用。

(4) 天然晒露　原汁酱油送至室外大缸经日晒夜露1～3个月，阴雨天气注意加盖。

(5) 成品处理　经天然晒露的酱油移到室内蒸汽保温的大缸内，配兑适量混合香料和辅料，用蒸汽逐步升温至85℃维持3小时，再送入储存器内，沉淀7天，即可装瓶供应市场。

(四) 质量要求

全氮(克/100毫升)2.0～2.1；氨基酸态氮(克/100毫升)0.9～1.0；糖粉(以还原糖计)(克/100毫升)6～8；盐分(以NaCl计)(克/100毫升)17～18；总酸(以乳酸计)(克/100毫升)2～2.3；无盐固形物(克/100毫升)23～26；相对密度1.20～1.25。

四、琯头豉酱油

(一) 产品特色

琯头豉酱油是我国酱油酿造的一朵小花。它发源于福建省运江县琯头镇，至今已有100多年的历史，以其独特的生产工艺广泛地流传于连江、福州一带。福建福安酱油厂用此法生产的豉酱油香、味、体俱佳，尤其是经过一年多日晒夜露的豉油膏，更是具有色泽鲜艳、浓厚、酱香味浓郁、味道鲜美绵长、风味独特、久藏不坏的特点。

(二) 工艺流程

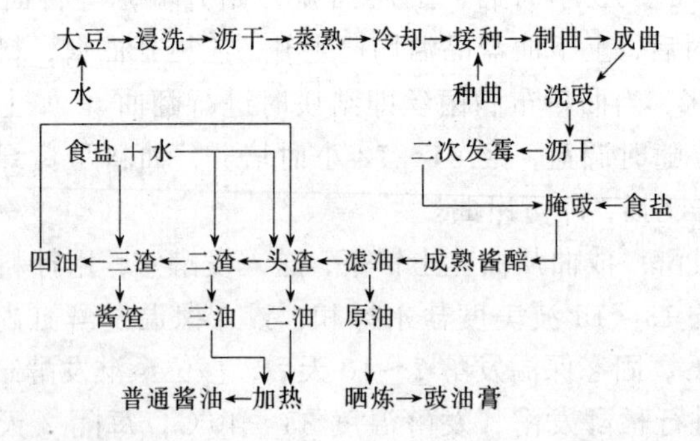

(三) 操作要点

(1) 原料选择　精选本地产大豆或东北大豆，要求豆粒大、颗粒饱满、皮薄、肉多、蛋白质含量高。

（2）浸泡 将大豆倒入水池中，加水浸泡，以大豆重量增加一半，体积约增加一倍为适宜，要求大豆浸洗后的含水量控制在45%左右。浸泡时间为春秋3～4小时，夏季2小时，冬季5～6小时，即可达到上述要求。

（3）蒸豆 除去浮在水面上的悬浮物，将大豆捞起装入竹筐内，用自来水冲洗干净，沥干，然后倒入旋转蒸煮锅内，开蒸汽蒸煮，至压力达到98kPa后，排气一次，然后继续蒸压达到196kPa，关闭进气阀，保压20～25分钟，然后迅速排气，打开锅盖，出锅。要求熟料具有豆香味，呈黄褐色，用手指压捻豆粒，十有八九能碾成薄片，易于粉化。

（4）制曲 将蒸熟的大豆摊冷至35～40℃左右(冬高夏低)，倒入竹筐，每筐约装熟豆10千克，接入种曲0.5%，拌匀，摊平，要求中间稍薄(2厘米)旁边稍厚(2.5厘米)，置于木架上，每层距离约18厘米。此后维持品温在30℃左右，15小时后，品温将上升至40℃，可打开窗户散热，降温，24小时后，曲料结块，白色菌丝布满豆粒，品温在38℃左右，此时即可进行第一次翻曲，使豆粒松散。翻曲后品温降至30℃左右，约40小时后，豆豉曲开始转黄，形成孢子。48小时后，曲料复又结块，应进行第二次翻曲。此后维持品温26～28℃，老熟1～2天，即为豆豉曲。整个制曲过程头尾约需4～5天。

（5）洗豉 洗豉是瑨头豉油的重要生产环节，也是瑨头豉油生产的一大特点。大豆经过制豉成为豆豉曲后即可取出放入小木桶内洗去孢子。洗去孢子要认真操作，否则，若洗的不透，则易于生霉，使制出的原油有霉臭味；但若洗的过分时，则必然要擦伤豆粒，使脱皮率增加，且损失也大。一般以洗去外表的霉花而不伤及豆皮为宜。洗涤后的豆豉应表面无菌丝，豆身油润，不脱皮。洗豉完毕后，捞起装入竹筐内，再用自来水冲淋一次，沥干。洗涤后的豆豉曲重应为洗涤前豆豉曲的1.6倍左右。

（6）发霉 将沥干的豆豉曲在原竹筐中堆积，加盖塑料薄膜保温，以利发霉。以后随着堆积温度的上升，又逐渐长出细丝，约经6～7小时，品温即可上升到55℃，此时即可加盐腌豉。经第二次发霉的豆豉曲，具有特殊的清香气味。

（7）腌豉　经二次发霉的豆豉曲，温度较高，需及时拌入食盐。每100千克大豆加食盐23千克左右，要求食盐氯化钠含量高、颜色洁白、颗粒细小、水分及夹杂物少、无苦味，否则，制出的豉油具有苦涩味。将豆豉曲与食盐迅速地充分拌和均匀，倒入装有假底的大木桶内(一个木桶可装料一吨)，然后盖上塑料布，再加盖，腌制3～4个月左右，酱醅即告成熟，即可滤油。

（8）滤油　将木桶底下的木塞拔去，豉油就逐渐流出，数量不多，称为“原油”。一般每100千克大豆可出原油30千克左右。原油呈红褐色、透明、清澈、酱香味浓郁、滋味鲜美，滋味绵长。

在滤出原油后的头渣中，再加入90℃以上的四油或18波美度热盐水浸泡1天，次日滤出二油，同样再在二渣、三渣中加入18波美度热盐水浸泡1天，滤出三油、四油。二油、三油可作为普通酱油出售，四油可用来回头二油。

（9）日晒夜露　由于陈年老油膏中含有各种酵母，所以，为了又快又好地得到上等油膏，采用逐级提熔的方法晒炼，若直接用原油晒炼，则所需的时间又长，质量又不好。逐级提炼的方法是：将原油输送至酱缸，或使之与最次等的油膏混合，经1～2个月的晒炼，抽出，再掺入稍高一等的油膏中，又经1～2个月的晒炼，再抽出再掺入稍高一等的油膏中，这样由低到高逐级提炼，直至成为最上等豉油膏，需时一年以上。一般每100千克大豆可生产35波美度最上等豉油膏18～20千克及普通酱油200千克。

（10）成品调配　经过1年多日晒夜露的最上等豉油膏，色、香、味、体俱佳，风味尤其精良，久藏不坏，一般不作为商品油出售，而要根据市场的需要调配成不同等级的豉油膏出售。

（四）产品质量

产品的各成分含量见表11-1。

表11-1　琯头豉酱油原油与豉油膏中各成分含量　单位：%

名称	全氮	氨基酸态氮	无盐固形物	总盐	盐分	相对密度
原油	2.90以上	1.40以上	24.0	2.50	16-17	23.0
豉油膏	4.50以上	2.20以上	36.0	3.60	24-25	35.0

五、蚕豆酿造酱油

豆饼或豆粕原料缺乏时，可用蚕豆制酱油，但原料利用率低，为了提高酱油质量和原料利用率，酱渣可二次发酵，制作方法如下。

1. 原料处理

蚕豆不须脱壳，粉碎力求细碎，颗粒大小4.0～4.5毫米为好，颗粒与粉末比例约4∶1。

2. 蒸煮

先把60%的蚕豆，加入料重76%的水浸泡3小时，再与40%的麸皮拌和，粉碎2次，使充分混合，常压蒸煮，圆汽后再煮1小时，然后再焖1.5小时出锅。

3. 通风制曲

熟料冷后接种，菌种为沪酿3.042米曲霉，接种量0.3%。接种后入发酵池通风排除余热(或摊场摊凉)，保持品温30～32℃，制曲过程品温以33～35℃为宜，最高不超过40℃，18小时左右翻曲一次，翻曲后5～6小时铲曲，整个制曲时间为31小时。

4. 发酵

(1) 低盐发酵　成曲升温至40℃时，与一定比例新鲜酱渣(100千克曲加85千克湿渣)用拌料机搅拌均匀，充分混合后入发酵缸，再用11波美度的盐水泼在酱醅上，泼水量为原料重量的45%，酱醅水分60%左右。发酵品温48～50℃，发酵7天品温上升至55～60℃，整个发酵周期9天。

(2) 无盐发酵　成曲升温至45℃时，与一定比例新鲜酱渣(100千克曲加85千克酱渣)搅拌均匀，充分混合后入发酵缸，用60℃的温水泼入酱醅上，泼水量为原料重量的50%，入缸品温为50～52℃，发酵品温55～58℃，发酵24小时后酱醅水分65%左右，整个发酵时间为56小时。

5. 泡淋

发酵物成熟后，加入80℃以上的三淋油，浸泡10小时后放出，再加90℃以上的四淋油浸泡10小时，放出的头油、二淋油混合后为成品酱油。二油放出后再用90℃以上的热水分别浸泡，三四淋油可循环使用。

6. 包装

将成品酱油装入洁净的玻璃瓶中，即可上市。

六、甘薯干酿造酱油

利用甘薯干可酿制酱油，其制作方法如下。

1. 制黄酶曲

将1.25千克麦麸皮蒸熟后，加入小半瓶蛋白发酵菌(可向酱油厂购买)，拌和均匀，放入曲盘内，经过4～5天，即成黄酶曲。

2. 制酱醅

将25千克甘薯干放在甑子里蒸熟，煮2小时后揭开甑盖，往料上洒水，至薯干湿润均匀为止，盖上盖子再蒸1小时，然后出甑。把薯干倒在簸箕内，扒平摊放(约4～5厘米厚)，当薯干温度降至40℃左右时，加入黄酶曲，加5千克麦麸皮，5千克豆饼，混合均匀后扒平摊放(约4厘米厚)，在夏天放4天，冬天放6～7天，即成酱醅。

3. 发酵制油

将酱醅捣碎成粉，装入布袋内发酵。当发酵温度达到50℃时，按比例(每25千克酱醅用12.5千克水)将70℃的开水掺入酱醅内，搅拌均匀，分几个缸装好，并在料的上面撒放一层1～2厘米厚的食盐，放进70℃左右的温室中保温，经过24小时后，按每25千克酱醅加40千克盐水，拌和均匀，仍放在70℃的温室中保温，经过2个昼夜的发酵，即可得白色的酱油40千克左右(渣子可作饲料)。如果白色酱油需要加色，可在40千克酱油中加入红糖2.5千克拌匀，即成带颜色的酱油。

4. 包装

将酱油用干净的玻璃瓶分装，即可上市。

七、米糠发酵酱油

米糠制酱油，即以米糠为主要原料，在氨基酸溶液中并在酵母的作用下，经短期发酵而成，是一项生产酱油的既经济又快速的方法。

（一）制作方法

（1）将 5 千克脱水米糠用 50 千克 0.8%浓度盐酸溶液在 20 ℃下处理 1 小时，经离心分离得到米糠渣，用水洗净，干燥后作为配料。

（2）将 52 千克脱脂大豆在盐酸和食盐溶液中置于 93%～97%温度下 43 小时，得到一种氨基酸溶液。

（3）将上述米糠渣和氨基酸溶液混合，在 95～100℃加热 1 小时，冷却后用适量酵母在 20～30℃下发酵 32 天，然后将此混合物慢慢过滤。

（4）将溶液静置 4 天以上便除去沉淀物，将滤液加热到 77℃，再过滤一次便可得到 24 升酱油成品。

（二）装瓶上市

将产品用干净的玻璃瓶分装，即为成品，贴标签后上市。

八、南瓜酿造酱油

我国南瓜生产历史悠久，种植普遍，生产期长，产量高，田边隙地、房前屋后均可种植，嫩瓜供应蔬菜市场，而老熟瓜含有丰富的淀粉，营养价值很高。山西运城地区用过剩的南瓜就地加工成具有独特风味的酱油，调味时香甜可口，而成本低、易销售，值得大力推广。其制作方法如下。

1. 原料选择和处理

皮黄、发亮，老熟的南瓜，堆放阴凉处三五天或更长时间，使瓜内淀粉转化为糖分，然后清洗外表，剖开除去瓜瓤。除去瓜瓤的方法可由人手刨刮或用手摇窝瓜籽瓤刨刮机，一般只要切成两半就可把瓤抠出来，抠清率达 85%以上。去瓤后再切去柄和瓜端硬厚皮。

2. 切块蒸晒

把刨皮的南瓜肉切成小块，晾晒 1～2 天，再装在蒸笼中蒸，当蒸汽上升到笼顶后再蒸 30～40 分钟(要求蒸熟、蒸透)，然后倒在筛子内或簸箕中，每 100 千克撒上小麦面粉 2.5～3 千克，搅拌均匀，再铺放在席上或筛子内，厚约 5 厘米左右，再在上面盖一些干净的纱布或一些大白棉纸。

3. 发酵制酱

把搅拌好的原料放在房内，经过 5～7 天发酵，观察原料上面渐渐生长一层白毛，再经过 3～4 天白毛变成黄花、红花或绿花(黑花不好)，花长满后，及时揭去原料上面的白棉纸或纱布，立即放在太阳光下曝晒。不断翻动，要求迅速晒干。按干料每 100 千克加入食盐 1 千克，倒入大缸内(一般是瓷缸，铁器易产生铁锈味，不宜用)，再加入井水或消毒河池水(食用水)。用水量按每 100 千克干料加水 400 千克左右。加好水后充分搅拌均匀，放在日光下暴晒，每天搅拌 3～5 次，太阳落山即加盖，早晨日出再揭盖。为了防止灰尘、苍蝇等污染，缸口要加纱布，为了防止雨淋，阴雨天不能揭盖。经过 7～8 天日晒后，水色渐渐加深，多为黑红色，并发出芳香的酱油气味，再暴晒半月左右(晒期照常搅动，每天 3～5 次)，然后观察原水分已蒸发十分之四至五，再用晾冷的新开水补充，至初添水的部位，充分搅拌，继续再晒，直至降到原来水部位的一半时，即可用纱布进行过滤，去掉酱油中的余渣和杂质。滤渣内加入 5%～10%事先用小茴香、大料、陈皮、桂皮、花椒各等份加少许盐熬成的调味液，煮开，搅拌，待冷却后，再加少许味精(开水化开加入)，充分搅拌均匀，即成了美味、芳香、可口的南瓜酱油。

4. 包装

南瓜酱油作为商品出售，多装入 500 克容量的玻璃瓶内，封严消毒，或装前加入 0.1%的安息香酸钠或山梨酸钾防腐剂，加后密封，贴上商标，即可出售。

九、紫菜酱油和紫菜酱

（一）产品特色

紫菜酱油和紫菜酱除具备扬州四美酱品厂生产的一级同类产品的特点外，还具有独特的海鲜风味，人体必需氨基酸种类较齐全、含量高，还含有丰富的碘，有利于促进人体健康，是一种新型的营养保健调味品。

（二）制作方法

紫菜酱油是在基础酱油里加入一定配比的紫菜，然后进行保温抽提，再加入适量柠檬酸防腐，进行过滤，将滤液用干净的玻璃瓶分装密封，即为成品。

紫菜酱系利用制取紫菜酱油的滤胶体(干紫菜亦可)为原料，加入面粉发酵而成，工艺流程和普通酱一样。将酱体用干净的罐头瓶分装密封，即为成品。

十、固体酱油膏

酱油是人们日常生活中不可缺少的调味品，因为它是液体，包装和携带均不方便。为了边远山区群众、地质工作者和边防人员生活的特殊要求，制作固体酱油膏，滋味鲜美，食用方便，用温开水溶化就能成酱油。其制作方法如下。

（一）原辅材料

豆粕 60%，麸皮 40%。

（二）制作工艺

制种曲→固体发酵→浓缩→固体酱膏→包装→成品

（三）操作要点

(1) 制种曲　接种曲进行通风制曲，制曲方法同前蚕豆酿制酱油。

(2)采用低盐固态发酵法，水浴保温(45～50℃)发酵周期 20天，浸出二级酱油。无盐固形物 14%～55%即可。

按每一次浓缩投料计算膏体配比：酱油 1200 千克，精盐 154 千克，味精 3.2 千克，白砂糖 32 千克(注意味精必须在浓缩成膏体时加入，搅拌均匀，否则失去调味的作用)。

(3) 浓缩

第一次浓缩:先开真空泵，关闭后打开抽吸酱油的阀门，真空达到 133.32 帕可吸入酱油。其后关闭阀门；给蒸汽，开搅拌机进行操作。

第一次浓缩要求:罐内吸入油后，首先开动搅拌机，再开汽升温，但开始给气压不能超过 49kPa，逐步升压到 78.4kPa。如果是真空泵，开冷却水待水温升至 25℃以上时，便可逐步给大水。待罐内温度上升到 45℃左右，此时如不控制品温的上升，酱油由于气体的蒸发和真空加大，产生泡沫过多，很容易跑油。因此要根据情况开关气门，待酱油泡沫消失，真空度达到 833.35 帕时，再将气门逐步加大到压力58.8～78.4kPa。但罐内的温度不能超过 65℃，这样浓缩到 2.5～3 小时左右。此时观察罐内的酱油浓度，认为合适时，便可先关闭气门，等待 5～10 分钟后，再停真空泵，最后再停止搅拌，恢复常态，再把罐内酱油放入池或大缸里，准备进行第二次浓缩。

第二次浓缩：把第一次浓缩好的一遍油中加入辅料、精盐、白糖，充分搅拌均匀，吸入第二次浓缩罐内，关好吸油阀门，再开搅拌机，开水泵给真空、通蒸汽，气压掌握在 39.2～58.8kPa。真空度 880 帕以上。为严防罐内跑油，操作人员必须坚守岗位，不断检查各部位的机器运转，特别要随时观看蒸汽阀门，最高不得超过 78.4kPa，品温不得超过 55℃，防止品温过高影响酱油本身的风味。

(4) 固体膏出罐　第二次浓缩时间，一般在 4～5 小时。提前做好出罐的准备，铺好木盘，准备好工具，随时观察电流表指针达到 A6 或接近 A6，证明罐内膏体浓度加大，及时停止供气、抽真空、停搅拌机，然后打开罐上的螺丝，使膏体和上层脱解(注意安全)，及时加入味精，搅拌均匀，出罐。

(5) 固体膏保温　固体膏出罐后，放入木盘及时搬进暖室保温(室温度 36～40℃)。出罐后要注意把罐底及边角全部刮光刷净，否则影响下一罐的浓缩时间和膏体的质量。

(6) 包装　包装前首先要切膏，每块膏的重量为500克，及时装入塑料袋内，封口即为成品。

十一、福建酱油膏

福建酱油膏是福建“琯头法”特种酿造酱油厂研制的新产品，风味优良，经久不坏，畅销国内外。

（一）工艺流程

大豆→浸泡→蒸熟→冷却→制曲→洗豉→发霉

酱油膏←晒炼←底油←滤油←酱醅←熟成←腌制←

（二）操作要点

(1) 浸豆　春季4～5小时，夏季、秋季2～3小时，使豆粒体积增加1倍左右，清水洗净，沥干。

(2) 蒸熟　加压蒸煮在196kPa压力条件下，维持30分钟，停气焖30分钟，出锅。豆粒成褐色，手指挤压能成薄片。

(3) 制曲　大豆经摊晾至30℃上下，接入种曲0.2%，拌匀装簸每簸约9千克，置木架上。经约48小时，白色菌丝密布，品温升至38℃以上，翻曲，控制品温38℃左右，24小时后再翻一次，连续控制品温35℃左右。再经72小时，曲渐老熟。制曲周期约7天。成曲习惯称为豉。

(4) 发霉　将豉堆在筐中，天冷时加盖麻袋，待菌丝渐长，品温升至55℃时，即为发霉，此时豉应有特有香味。

(5) 腌制　每100千克原料配食盐28千克，其中20%用作盖面，豉、盐拌匀后，入大桶腌3个月，醅成熟，即可滤油。

(6) 滤油　先放“底油”，每100千克大豆约出底油30千克，供晒炼酱油膏用。

(7) 晒炼　底油澄清后，加入次等酱油膏中，晒1～2月；抽出酱油加入稍高一级的油膏中，再晒1～2月；再抽油加更高一级油膏。如此反复提高，约晒一年(不能以底油直接晒炼)。

(8) 成品　每100千克大豆约产酱油膏20千克(副产普通酱油

200 千克)，成品浓度达 32 波美度以上。

十二、发酵法酿造食醋

我国食醋生产的传统工艺，大都为固态发酵法。采用这类发酵工艺生产的产品，在体态和风味上都具有独特风格。

（一）原辅材料（单位：千克）

碎米或薯干 100，酒母 40，醋酸菌种子 40，细糠 175，醋糠 50，食盐 3.75～7.5，麸曲 50，蒸料前加水 275，蒸料后加水 125。

（二）工艺流程

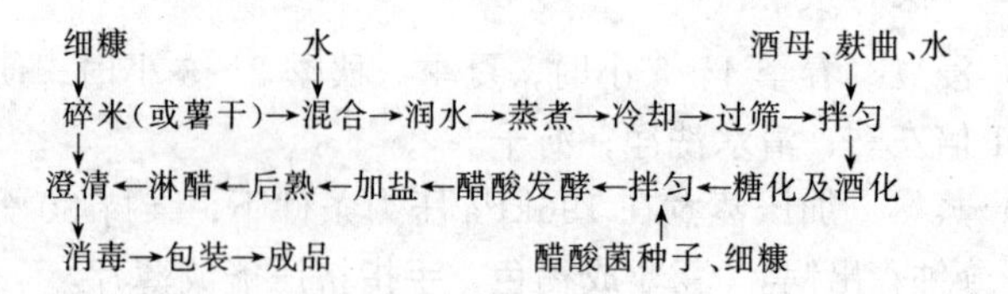

（三）操作要点

1. 原料处理

（1）将碎米(或薯干)粉碎。

（2）将细糠与米粉(或薯干粉)拌和均匀。

（3）加水混合，边翻边加，使原料充分吸水。

（4）常压蒸 1 小时，焖 1 小时，蒸熟后移出过筛，冷却。

2. 糖化及酒化

（1）熟料降温至 40℃左右，洒水适量，翻一次后摊平。

（2）将细碎的麸曲匀布料面，将醋酸发酵液搅匀撒布其上，充分拌匀后装缸(每缸约装醋 160 千克)，入缸醅温 24～25℃。

（3）醅温升至 38℃时，倒醅(注意不超过 40℃)。

（4）倒醅后 5～8 小时，醅温又升至 38～39℃，再倒醅。以后醅温正常维持在 38～40℃之间，48 小时后醅温渐降，每天倒一次。5 天降至 33～35℃，糖化及酒化结束。

3. 醋酸发酵

(1) 酒精发酵结束，每缸拌加粗糠 10 千克，醋酸菌种子 8 千克，分两次拌匀倒缸。

(2) 第 2～3 天起醅温上升，控制在 39～40℃之间。每天倒醅一次，12 天左右，醅温降至 38℃时，每缸分次加盐 1.5～3 千克和匀。醋酸发酵结束，放置 2 天，即为后熟。

4. 陈酿

将经后熟的醋醅移入院内缸中砸紧，上面盖食盐层后泥封，放置 15～20 天。中间倒醅一次，封缸存放一个月以上即可淋醋。

5. 淋醋

淋醋通常采用三组套淋法，循环萃取。在第三组醅中加自来水浸淋，淋出液加入第二组醅中淋出二级醋，再以二级醋加入第一组的醅中浸泡 20～24 小时后淋出，即为一级醋。

6. 配制与消毒

等级醋按质量要求调整后，按规定添加防腐剂，并以 80℃进行消毒处理，澄清后装瓶，即为成品。

十三、高粱制醋

近来，北方部分地区用高粱、大米或麸皮为原料，在固态发酵制醋工艺中采用了生料制醋，效果很好。

（一）原辅材料（单位：千克）

高粱 100，快曲 45，食盐 10，麸皮 155，谷糠 100，水 600～650

（二）工艺流程

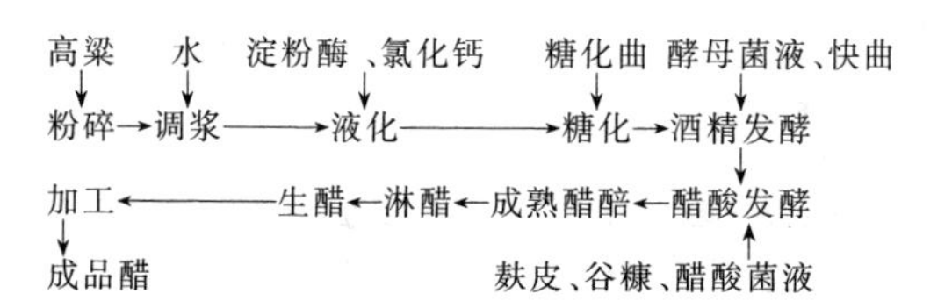

(三) 操作要点

(1) 调浆　高粱粉碎后，第一次加水量为原料重量2.5倍，并调pH至6.4，然后再按主料总量加入氯化钙0.2%和BF7658淀粉酶0.3%，充分调和均匀。

(2) 液化与糖化　将调配好的浆液移入液化罐中(事先在空罐内注入少量底水，通气升温至80℃以上)，控制温度在85～90℃之间，维持10～15分钟，进行液化，至取样以碘液检查呈棕黄色时为止，再升温至100℃，10～15分钟灭酶，仍在罐内冷却，使醪液温度降至60℃以下，55℃以上，加入糖化曲，保温4～6小时进行糖化。

(3) 酒精发酵　将糖化醪移入酒精发酵罐，加入部分冷水降温至30～32℃，接入酵母菌液0.5%，同时加入适量快曲进行酒精发酵，醪温控制在30～32℃左右，不通风，不搅拌，发酵5～6天，取样检查，酒精达到6～7度时发酵即告结束。

(4) 醋酸发酵　将酒精发酵醪移入醋酸发酵池，按配比加入麸皮、谷糠，同时接入醋酸菌液，充分拌匀，进行固态发酵。拌醅后2～3天，品温升至35～38℃，开始翻醅，以后每隔一天取样检查一次，至醅汁总量升达2%以上，应每天取样检查。发现酸度不再上升时，及时下盐，翻倒均匀，终止发酵。

(5) 淋醋及加工　采用套淋法淋醋，醋醅浸泡时间5～6小时，然后淋醋，淋出的生醋如常法消毒，装瓶密封，即为成品。

十四、稀态发酵酿造食醋

稀态发酵制醋工艺在我国有悠久的历史，江浙的玫瑰米醋、福建的红曲醋等都是应用稀态发酵法生产的，现以玫瑰米醋的生产工艺为例，将其酿制法简介如下。

(一) 工艺流程

大米→浸泡→洗净→沥干→煮熟→发花(培菌)→加水

成品←包装←灭菌←配制←压榨←成熟←入缸←┘

（二）操作要点

（1）浸米及洗净　将米在竹罗中冲洗一次，倾入缸中，加水高出料面约20厘米，中央插入空气竹篓筒高出水面。每天由篓中换水1～2次，要求米粒充分吸水，余水无浑浊状为度。一般需要6天左右，捞出置竹罗中以清水冲净，沥干。

（2）蒸熟　蒸熟的程度要求米粒成饭不结块，无白心，蒸熟后立即取出。

（3）发花（即培菌）　培菌的方法有两种，装米饭入酒坛中培菌叫“坛花”；入大缸培菌叫“缸花”。蒸熟的米饭分装入清洁的酒坛或大缸，容量约为容器的1/2，略略压紧，然后在米饭中央挖一凹形，缸、坛上加盖草席，任其自然发酵。在春季气温下约10天左右，米饭上杂菌丛生，即为“发花”完成。发花期间品温可升至40℃左右，5～6天后凹处析出汁液，味甜，后逐渐变酸，品温也逐渐下降。

（4）加水发酵　“发花”完成后，每缸（坛）约按米饭质量1.2倍加入温水，搅匀，加盖后堆放室内或室外。待米粒沉降，便倾入大缸，上加草盖，约20天后，液面出现薄层菌膜，闻之有酸味。以后每隔一天将液面轻轻搅动，并保持室温。持续3～4个月，醪液逐渐澄清，醋液呈玫瑰红色，即为发酵完毕。

（5）压榨　成熟醋醪用杠杆式木榨压滤，醪以丝袋装盛，醋液流入承受的缸内，一次压榨完后，滤渣再以清水稀释，进行第二次压榨。

（6）配制及灭菌　将一次和二次滤液按比例配成等级产品，再移入锅中以90℃灭菌，即产成。

（7）包装　将成品米醋用洁净的玻璃瓶分装，贴标，即可上市。

十五、液体深层发酵法制醋

济南酿造厂用液体深层通风发酵法酿醋代替固体倒缸制醋，成本低，耗电降低30%以上。若按年产2000吨食醋计算，采用新工艺后，可以少用麸皮 35 万千克，谷糠 11.5 万千克。且“液法”比“固法”出醋率高 12%，成本下降 12%，生产周期由原“固法”的 25～27 天缩短为 6～7 天；且“液法”醋的质量，色泽较好，香甜可口，醋酸刺激味小。

液态深层发酵，实现了制醋生产机械化、管道化，减轻了工人的体力劳动强度，扩大了原料来源，提高了劳动效率，是酿造调味品工业的一项革新。

（一）工艺流程

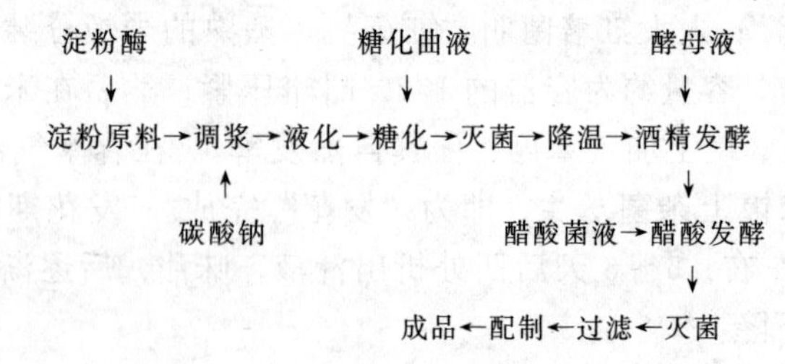

（二）操作要点

（1）调浆　淀粉加水调成 12 波美度粉浆，同时加入碳酸钠调 pH6.2～6.4，再按原料淀粉总重量加入 0.1% B. F7658 淀粉酶 0.4%，充分搅匀。淀粉酶制剂用量一般每克干淀粉约加酶制剂 80～100 单位。

（2）糖化、液化　先在液化罐内加少量底水，升温至 85℃，再用泵将粉浆打入，控制浆温 85～90℃约 10～15 分钟。用碘液检查呈棕黄色，即为液化完全。再升温至 100℃，维持 10 分钟，灭菌，然后打入糖化罐（原罐也可）。降温至 60～65℃。加入糖化曲液，按原料淀粉重量的 10%称取麸曲，以 40℃温水浸泡 2 小时，淋出酶液供用。保温 2～3 小时，糖液浓度可达 13～14 波美度。

（3）酒精发酵　将糖液打入酒精发酵罐，调整酒液浓度至 7 波美度，然后降温至 30℃，按糖液量接入 10%的酵母种子液，保温 30～32℃，进行酒精发酵，50～60 小时，酒精含量可达 6%以上。

（4）醋酸发酵　将酒精发酵液打入醋酸发酵罐，按规定种量接入醋酸菌种子液，控制品温33～37℃。风量前期24小时内为1∶0.1%，中期48小时内为1∶0.15%，后期为1∶0.1%。经6小时左右，醋酸可达6%以上，待酒精耗尽，醋酸不再上升时即可放罐。发酵液经过滤、配制、加热、灭菌后送入成品储罐澄清。

（5）连续发酵　完成醋酸发酵后，放出醋液1/3，加入酒精液1/5，继续进行发酵，经24小时左右，醋酸又可升至5%以上。如此反复连续发酵可达多次。

（6）过滤、灭菌　按常规进行。

（7）包装　将醋液用干净的玻璃瓶分装，即可上市。

十六、玉米生料发酵酿制米醋

以玉米为主要原料，采用生料湿磨、液体酒化、固体醋化的工艺路线，为食醋的生产创造出一条新的路子。

（一）原辅材料

玉米500千克，麸皮600千克，黑曲250千克，酵母50千克，稻壳800千克，食盐50千克。

（二）工艺流程

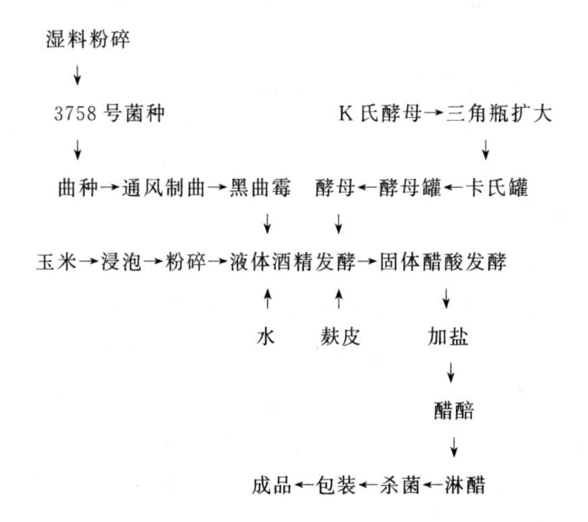

（三）操作要点

1. 湿料粉碎

准确称取玉米500千克，加1000千克水，浸泡12～16小时，使玉米吸水膨胀。然后玉米粒流经水洗槽，去掉石子等杂物，经粉碎机粉碎后，用离心泵泵入高位酒化罐。

2. 3758号黑曲霉的培养

（1）斜面试管菌种采用曲汁培养基在无菌条件下接种后于30～32℃培养24小时，经检查无杂菌方可使用。

（2）三角瓶扩大培养　取50克麸皮、3克稻壳、40克水拌匀后，装入500毫升的三角瓶中，在98kPa压力下灭菌15分钟，冷至30℃接种斜面菌种，于30℃条件下培养24小时后扣瓶，48小时后长满黑褐色孢子即成熟。

（3）种曲培养　取麸皮10千克、加水9千克、稻壳0.7千克、酒糟1.2千克，将其搅拌均匀，蒸40分钟后冷至35～36℃，接入三角瓶菌种0.3%，堆积6小时，中间翻堆1次，当品温达31～32℃，上曲盒摊平，各盖湿草帘品字形叠起。室温控制在33℃左右，经4～6小时即可搓盒摊平，再经6～8小时扣盒，使品温不得超过36℃，培养56小时左右长满黑褐色孢子即成。

（4）通风制曲　取400千克麸皮加稻壳40千克，加水250千克，拌匀后入蒸锅蒸，停气后维持30分钟，出锅冷却至34℃接种曲0.5%，装入曲池内，厚度为200毫米，室温30℃，当品温达到38℃，通风降至32℃时停风。这个阶段前期控制品温在34～35℃，后期为36～38℃。经32～36小时长满白色菌丝，在孢子尚未生成之前出曲。

3. 生料液体酒化

粉碎好的玉米浆，用泵送到酒化罐后，补加2000千克水，使总用水∶玉米＝6∶1。加麸皮20%（100千克）、黑曲50%（250千克）、酵母10%（50千克），搅拌均匀，使品温达30℃，室温25℃，pH6。24小时后每天搅拌两次，待6～7天左右，酒醪开始沉淀，蒸馏检测酒精在4.5～5度左右，pH为3左右，酒化阶段即结束。

4. 固体醋酸发酵

待酒精发酵结束后，及时放入醋酸发酵池，加入500千克麸皮、750千克稻壳，搅拌均匀。用塑料布盖严，2天后每天翻醅一次，并用竹竿把塑料布支起，支起的高度最初几天宜低，以能控制品温在40℃左右为准。约经过一周的时间，当醋酸达4度左右，再把塑料布支高些，使品温维持在45℃左右，后期发酵时，品温控制在34～36℃，经30天左右，测其醅子含酒精量几乎为零，酸度在6～6.5度时，要及时下盐50千克，再翻醅二天，即为成熟醋醅。

5. 淋醋

把成熟醋醅装入淋缸内，加入未变质的二淋水，浸泡一夜，次日放淋，并经列管加热器灭菌（80℃）后，反复回淋至清亮时即可。

6. 包装

将醋液用干净的玻璃瓶分装，即可上市。

十七、南六堡大曲醋

南六堡大曲是山西省的特产，曾被农业部评为优质产品。

（一）制作方法

1. 原料处理

制曲的原料是大麦和豌豆。配料中，大麦占70%，豌豆占30%。混合后粗面与细面的比例，冬季粗面40%，细面为60%；夏季粗面45%，细面55%。加水量一般为原料的50%。制100千克大曲，需要原料为125千克。

2. 踩曲

将曲面装入曲模，踩实。踩好的曲块叫“曲坯”，曲坯厚薄均匀，四角要踩结实，每块约3.5千克，体积为28厘米×18厘米×5.5厘米。

3. 曲坯入室

入室前，曲室内应先进行彻底消毒灭菌，然后在地上铺一层粗谷糠。曲坯入室后，依次排列，摆成两层，两层之间用苇秆隔开，上面撒粗谷糠。曲坯间的距离为3厘米，行距1.5厘米，要将曲室摆满为好。小开窗5～6小时，让曲坯表面水分蒸发。当蒸发到不粘手时，用预先喷过水的苇席（湿度以不滴水为准）盖在曲坯上面，关闭门窗，室温保持在25～30℃。

4. 上霉

上霉期，冬季为4～5天，夏季为1～2天。当曲坯稍有发白，曲温升到40～41℃时，表示上霉良好，应揭去席子。揭席后，小开窗户放潮，停止上霉。等曲坯表面不粘手时，进行第一次翻曲，将曲坯由两层翻至三层，上层翻到下层，下层翻到上层。如下层的曲坯还未上霉，要关闭门窗继续上霉。

5. 晾霉

曲坯翻过之后，窗户逐渐放大，使曲表面水分逐渐蒸发。晾霉温度为24～28℃。晾霉时通风不宜过大，否则曲坯表面易出现裂纹。2天后，曲坯表面已不粘手，苇秆逐渐干燥，即可关窗保温。

6. 起潮火

起潮火是指大曲开始发酵后，将曲坯加温，开始1～3天为前期阶段，当曲温达43～44℃时，开窗放潮，使之降至40～41℃，然后关窗升温。此后，每当曲温升到44～46℃时，就开窗放潮（需2～3天）。每隔一天翻曲坯一次，由三层翻四层，曲坯间的距离也加大到6～7厘米。潮火后的第4～6天为后期阶段。当曲温升至46～47℃时，再翻一次曲坯，把曲坯翻为六层，要拉掉苇秆，每层都排成“人”字形，曲坯间的距离增加到9～10厘米。这时，曲坯内心夹杂黄色，酸味显著减少，微微出现干火味。

7. 干火

曲坯入曲室10～11天，进入干火期。将曲坯由六层翻为七层，上下、内外互换位置，曲坯间的距离增至13厘米。曲温升至47～48℃，再冷却到37～38℃。此后每隔两天翻一次。干火期需8天左右。

8. 后火

曲坯在干火期间尚有余火，曲心内还有生面，宜用文火攻2～3天，使之全部成熟。当曲温升至42～43℃时，应晾至36～37℃。翻曲仍维持七层，曲坯之间的距离，上面缩小为5厘米，下面仍为13厘米，上下、内外互换位置。

9. 养曲

大曲成熟后，进行养曲期，即用微火养曲2～3天，翻曲仍为七层，曲坯间的距离全部缩小至3.5厘米，曲温保持在34～35℃。

10. 出曲

成曲需在曲室内大晾数日，然后移出曲室，储存于阴凉透风处，码放仍保持“人”字形，保留空隙，以防发热。

11. 酿造曲醋

酿造曲醋要经过粉碎、加水润糁、蒸料、出甑、泼水、冷却、加曲搅拌、入缸、糖化发酵，拌谷糠麸皮、翻坯、醋化发酵、熏坯、淋醋等工序，才成为成品出厂。

（1）原料粉碎　用高粱做原料，磨细磨匀。

（2）加水润糁　把高粱面摊放在晾场上，洒入重量为高粱料重55%的清水，堆积润糁12个小时，使原料充分吸足水分，以利糖化发酵。

（3）蒸料　将润好的高粱面搅拌，入甑蒸料。装料时，不得一次装入，要上一层气，撒一层料。用大火猛蒸2小时，把料蒸熟。要求熟而不黏，内无生面，越熟越好。

（4）出料冷却拌大曲　熟料出甑后，用100℃的沸水浸焖（水量为高粱重量的22%），同时用风扇降温（没有电风扇则靠自然降温）。降至25～26℃时，加入料重50%的大曲拌匀后入缸，再加水（为高粱重的65%），总用水量为高粱重量的35%。

（5）酒精发酵　入缸发酵时原料的温度，冬季应控制在 20℃左右，夏季控制在 25～26℃。入缸第三天，发酵料温度达 30℃，第四天发酵达最高峰，此时可用塑料布封口，盖草席。发酵 13～15 天后开盖。正常发酵的酒精坯应为黄色，酒精度达 7～8 度，醇度为 0.5～1 度。如温度过高，坯变成黑色，含酸度大，不正常。

（6）拌醋坯　用发酵好的酒精坯与辅料（谷糠、麦麸）拌均匀，严格掌握水分（拌好的醋坯，用手握紧后，五指缝能压出水滴最合适），使酒精度在 4 度左右，不得过高或过低。

（7）醋化发酵　拌好的醋坯装入醋缸。醋坯入缸前，应呈凹形，入缸后，把前一天已起火的醋坯，用新坯轻轻包成凸形，使新醋坯逐渐起火。从第二天开始轻轻翻坯，三天内使 90%的醋坯达到 39℃左右。这个温度最适宜醋酸菌生长、繁殖。第四天至第六天，将醋坯搓一遍，使坯子内部的醋酸菌充分氧化。

（8）熏醋坯　将 50%经醋化发酵的醋坯装入熏缸，用煤火熏。每日按顺序翻缸 1～2 次，熏 5～6 天即成。熏坯时火力要均匀，上面用煤泥糊住，使火苗全部进入熏火道。这样熏成的醋坯不焦，呈黑红色，发亮。

（9）淋醋　将白坯（未熏醋坯）和黑坯（熏坯）分别装入各自的淋缸（淋池内），将前次淋醋时剩下的“醋梢”（即不够标准的醋）倒入白坯缸（淋池）内，加两倍于醋坯的水，浸泡 12 小时即成白醋。然后将白醋倒入大锅中煮沸，加入茴香、大料、陈皮等佐料，以增加醋的芳香味。再倒入黑坯缸（池）内，浸泡 4～6 小时便成大曲醋。

（10）老陈醋的陈酿　大曲醋制成后即可食用，但制老陈醋还必须再经“夏曝晒，冬捞冰”的陈酿过程，一般要经 10 个月后方可食用。

（二）包装

将调配好的醋液用干净的玻璃瓶分装，封口，即为成品。

十八、山西老陈醋

山西老陈醋的酿造工艺，创于明末清初，至今已有 300 多年的历史，以独特风味驰名全国，深受消费者欢迎。

（一）原辅材料（以重量计）

高粱100%，大曲62.5%，水总计340%，蒸前水50%，蒸后水225%，入缸水65%，麸皮73%，谷糠73%，食盐5%，香辛料（花椒、茴香、桂皮、丁香、良姜等）0.05%。

（二）工艺流程

原料处理→制曲→加大曲→淀粉糖化→醋酸发酵→调味→装瓶→成品

（三）操作要点

1. 原料处理

高粱磨碎，使大部分成4～6瓣，粉末以少为宜，加水拌匀，润料12小时以上（若用30～40℃的温水，则4～6小时亦可）。蒸者以熟透不粘手，无生心为好。取出放入缸内，加沸水，拌匀后焖20分钟，使充分吸水，晾凉至25～26℃（冷却时间越短越好）。

2. 制曲

大曲是以70%的大麦，30%的豌豆为原料，粉碎后加水用踩曲机制成。其主要工序如下：

（1）原料粉碎、压曲　即将大麦或豌豆磨碎，使粉状细料占60%左右，小米粒状粗面占40%。将曲料压制成砖形块，便于堆积、运输和储存，曲坯含水36%～38%，每块重3.2～3.5千克。

（2）曲的培养　制曲工艺着重于排列，曲坯品温控制在50℃以下。曲坯入房前，将曲室温度调节至15～20℃，在地面上撒上谷糠或稻壳，曲坯排列成行侧放，间隔2～3厘米，行距3～4厘米，每层曲坯上放芦苇秆，撒上粗谷糠，上面再放一层曲坯，两层曲坯间隔15厘米，待曲坯稍风干后，即在曲坯上面及四周盖湿麻袋保温，曲房门窗紧闭，使温度上升，一般经一天左右，曲坯表面出现白色霉菌菌丝。夏季经过36小时，冬季经过72小时即可升温至38～39℃，此时可开门窗排除湿气和降低室温，并揭去上层覆盖的保温材料，并将上下层曲坯翻倒一次，改为堆积成三层，拉开曲坯的排列间距离，以降低曲坯水分和温度，防止菌丛过厚，令其表面干燥，使曲固定成形。晾霉要及时，以防菌丛长得过厚，曲皮起皱，曲坯内部水分不易挥发。晾霉开始温度28～32℃，晾2～3天，每天翻曲一次，增加一层。晾2～3天后，曲坯表面不再粘手，封闭门窗进入潮火阶段。入曲室5～6天后，品温上升到36～38℃后翻曲，抽去苇秆，曲坯由5层增至6层，间距5厘米，曲坯排成人字形，每1～2天翻一次曲，每日放潮2次，昼夜开窗2次，使品温两起两落，曲坯品温由38℃升至45～46℃，约需4～5天。此后即进入高温阶段，维持品温44～46℃，持续7～8天，不得高于48℃，也不能低于28～30℃，每天翻曲1次，高温阶段结束时，有50%～70%的曲块可成熟，即可进入后火阶段，品温降至32～33℃，直至曲块不再升温，时间约3～5天，进入养曲阶段，此时尚有10%～20%的曲块曲心留有水分，宜用微温蒸发，室温保持32℃，品温保持28～30℃，使曲心残留水分继续蒸发，室温保持32℃，曲块间距缩小至3.5厘米。出曲前大晾几天，以利储存。堆放阴凉透风处，防止发热。

3. 加大曲

高粱饭冷至25～36℃时，按100千克高粱加入磨细的大曲粉62.5千克，拌匀，入酒精发酵缸，再加冷开水65千克拌匀，入缸的温度一般掌握在20～24℃左右。

4. 淀粉糖化发酵

入缸后逐渐糖化发酵，至第3天品温可达30℃，第4天发酵至最高峰，主发酵结束。用塑料薄膜封缸口，再盖上草垫，使之不透气，此后品温逐渐下降，发酵前3天，每天要开耙2次，3天后用塑料薄膜封闭，在18～20℃下保持15天以上的后发酵。

5. 醋酸发酵

发酵好的酒醪拌入麸皮与谷糠后，置于浅缸内进行醋酸发酵。醋酸发酵经过三次翻拌，品温达到43～45℃的鲜醋醅进行接种。接种量为每只缸内料量的10%，置于中心，盖上草帘，约经12小时左右，品温可升至41～42℃，每天早晚各翻拌一次，到第3～4天发大热，第5天开始退热，第8天即成醋。

6. 成熟调味

醋酸发酵第 8 天后，醋酸已成熟，加入食盐，既能调味，又能抑制醋酸菌过度氧化，使醅温下降。

7. 熏醅淋醋

取发酵成熟的醋醅的一半置于熏醅缸中，用文火加热至 70～80℃，缸口盖上瓦盆，每天翻拌一次，经 4 天出醅。另一半醋醅先加入上次淋醋的淡醋液，再加冷水至总量为醋醅重的 2 倍后，浸泡 12 小时后进行淋醋。淋出的醋加入香辛料加热至 80℃左右，放入熏醅中，浸泡 10 小时后再进行淋醋，淋出的熏醋即为老陈醋的半成品。

8. 陈酿

原醋放在室外缸中，除下雨，刮风时盖盖外，经日晒夜露三伏一冬，即得老陈醋。

9. 装瓶

经过滤除去杂物，装瓶即可出售。

十九、尧都牌高粱熏醋

该产品由山西临汾第一酿造厂生产，选用高粱为主料，麸皮、谷糠为辅料，采用固态发酵，熏制而成。在 1984 年商业部产品评比中，被评为优质产品。产品色泽棕红，鲜艳清亮。具有熏香、醇厚、酸味柔和等特点，深受省内外消费者的好评。

（一）原辅材料

高粱 100 千克，麸皮 30 千克，谷糠 100 千克，麸曲 30 千克。

（二）工艺流程

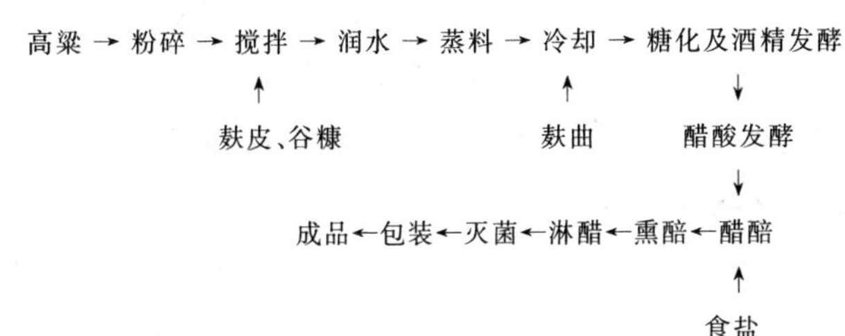

（三）操作要点

1. 原料粉碎

选择优质的高粱，使用风吹粉碎机粉碎。粉碎程度要细点，最大粉碎颗粒不超过 1 毫米，以利于吸水润涨，使淀粉均匀而充分地受热糊化，扩大与曲霉和酵母的接触面，促进糖化和酒精发酵。

辅料使用麸皮、谷糠。辅料中也含有一定量淀粉，既可为酿醋补充淀粉，也对醋醅起疏松储氧作用，为升温发酵创造条件。

2. 润水

将高粱粉、麸皮、谷糠搅拌均匀，加入 5% 水（按总料计算），润料 30～60 分钟，务使原料充分吸水，润料时间夏天要短，冬天稍长。

原料加水量必须适当。加水量是否适当对原料蒸熟程度和淀粉糊化有很大关系。如果加水量过小，淀粉未能充分膨胀和糊化，就不易被淀粉酶所利用。如果加水量过大，蒸料时部分料层极易产生压住蒸汽的现象，造成生、熟不匀，发酵过程中醋醅发黏，影响成品质量和出品率。检查加水量是否适当的方法是，用手握成团而不滴水为宜。

3. 蒸料

将润好水的原料，用扬料机打散，装入常压蒸料锅。装锅时，应注意随着上汽轻撒，不得一次装入，装完后从上大汽计时，蒸 3 小时焖 2 小时。

4. 冷却

将蒸熟原料，用扬料机打散，摊凉降温，特别要注意的是，必须在短时间内散冷到要求的品温，冬春为 32～35℃，夏秋为 30℃以下，撒入麸曲 30%（按主料计量），加水 50%（按总料计量），经过充分翻拌，过扬料机打散料团，送入酒精发酵池。

5. 糖化及酒精发酵

要使淀粉糖化及酒精发酵好，必须掌握好三个环节，即采用三低法。

（1）低温下曲　下曲时品温一定不得过高，避免烧曲降低糖化力。

（2）低温入池　冬春季节气温低，品温容易下降，品温不低于25℃，夏秋季节气温高，品温不超过28℃，总之必须低温入池。

（3）低温发酵　酒精发酵期间，适宜温度控制在28～32℃。醅料入池后要压实，把醅内空气赶走，用塑料布封严池口与外界完全隔绝，进行低温发酵。室温25～28℃。发酵时间自入池算起，夏秋为5天，冬春为7天，发酵基本结束后，抽样检测酒精含量为7%～8%。

6. 醋酸发酵

将酒醅送入醋酸发酵车间，装入发酵缸中。接入发酵第四天或第五天的酵醅（醋酸发酵最旺盛的醋醅），接种量5%左右。醋酸发酵也要注意低温。经过多年的实践，醋酸品温由低逐渐升高，再逐渐降低到成熟，最高品温不得超过43℃，醋酸发酵周期为15天。成熟醋醅的总酸含量一般为7%～8%。翻醅倒缸要每天一次，做到定时定温，要根据品温情况进行操作，不能延长时间。翻醅倒缸要细致，应掌握以下四个要领：①要按时检查温度，翻醅倒缸；②要分层次倒醅；③要扫净缸壁、缸底醋醅；④要摊平表层，盖好缸口。

7. 下盐

醋醅成熟后下盐是关键性的工作，要做到及时准确，下盐要掌握三个条件：①醋醅品温下降回凉；②连续两次化验结果，醋酸基本平衡；③酒精完全氧化。加盐的目的是不使成熟醋醅发生过度氧化，用盐量一般要求冬季少，夏季适当多一点，按主料计算，加食盐8%～10%为宜。

8. 熏醅

熏醅的方法是：取醋醅添加调味香料0.1%（花椒、大料、小茴香），装入熏缸，要掌握稳火加温、焙熏。熏醅的温度一般掌握在75～85℃。每天翻倒一次，翻倒5天成为熏醅。成熟的熏醅紫褐色，有光泽，喷香而醇厚。熏醅时要防止由于干醅入缸和大火猛烤，造成醅料焦煳，从而影响产品质量。

9. 淋醋

把成熟熏醅装入淋池，用三套淋醋法淋醋。先把二淋醋用水泵浇入醋醅内，浸泡 12 小时左右，在池下口取成品醋。下面收取多少，上面放入多少，分次进行。当醋取够即停止。然后三淋醋取二淋醋供下次淋成品醋用。再用水取三淋醋供下次淋二淋醋用。成品醋经热交换灭菌器灭菌。

10. 包装

产品经检验合格，用玻璃瓶分装，每瓶 600 克，即为成品。

（四）质量要求

总酸（以醋酸计）≥5.50 克/100 毫升；氨基酸态氮（以氮计）≥0.12 克/100 毫升；还原糖（以葡萄糖计）≥1.50 克/100 毫升；菌落总数（每毫升中菌落数）<500 个；大肠菌群不得检出。

二十、金钟牌红醋

（一）产品特色

“金钟牌”红醋系宁波酿造厂的传统产品，已有 100 年生产历史，于 1984 年评为商业部优质产品。

宁波红醋采用液态发酵法，其基本生产工艺保留着江浙玫瑰醋的传统特色，在“发花”这一道工序中，选用竹匾发花而不用“坛花”，能使产品色泽红润，醋香纯正，酸味柔和，鲜甜适口，烹调蘸吃，风味俱佳。

（二）工艺流程

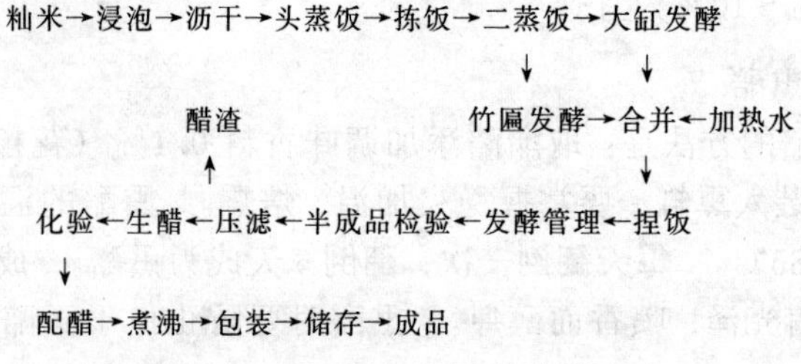

籼米→浸泡→沥干→头蒸饭→拣饭→二蒸饭→大缸发酵

二蒸饭↓ 大缸发酵↓

醋渣　　竹匾发酵→合并←加热水

↑（压滤→醋渣）　　合并↓

化验←生醋←压滤←半成品检验←发酵管理←捏饭

化验↓

配醋→煮沸→包装→储存→成品

（三）操作要点

（1）选料　用于制食醋的籼米必须符合标准，凡发生霉烂变质的原料一律不采用。

（2）浸泡　将米放入浸泡缸后加满水，以后每天换水一次。浸泡时间一般为7～10天，使米粒浸到粉性疏松为止。

（3）冲洗　在蒸饭之前，先把米从浸泡缸中取出，放入竹箩内，用清水冲洗干净。

（4）蒸饭　饭要蒸二次（即头次饭和二次饭）。蒸饭时先倒入一箩米，待蒸汽上升后再将米加满，待蒸汽上齐后焖3～5分钟，即可倒入热水进行拣饭。拣饭时要把饭拌松，勿使饭结块，然后蒸第二次饭，放法与头次饭相同。饭必须蒸熟不夹生。

（5）匾花　将蒸熟拣好的二次饭送至曲室进行竹匾发酵。在装匾时要把饭疏松地放入匾内，边薄中厚。

（6）缸花　将蒸熟拣好的二次饭送至灭菌的大缸内，缸面加铁丝网。第二天在缸中心挖成凹形，四周揿实。待缸花有卤汁后要每天进行淋浇。匾花、缸花时间15天左右。

（7）铲匾花　匾花经过15天左右的发酵后即可铲匾花，送至缸里，均匀地分散在每缸缸花上面。

（8）加水　每缸原料120千克，加水240～250千克。自来水水温较低时，可放一部分热水，以加速醋醪前期发酵。

（9）捏饭　放水后第二天可将饭块捏碎，同时用耙搅拌一次，防止缸底饭块沉淀。

（10）发酵管理　发酵管理是产品质量好坏、产品高低的重要一关。要采取保温、搅拌等措施。一般情况是每天搅拌一次，经过90天左右，醋醪基本成熟，可减少搅拌次数。每缸醋醪要经常抽样化验，如总酸含量不能增加时，即在每缸醋醪中加入1%食醋，抑制醋酸菌的繁殖和阻止总酸下降。

（11）压滤　醋醪成熟后经过一定时间的储藏即可压滤，压滤时要适当搭配各批次的色泽和总酸度。压滤后的生醋要澄清透明，如浑浊应重复压滤。

（12）配制　压滤后生醋在加热灭菌之前，需经理化检验，其内控质量指标略高于出厂质量要求。

（13）灭菌及包装　将澄清后的生醋放入锅内，加热煮沸，趁热灌装在清洁干燥的储存容器中，密封存放或外销。

二十一、镇江香醋

（一）产品特色

镇江香醋创于1984年，是江苏著名的特产，驰名中外，先后在国内曾5次分别获得金牌奖、优等奖、一等奖等，1980年获国家银质奖。

（二）原辅材料

每100千克糯米配料：酒曲（黄酒药）0.3千克，大曲6千克，水300千克，麸皮150千克，大糠80千克。

每100千克糯米可产：超级香醋220千克，含酸6.6%，浓度11.5波美度；一级香醋280千克，含酸6.2%　浓度10.5波美度；二级香醋380千克，含酸5.8%　浓度9.5波美度；三级香醋500千克，含酸5%　浓度8.5波美度。

（三）工艺流程

糯米→浸渍→蒸煮→淋饭→拌曲→糖化→酒化→醋酸发酵→淋醋杀菌→装瓶→成品

（四）操作要点

（1）选料　选用优质糯米，淀粉含量在72%，无霉变。

（2）浸渍　使淀粉组织吸水膨胀，体积约增加40%，便于充分糊化。米与浸渍水的比例为1∶2。

（3）蒸煮　使淀粉糊化，便于微生物利用。

（4）淋饭　通过加热，淀粉发生膨胀黏度增大。迅速用凉水冲淋，其目的是降温，其次使饭粒遇冷收缩，降低黏度，以利于通气，适合于微生物繁殖。

（5）拌曲　利用酒药中所含的根霉菌和酵母的作用，将淀粉糖化，再发酵成为酒精。一般的用量为原料的0.2%～0.3%。

（6）醋酸发酵　醋酸发酵是决定香醋产量、质量的关键工序。

整个醋酸发酵的时间为20天。分三个阶段进行。

① “接种培菌”阶段（前期发酵）　本阶段将醋酸菌接入混合料中，逐步培养、扩大，经过1天时间，使所有原料中都含有大量的醋酸菌。为了使醋酸菌正常繁殖，必须掌握、调节让醋酸菌繁殖的各种适宜条件。根据该厂的实践经验，醋酸菌生长最适宜的环境是，在固体混合料中，酒精含量6度左右；水分控制在60%左右；温度掌握在38～44℃；并供给足够的空气。

② 产酸阶段（中期发酵）　经过13天培菌以后，混合原料中所含的醋酸菌在7～8天时间内逐步将酒精氧化成醋酸，此时，相应地减少空气供给，醋酸菌即进入死亡阶段，品温也每天下降，原料中酒精含量逐渐减少，醋酸含量上升。

当醋酸含量不上升时，必须立即将醋醅密封隔绝空气，防止醋酸继续氧化从而转化成水和二氧化碳。

③ 酯化阶段（后期发酵）　培菌、产酸两个阶段结束后，将发酵成熟的醋醅进行密封隔绝空气。使醋醅内酸类（乙酸和少量的乙醇）进行酯化反应，产生乙酸乙酯，其中尚有微量的各种有机酸与高级醇类进行酯化，这是产生香味的主要来源。

（7）淋醋、杀菌　淋醋、杀菌是制醋最后一道工序，将醋醅内所含的醋酸溶解在水中，过滤后，淋下的生醋用常压煮沸灭菌、灌坛、密封，即为成品。

（五）几点说明

（1）通常醋醅与水的比例为1.5∶1，应按照容器大小投入一定量的醋醅，再正确计算加入的数量。

（2）生醋煮沸时，大约要蒸发水分5%～6%，所以在加水时，要考虑这个因素，适当多加5%～6%的水。

（3）煮沸后的香醋，基本达到无菌状态，降温到80℃左右即可装坛密封，保存2～3年不会变质。

二十二、八闽香醋

八闽香醋是福建的名优产品，畅销全国各地。

（一）原辅材料

糯米100千克，酒饼4千克（酒饼即市场上出售的甜酒饼或白酒饼），使用前研成粉末。湿淀粉渣160千克，鲜酒糟160千克，麸皮100千克，谷糠100千克，块曲40千克，酵母20千克，食盐12千克。

（二）工艺流程

糯米浸泡→蒸饭→淋饭拌酒饼→入坛发酵→加水醋化→成品调配→陈酿装瓶→成品

（三）操作要点

（1）糯米浸泡　把糯米先浸水吸饱，冬春15℃以下，浸泡14小时，夏季25℃以下8小时，要求米粒浸透无白心，不酸不馊。

（2）蒸饭　将浸好的糯米捞入箩筐，用清水冲去白浆，直至出现清水后沥干。然后放入锅上木甑，猛火蒸至上齐大汽5分钟揭盖，洒水表层，再蒸10分钟，饭粒嚼之熟而不粘齿时，即行下甑淋水。

（3）淋饭拌酒饼　用干净冷水淋入饭中再流走，促使降温，待冷却至25℃左右时沥干水，倒出摊开，拌入酒饼作为发酵剂拌匀。

（4）入坛发酵　酿醋的器皿应采用口小肚大的陶坛为好。把蒸好的原料倒入坛内。夏秋季节要注意通风散热，冬春季节要围上麻袋或草垫保温。在室内15～30℃下大约12小时，酒饼中的微生物逐渐繁殖起来，24小时后可闻到轻微酒香，36小时后酒液逐渐渗出，色泽金黄，甜而微酸，酒香扑鼻，这说明糖化完全，酒化正常。

（5）加水醋化　入坛发酵过程中，糖化和酒化同时进行，前期以糖化为主，后期则以酒精发酵为主。为使淀粉糖化更彻底，因此要继续发酵3～4天，促使生成更多酒精。到酒液开始变酸时，说明酒精发酵已基本结束，即可加水醋化，按每千克米饭加清水4～4.5千克，使其降低酒液中酒精浓度，以利空气中醋酸菌进入繁殖生长，自然醋化。

（6）成品调配　通过坛内醋化，一般夏秋季20～30天，冬春季节40～50天，醋液即变酸成熟。此时醋面有一层薄薄的醋酸菌膜，有刺鼻酸味。成熟品的上层液清亮橙黄，中下层醋液乳白色，略有浑浊。将两者混合即为白色的成品白醋。把白醋加入五香、糖色等调味，即为香醋。

（7）陈酿　老陈醋要经过1～2年的时间陈酿，由于高温与低温的影响，浓度和酸度增高，颜色加深，品质最优，即可成为名牌的“八闽香醋”上市。

二十三、红薯干发酵醋

巴中醋厂在总结麸皮酿醋的实践基础上，根据薯干淀粉含量高于麸皮20%的特点，以红薯干为主料，辅以大米、麸皮、药曲等采用酶法生产薯干醋，获得较高经济效益。

（一）原辅材料

红薯干100千克，大米30千克，水600千克，药曲20千克，黑曲20千克，麸皮150千克，粗糠110千克。

（二）工艺流程

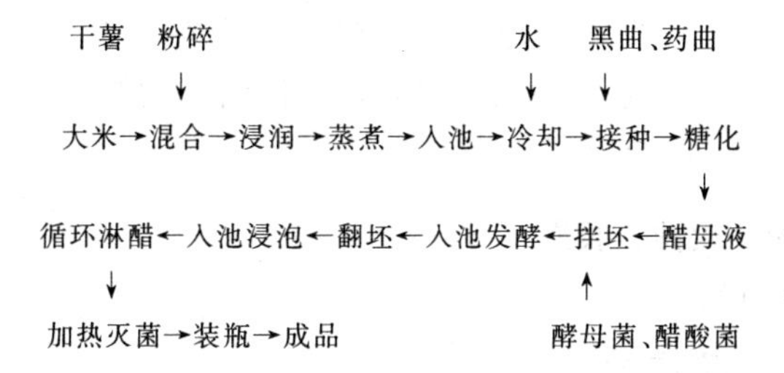

（三）操作要点

1. 原料配比和处理

根据红薯含淀粉较麸皮多，而蛋白质含量较麸皮少的特点，为了提高薯干醋的醇香味，经过多次试验，在原料配比中掺进30%大米为宜。

在进行原料处理过程中，应注意原料应干燥、色白，无霉变，且粉碎得越细越好，蒸煮的越熟越好。

2. 菌种的选择

选择对原料适应性强的 3324 甘薯曲霉，代替部分药曲，实行药曲和黑曲按 1∶1 的搭配关系。另外采用 308-2 纤曲、啤酒酵母、中料 141 醋酸菌等使薯干醋酸味柔和且具有醇香味。

3. 掌握好水分含量

水分对原料熟度和淀粉糊化有很大关系。水分少了，部分淀粉未能膨胀和糊化，不易被淀粉酶所作用，加水多了，料层熟度不匀，发酵过程中醋坯粘结。在蒸煮后，采用直接加自来水的方法，每 100 千克红薯干加自来水 600 千克左右；若以煮前的混合原料计算按每 100 千克混合料加水 460 千克，渗入冷水后，采用蒸料法淘汰法，缩短生产周期 7 天左右。

4. 严格控制各阶段发酵温度

熟料拌入曲药和糖化阶段应控制品温在 39℃左右，当品温降到 35℃左右即表示醋母液已经成熟。即可转入醋坯发酵。在醋坯发酵阶段中，前 3 天温度应掌握在 40℃左右，中期 10 天平均温度应控制在 42℃以下，后期 5 天温度应在 36℃左右。若持续高温不降或降温后又反复发烧则说明已有杂菌感染。醋坯必须及时处理，夏季酿醋，品温上升快，温度高，翻坯次数较多，每次翻坯时间亦应较长，否则有烧坯危险。

5. 淋醋、灭菌、装瓶

按常规进行。

（四）产品质量

红薯干醋经有关酿造和卫生防疫部门化检，其感官指标、理化指标、微生物指标均达到部颁标准。在每 100 毫升薯干醋中含：总酸 5.4 克，氨基酸态氮 0.40 克，还原糖 2.7 克。

二十四、枣醋

利用加工商品枣剩下的残次枣做醋，既能减小损失，又可增加经济效益。其制作方法如下。

（一）工艺流程

原料处理→发酵→过滤调配→装瓶→成品

（二）操作要点

（1）原料处理　将做醋的枣洗净，于清水中浸泡24小时，压碎或粉碎。每10～15千克枣加粉碎的大曲1千克，加相当枣重的3～5倍的水，再加枣重15%的谷糠和5%的酵母液，拌匀以后入缸，缸口留17厘米左右的空隙，然后用纸糊严，加盖压实。

（2）发酵　入缸后4～6天，酒精发酵大体完成，可将盖去掉（但不去纸），在阳光下曝晒。34℃是醋酸菌繁殖的最适温度，约15～20天可完成醋酸发酵。

（3）过滤　发酵物过滤后即为淡黄色的新醋。每100千克新醋加食盐2千克和少量花椒液，再储藏半年即成熟，醋味又香又酸。

（4）装瓶　将醋液用干净的玻璃瓶分装，即为成品。

二十五、柿醋

（一）工艺流程

原料选择→捣碎→发酵→加谷糠→淋醋→再淋醋→包装→成品

（二）制作方法

（1）原料　可选用坠落破损、不宜鲜食或作柿饼的柿子为加工原料。

（2）捣碎　先将柿果洗去泥沙捣碎入缸，然后用草席遮盖。温度调节至30℃左右，早、中、晚各搅拌一次。如果发酵温度过高，可行倒缸降温。发酵后取出，放入木桶中。

（3）加谷糠　每100千克原料加谷糠30千克，以疏松物料。用手搅拌均匀后，重新装入缸内，仍用草席盖上。经3天发酵后，再次搅拌，早、中、晚各一次，连续搅拌4天，即可转入淋缸淋醋。

（4）淋醋　每100千克原料可加水120千克，浸2～3小时后，用三层纱布过滤，滤出液就是原柿醋。

（5）再淋醋　将滤渣加一定量的水，浸泡 3 小时后重新过滤一次，滤出液为二次醋。

（6）包装　将上述柿醋装于醋坛或瓶中，密封后储存或外销。

二十六、大豆酱

大豆酱是以大豆为主要原料加工而成的一种酱类，我国北方称为大酱。它也是利用米曲霉为主的微生物酿制的，生产工艺与酱油大致相同。

（一）原辅材料

大豆 100 千克，标准粉 50 千克，成品 100 千克，14.5 波美度盐水 90 千克，酱醅成熟后再加 24 波美度盐水 40 千克，细盐 10 千克 。

（二）工艺流程

1. 制曲

大豆洗净→浸泡→蒸熟→冷却→混合面粉→种曲→接种→成曲

2. 制酱

送入容器→自然升温→加盐水→保温发酵→翻酱→装瓶→成品

↑

成曲

（三）制作方法

（1）制成曲　将大豆洗净、浸泡、蒸熟、冷却与面粉混合，接入种曲，制成成曲。

（2）发酵　制曲后，移入发酵容器，扒平，稍稍压紧；品温迅速可升至 40℃，即将预先准备的 14.5 波美度盐水加热至 60℃，淋在面上，使之逐渐吸收；最后在面上加封食盐，并加盖使醅升温在 45℃左右，维持 10 天，加 24 波美度盐水及细盐；以翻酱机匀翻使细盐溶化，以后在室温下发酵 4～5 天即成。

（3）包装　将发酵好的酱体用干净的罐头瓶分装，即可上市。

二十七、黄豆酱

（一）原辅材料

黄豆100千克，面粉50千克，食盐60千克，清水240千克。

（二）工艺流程

黄豆→过筛→浸泡→控干水→蒸煮→碾轧→掺入面粉→入砸黄子机→切片→封席→黄子成熟→刷毛→入缸→加盐水→木耙搅动→过筛→续清水→打耙装罐→成品

（三）操作要点

1. 采黄子（制曲）

（1）泡豆　将黄豆过筛除去杂质，用清水浸泡20小时。

（2）蒸豆　捞出泡好的豆控净水，入锅蒸煮。开始用急火，气上匀后改用微火。煮蒸时间约3小时。蒸好的黄豆要求色红褐，软度均匀，用两个手指一捏即成饼状为好。

（3）碾轧　把蒸好的黄豆放到石碾上，掺入面粉，进行碾轧。边轧边用铁锹翻动，以轧到无整豆为止。

（4）砸黄子　将轧好的原料放入砸黄子机内，砸成结实的块状。块的长度为80厘米，宽53.8厘米，高13.3厘米。再切成长26.6厘米、宽8.3厘米，厚1.7厘米的黄子片。片要切得薄厚一致。

（5）制黄子　将曲室打扫干净，铺上苇席。席上放长方形木橡，木橡分167厘米、200厘米、233厘米三种，167厘米的横放，200厘米、233厘米的纵放，上面再码好细竹竿，俗称黄子架。然后将切好的黄子片一卧一立码在架上，一层层地码至距离屋顶67厘米为止。用两层苇席封严曲室，每天往席上洒两次水，以调节室内温湿度。封席后的3～5天，曲室内温度上升到35℃，将两席之间揭开一道缝散发室内温度、湿度（俗称放气）。每天放气一次，一般早晨6时至7时约放气1小时，使曲室温度保持在30℃左右。一周后，每隔1～2天放气一次，直至曲室内无潮气，再将席缝封严，20天以后黄子制成。

（6）刷黄子　黄子成熟后，拆开封席，吹晾一两天，用刷黄子机刷去菌毛。

2. 泡黄子（发酵）

刷净的黄子入缸，每缸100千克，再加入盐水，其比例为黄子100千克、食盐50千克、水200千克。黄子入缸后，每天用耙搅动，促使黄子逐渐软碎，然后过筛，搓开块状，筛去杂质。过筛后续入少量清水（每缸25千克），以调节浓度，促进发酵。但水不能一次续入，应分3次续入。续水时间在夏至前完成。夏至开始打耙，每天4次，每次20耙。在此期间，打耙要缓慢，不宜用力过大，防止再发酵。暑伏开始定耙，早晚各增打20耙，1个月后，改为每天打耙3次。处暑停止打耙，黄酱即成熟。

3. 包装

将黄酱用罐头瓶分装，即为成品。

（四）质量要求

（1）成熟的黄酱色红褐，鲜而有光泽。

（2）有酱香及酯香，咸淡适口，不酸、苦，无其他异味。

（3）黏稠适度，无霉花。

二十八、甜面酱

甜面酱以面粉（一般用标准粉）、食盐和水为原料加工而成，甜绵可口，既可作酱菜食用，也可作烹调调料，很受欢迎。

旧法生产甜面酱如下。

（一）工艺流程

1. 制曲

面粉→拌和→蒸熟→冷却→接种→制曲→面糕曲
（拌和←水；接种←种曲）

2. 制酱

面糕曲→入发酵容器→自然升温→加盐水→保温发酵→甜酱醅
（食盐＋水→配制→澄清、加热→加盐水）

3. 加工产品

甜酱醅→磨细→过筛→灭菌→包装→成品

（二）制作要点

1. 原料处理

以面粉100份，约加清水40份，充分揉匀，再在杠杆下压揉至取样检查无生粉夹心为度；切成长约30厘米，宽10～15厘米的块状，分层上甑蒸熟。

2. 制曲

面糕蒸熟后，立即摊开排除表面水分，冷却后按原料总重的0.3%接种米曲霉种曲，将面糕就地立堆于草席上，与地面约成10°～15°角，表面加覆草垫保温。48小时后，品温升至40℃上下，即应进行翻堆，翻堆后品温再次上升，最高可达50℃，根据温度高低，决定翻堆次数。一般每日翻1～2次，连续3天，翻堆时必须将原来直立的面糕逐一倒转，并渐渐堆高。5～6天后改大堆垛，垛顶面留30厘米直径的孔，以排除水分。再堆置5～6天，至垛顶不再有水雾冒出，即将面糕移至烈日下晒干。正常的面糕曲断面应呈白色松散的粉状，质地轻而松脆，清香，口尝有甜味。晒干后，打碎成直径2～3厘米的小块。

3. 发酵

面糕块按重量添加1倍的16波美度盐水（盐水调制时可添加部分米酒，但最终盐水浓度不应低于16波美度），拌匀后下缸，置日光下曝晒。次日翻一次，3天后再翻一次，以后每日至少翻2～4次，夏季约5个月成熟。

4. 装罐

将成熟的酱装入干净的罐头瓶中，密封，即为成品。

（三）质量要求

产品色泽金黄，口味甜腻，醇香鲜美，下锅不煳。

加酶发酵制面酱如下。

酶法生产甜面酱，改变了制酱工艺的传统习惯，简化了生产工序，改善了产品卫生，产品甜味突出，出品率高。

（一）工艺流程

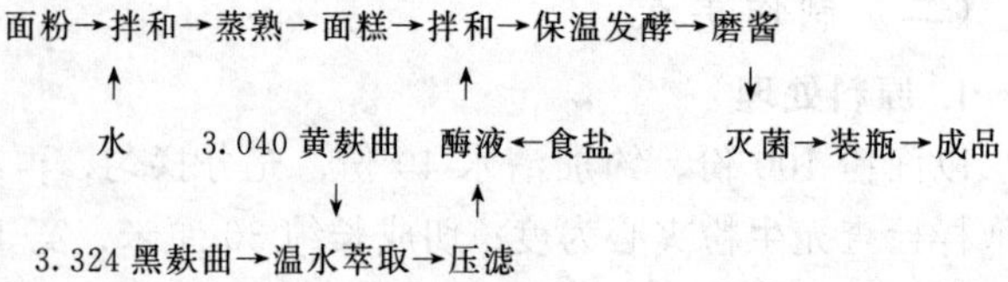

面粉→拌和→蒸熟→面糕→拌和→保温发酵→磨酱→灭菌→装瓶→成品

（水加入拌和；3.040黄麸曲→温水萃取；3.324黑麸曲→温水萃取→压滤→酶液←食盐，酶液加入第二次拌和）

（二）操作要点

1. 酶液的萃取

按原料总重量的13%称取麸曲（其中3.040麸曲10%，3.324麸曲3%），放入有假底的容器中，加入40℃的温水浸渍1.5～2小时放出。如此套淋2～3次，测定酶活力，一般每毫升糖化酶活力达到40单位以上时，即可应用。

2. 蒸面糕

面粉加入拌和机中，加水30%，充分拌匀，不使成团，和匀后常压分层蒸料；加料完毕后，待穿气时开始计时，数分钟即可蒸熟；稍冷后用机械打碎，使颗粒均匀，在正常情况下，熟料以35%上下为宜。

3. 保温发酵

面糕蒸熟后，冷却至60℃左右，下缸，按原料配比（面粉100千克加酶液13千克，麸曲浸出液8.5千克，食盐16～17千克，水66～67千克）拌匀后压实。此时品温约为45℃，24小时后，容器边缘部分已开始液化，有液体渗出，面糕开始软化即可进行翻酱，以后每天翻两次，保持品温45～50℃。第七天起升至55～60℃，第八天根据色泽深浅可调高至60～65℃，出酱前可升至70℃，立即出酱。在下缸第四天，可磨酱一次，使小块面糕磨细后，更有利于酶解。

4. 灭菌、包装

将酶解好的酱加热100℃灭菌，趁热用罐头瓶分装密封，即为成品。

二十九、蚕豆酱

蚕豆酱也叫豆瓣酱，原盛产于四川地区。酿造豆瓣酱的蚕豆必须预先剥去皮壳，使之成为瓣粒，然后再加工。

（一）工艺流程

1. 制曲

蚕豆瓣→浸泡→吸水→接种→制曲→蚕豆瓣曲

（浸泡←水；接种←种曲）

2. 制酱

蚕豆瓣曲→入池发酵→陈酿后熟→豆瓣酱醅

（入池发酵←糯米酒；陈酿后熟←澄清←溶化←食盐）

3. 配制

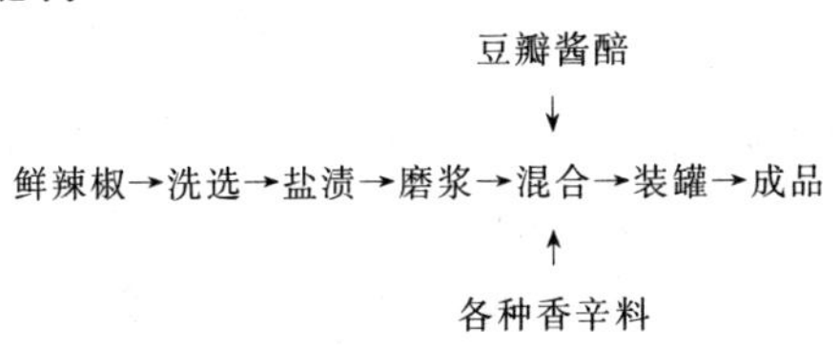

（二）操作要点

1. 蚕豆脱壳

（1）湿法脱壳　蚕豆除杂后，投入清水中浸泡，使之渐渐吸水至豆粒无皱皮，断面无白心，并呈发芽状态为度。浸泡完毕后以人工或机械剥去皮壳。也可以采用化学方法，即将2%的氢氧化钠溶液加热至80～85℃，然后将冷水浸透的蚕豆入浸4～5分钟；当皮壳呈棕红色即行取出，立即用清水漂洗至无碱性；此时皮壳极易去掉，操作必须迅速，以免豆肉变色。湿法脱壳的特点是瓣粒比较完整，但一定要注意掌握脱皮及浸泡时间不宜过长，否则会使豆瓣变得僵硬，制曲发酵以后也不易软解，影响成品质量。

（2）干法脱壳　干法脱壳比较方便，劳动生产率高，豆瓣容易储放。土办法为将蚕豆去杂后晒干，用石磨或钢磨磨去皮壳，然后风选分级，最后筛出豆肉备用。现在则大多使用脱壳机。用脱壳机干法脱壳，平均每台每天能处理蚕豆 2500～4000 千克，大大提高了劳动效率，减轻了劳动强度，改善了卫生条件。

2. 豆瓣处理

将干豆瓣肉按颗粒大小分别倾倒在浸泡容器中，以不同水量进行浸泡。豆肉吸水后，一般重量可增加 1.5～2 倍，体积膨大 1.8～2.2 倍。浸泡程度的判断：将豆肉拭去表面水分，折断瓣粒，如断面中心有一线白色层，即证明水分已经达到适度。

3. 制曲

豆肉浸泡适度后，应及时排放余水，或捞起沥干送入曲室制曲。但是由于豆瓣颗粒较大，因此制曲时间也需适当延长。一般通风制曲时间为 2 天，要特别注意调节曲室温度，防止“干皮”，必要时可在曲料面上搭盖一层席子。种曲用量为 0.15%～0.3%。

4. 制酱醅

将蚕豆瓣曲送入发酵容器中，表面扒平，稍稍压实，待品温升至 40℃左右，再将 18～20 波美度的盐水徐徐注入曲中，盐水用量约为豆肉原料的一倍，如能将盐水加热至 60℃使用更好。最后加上封口盐，保持品温在 45℃左右进行发酵，或移至室外后熟，则香气更浓，风味更佳。

5. 辣椒处理

生产豆瓣酱用的辣椒有鲜椒和干椒两种，一般以使用盐腌的鲜椒为好。

鲜椒应除去蒂柄，洗净沥干。按鲜红椒每 100 千克加盐 22～24 千克，一层鲜椒一层盐，撒布均匀，同时大力压实，再加少量食盐封面，食盐上铺竹席，用重物压上，使卤汁流出，可防止辣椒变质。鲜椒一般经腌至 3 个月后即可应用，用时要先用轧碎机粗碎后再在钢磨中反复磨细。如水量不足，可在磨浆时添加适量 20 波美度的盐水，以调节稠度。通常每 100 千克鲜椒加盐水 50 千克磨浆，可产成椒浆 150 千克左右。椒浆储放期间要每天搅拌一次，以防止表面生霉，影响产品质量。四川豆瓣酱在磨制椒酱时有的还加入约20%的含盐甜米酒汁，风味更佳。

干辣椒使用前的处理方法：将干椒100千克加水200千克浸泡12小时，然后捞起，加适量食盐腌渍，储放，用时再加20波美度盐水至500千克磨成浆状。

6. 配制

将熟后的蚕豆瓣醅与适量椒盐混合均匀，即成为豆瓣酱。作为商品的豆瓣酱要经加热灭菌处理。配制后如能再封坛发酵半个月包装出售，风味更好。

7. 装罐

将制成的酱用干净的罐头瓶分装密封，即为成品。

三十、大豆辣酱

（一）工艺流程

1. 制大豆曲

（1）工艺流程　大豆→洗净→浸泡→蒸熟→冷却→面粉混合→种曲接种→培养→大豆曲

（2）操作过程　将大豆清洗，以除去泥沙污物。然后在大量水中常温浸泡2小时，便豆粒充分润水，接着在普通蒸锅内常压蒸熟30分钟或在98千帕压力下蒸熟10分钟左右，直到豆粒软透及食后无酸味为止。这对提高蛋白利用率和提供微生物的营养源有意义。面粉混合时面粉不预先蒸熟或焙炒，这对曲繁殖有利，故用生面粉。制曲操作时原料配比为：大豆100份，标准面粉40～60份，曲种用量0.15%～0.3%。把这些料充分拌合后用于制曲。制曲方法中包括接种、培养工序与大豆酱制曲法相同。

2. 制豆瓣酱

大豆曲料→入池发酵→升温发酵→盐水混合→酱坯保温发酵→第二次加盐

成品←装罐←发酵翻酱←

（1）制豆瓣酱配比　大豆曲料100份，15波美度盐水70份，当酱醅成熟后，再加入24波美度盐水30份，细盐10份。

（2）操作过程　先把大豆曲料倒入发酵池内，稍压后以盐水逐渐渗透，增加曲和盐水接触时间。发酵后自然升温到40℃左右，同时把15波美度盐水加热到60～70℃倒入面层，然后上层撒入一层细盐，盖好。这样10～15天左右发酵完毕，再补加24波美度盐水及封面用精盐，混合均匀后在室温下再次发酵5～6天左右即可。注意保温发酵时酱坯温度不应低于40℃，以防发酵太慢而杂菌感染后变酸。

3. 制干辣酱

先将干辣椒用万能粉碎机粉碎后称取100份辣椒粉，15波美度食盐水150～200份，生江米粉（也可用白面粉）40份、白糖10份、大蒜碎泥6～8份、生姜泥2份，在大缸内充分搅拌后于室温下自然发酵15天左右即成干辣酱。

4. 制豆瓣辣酱

上述所制得的豆瓣酱与干辣酱1∶1的比例混合后放入大锅内，加热至50～55℃时移出倒入发酵池内，在室温下发酵15～20天左右，室温控制在40～45℃，则10天左右就发酵完毕。发酵前为防止杂菌或产膜菌侵入，池面铺一层白布并放一层干盐。豆瓣辣酱储藏或装瓶前必须进行灭菌及采取防腐措施。灭菌方法为产品放入大锅内，边搅拌边加热（防止焦煳），中心温度80℃以下，10分钟就立即出锅，盛在配料缸中，稍冷后加入0.1%苯甲酸钠或0.5%丙酸钙搅拌混后装瓶，也可装入灭过菌的干净坛内封盖入库或外销。

（二）质量标准

（1）感官指标

色泽：呈酱红色，鲜艳而有光泽。

口味：鲜美而辣，无苦味、霉味。

杂质：无小白点，无僵瓣，无黑疙瘩，无其他杂质和辣椒籽等。

（2）理化指标　水分＜60%，食盐14%～15%，全氮含量＞

1.18%，氨基酸>0.7%，总酸（乳酸计）<1.3%。

（3）微生物指标　无致病菌检出。

三十一、辣芝麻酱和辣葵花酱

（一）产品特色

辣芝麻酱和辣葵花酱，为国内市场上尚属少见的新产品，芝麻酱本身油香、味美、属高级调味酱，若再加以独特的辣味会别具一格。葵花酱是美国最盛行和受欢迎的调味酱。葵花酱比花生酱含铁多3倍，含维生素E多3倍，含钙也多于花生酱。此酱辣味浓郁、香、咸、辣比例适度，很适合北方口味。

（二）原辅材料

1. 辣芝麻酱

豆瓣辣酱55%，芝麻酱20%，二级酱油17%，白糖3%，大蒜泥4%，胡椒粉少量，味素少量，苯甲酸钠0.1%。

2. 辣葵花酱

豆瓣辣酱50%，葵花酱25%，二级酱油18%，白糖2%，黑胡椒粉0.1%，葱汁、味素适量，熟花生油5%，苯甲酸钠0.1%。

（三）制作方法

芝麻仁和脱壳后的葵花仁在大锅内焙炒，同时勤加搅拌，然后用石磨或小型砂轮磨磨成酱体，装坛备用。再与豆瓣辣酱等按配方搭配拌匀，装罐密封，即为成品。

三十二、肉末辣酱

南方肉末辣酱在北方市场很畅销，但其口味不适合北方口味。尤其北方人不喜欢酸味及芥末味重的调味酱。故按北方口味，为降低含酸量、甜味、油腻感，改进了原工艺及配方，制出牛肉辣酱、鸡肉辣酱、香肠辣酱、猪肉辣酱等。现将牛肉辣酱制作方法介绍如下。

（一）原辅材料

豆瓣辣酱40%，牛肉末50%，干辣酱15%，面酱18%，芝麻酱6%，二级酱油10%，白糖3%，香油或熟花生油5%，大蒜泥2%，胡椒粉0.05%，生姜泥1%，味精少量，苯甲酸钠0.1%。

（二）制作方法

将生牛肉煮熟后，切块，磨碎成肉泥后，加各种调料和苯甲酸钠，在锅内加热至80℃，10分钟灭菌。随即装罐密封，即为成品。

三十三、蚕豆南瓜辣酱

（一）工艺流程

1. 蚕豆曲制备

蚕豆→洗净→浸泡→去皮→混合→接种→厚层通风培养→蚕豆曲

2. 南瓜豆瓣辣酱

蚕豆曲、辣椒酱→固态低盐加辣发酵→精制（加入南瓜块、砂糖、鲜酱油）→灭菌→包装→成品

（二）操作要点

1. 南瓜块的制备

选用皮较硬、肉厚呈橘红色，含糖量高，纤维少，九成熟以上的南瓜为原料，洗净去皮、去蒂，对剖去籽，然后用刀或切片机切成1厘米×1厘米×0.3厘米的小块，浸入沸水中2～3分钟后冷却备用。

2. 辣椒酱的制备

将红辣椒利用粉碎机磨成细粉，按100千克辣椒粉，加20波美度的盐水600千克的比例浸泡，并经常搅拌使其成酱状。

3. 蚕豆曲的制备

（1）洗净、浸泡　利用自来水洗去蚕豆中的泥土及其杂质，在

常温下将蚕豆放进自来水中浸泡 8～12 小时，以表皮开裂、易于去皮为宜。

（2）去皮　采用人工剥皮或橡胶双辊筒轧豆机去掉蚕豆的表皮。

（3）蒸面　将小麦粉放入锅内干蒸 50 分钟，出锅后经过冷却，将结块打碎。

（4）制曲　将蚕豆 1000 千克和面粉 600 千克混合均匀，按 0.3%的比例将米曲霉曲撒入冷却后的蚕豆的面粉中拌匀，然后放入制曲池中摊平，厚度为 30 厘米，入池品温保持在 30～32℃，曲室温度保持在 33～35℃，空气相对湿度保持在 90%，制曲过程中温度控制在 33～40℃，当品温达到 42℃时进行第一次翻曲，此时蚕豆表面已长有少量菌丝，翻曲后通风将品温降至 35～36℃。以后每当品温上升到 40℃时，就通风降温至 35～36℃。在第一次翻曲后的 6～7 小时进行第二次翻曲，并打碎结块。此时蚕豆基本长满了菌丝，第二次翻曲后再培养 6 小时即可出曲，整个制曲时间为 48 小时。

4. 酱体发酵

原料配比为：豆瓣曲 200 千克，水 80 升，辣椒酱 150 千克，保温发酵后补加 23 波美度的盐水 280 千克。

先将辣椒酱与水加热至 60℃，再与豆瓣曲搅拌均匀，落入发酵池内，用铲压平，上盖清洁白布一层，布上每池加封面用的食盐 50 千克，防止品温发散及杂菌侵入。发酵期间醅温保持在 40～45℃。8 天后取出，加入 23 波美度的盐水，充分混合均匀，在室温中后发酵 3～4 天，即得成熟酱醪。

5. 配制、灭菌

按豆瓣辣酱 55 千克，南瓜块 18 千克，鲜酱油 24 千克，白砂糖 3 千克的比例，在夹层锅内将上述配料搅拌混合均匀，再加热到 80℃，保温 10 分钟进行灭菌。因为酱醪较黏稠，加热时温度容易不均匀，所以必须不断搅拌，同时在成品酱醪中再加入 0.1%的苯甲酸钠，使其彻底溶解，以防酱醪变质。

6. 包装

成品用四旋玻璃瓶包装，其容量为 250 克或 500 克。瓶要洗净并经加热灭菌后才能装入辣酱，每瓶表层要加入麻油 6.5 克，然后加盖旋紧。盖内衬一层蜡纸，以免麻油渗出。

（三）质量要求

（1）酱体红褐色，质地浓稠，甜辣适口。

（2）无霉变，无致病菌，符合卫生要求。

三十四、淳安辣椒豆豉

淳安辣椒豆豉，是浙江省的一大名产。它以鲜辣味美，清香可口，制作简便，能长久存放，经济实惠而著称。其制作方法如下：

1. 煮豆拌料

将黄豆（大豆）煮熟，摊开晾干，然后把炒熟的米粉掺进豆里搅拌。米粉用量以能将潮湿的熟豆拌至分散为颗粒为止。

2. 保温发酵

将煮拌好的黄豆，用塑料薄膜覆盖保温发酵，发酵时间视豆的外表生长出金黄色的豆花为宜（有时也可能长灰色的）。把发酵好的豆豉晒至无水分为止。

3. 调配入味

将鲜椒洗净、晒瘪、切碎，和晒干的豆豉及 30%的食盐掺在一起，反复搅拌，直至豆豉发潮润湿为止。为使辣椒酱味道更鲜美，可适当加入少许生姜、大蒜、茴香等佐料。

4. 装坛储存

用瓷坛，将辣椒豆豉置于缸内，密封缸口。存放 3～8 个月后，即成。

5. 包装

将制好的豆豉用干净的玻璃瓶分装，即为成品。

三十五、木瓜酱

（一）产品特色

木瓜营养丰富，除含有葡萄糖、果糖以及多种维生素外，还含有能帮助人体消化的蛋白酶——番木素。成熟的木瓜呈金黄色或肉红色，果肉清香，柔嫩多汁。做成果酱味更鲜美。

（二）原辅材料

木瓜1000克，蔗糖500克，柠檬酸10克，苯甲酸钠1克，果胶粉5克（不用也可）。

（三）制作方法

（1）将八九成熟、去皮除籽的木瓜切成1厘米见方的小块，每500克木瓜加水100克，煮沸10～15分钟，使果肉软化。用纱布或60目筛过滤成泥状。

（2）将木瓜泥加蔗糖放入铝锅或不锈钢锅中置火上熬煮，应随时搅动，以免烧焦；约熬20分钟可取一竹片沾少许木瓜酱，如果酱在竹片下端凝成1厘米见方的片状而不滴落即可。

（3）将熬好的木瓜酱趁热加入适量的柠檬酸，使之酸甜适口（柠檬酸除调味外还有控制蔗糖再结晶的作用）。同时加防腐剂苯甲酸钠充分搅拌均匀。

（4）将果酱瓶或有盖的陶瓷器皿洗净，在沸水中煮半小时，将熬好的木瓜酱装入瓶中，冷却后加盖密封（若热时加盖密封，果酱表面会产生小水滴，从而降低酱面含糖量，易霉变，不便长期保存）。装瓶后的果酱可放置阴凉处储藏，常温下可储藏1～2个月。存放在电冰箱中储存期还可延长。

（5）熬好的果酱由于木瓜含有少量的果胶有一定的凝结力，若想提高凝度，可添加适量的果胶，没有果胶可用适量的淀粉调成乳浊液加入果酱中。

（四）产品质量

成品木瓜酱色泽金黄，细嫩爽口，酸甜适中，有清香的木瓜味。用来佐馒头、面包，作馅心都可，风味独特，别具一格。

三十六、胡玉美蚕豆辣酱

（一）产品特色

在我国酱菜行业，历来有“北有六必居，南有胡玉美”之说。所以许多到过安徽省安庆市的人都要到胡玉美门市部买几瓶胡玉美酱菜，尤其是蚕豆辣酱，感觉才不虚此行。

胡玉美酱菜至今已有100多年的历史了，开发了系列酱菜、系列酱油等新型品种近百种。在1988年全国首届食品博览会上，胡玉美蚕豆辣酱夺得金牌。现特将胡玉美蚕豆辣酱的加工方法介绍如下。

（二）原辅材料

蚕豆2000千克，盐水2125千克（18～18.5波美度），辣椒酱830千克，红曲、麻油、甜酒酿、面粉适量。

（三）工艺流程

原料处理→制曲→制酱→灭菌→包装→成品

（四）操作要点

1. 原料处理

主料：蚕豆、面粉、辣椒、食盐和水。辅料：麻油、甜酒酿酱、红曲。先腌制辣椒、辣椒处理好坏与成品质量关系极大。将鲜辣椒洗净沥干，除去蒂柄。每50千克辣椒加食盐7.5千克，先腌制在缸中，一层辣椒，一层盐，压实。2～3天后液汁渗出，即行取出，然后将卤汁移入另一缸内，再加5%食盐，平封于面层。食盐上层放一竹篾，上压重石，压出卤水。鲜辣椒腌制3个月后成熟，腌椒在使用时，还需要磨细成酱。一般含水量60%，水量不足时加适量浓度的盐水，同时加入2.5%～3%的黄曲。

2. 制曲

将蚕豆的面粉按常规方法制成豆瓣曲。

3. 制酱

制豆瓣曲、盐水及辣椒酱按上述配比，投入发酵容器后翻拌1次，要求升温至42～45℃，保温12小时，发酵期为12.5天，每天日夜班各翻1次，酱温应逐步升至55～58℃，直至第十二天再升温至60～70℃（夏季65～70℃，冬季60～65℃），继续保温36小时，第十四天冷却，第十五天即得成品。

4. 灭菌

为了包装后不变质，一般须加热灭菌。灭菌方法有直接火法和蒸汽法两种，但必须注意，防止温度太高而发生焦煳。灭菌温度为80℃，保持10分钟。

5. 包装

一般用广口玻璃瓶包装，玻璃瓶容量为250毫升，玻璃瓶必须用清水洗净、沥干，在蒸汽灭菌箱内灭菌后，再装入成品。每瓶层面加入6.5克香油，封面的香油应加入0.01%的苯甲酸钠，以利于防腐防霉。然后加盖，盖内垫上一层蜡纸板，以免油分渗出，最后贴标签，包装入箱即可出售。

（五）产品质量

（1）酱体色泽鲜红，质地细腻。

（2）香辣可口，风味独特。

三十七、黄姚豆豉

（一）产品特色

黄姚豆豉是广西昭平县黄姚乡的传统名产，早在清代初期，就以色黑、质软、无核、味甘、醇香而驰名中外。

黄姚豆豉不仅有“隔壁闻香”之誉，还有“红线下沉”的特点，即把豆豉放在清水中豆豉徐徐下沉，便会泛出一条条红褐色的水线，从水面一直泛到水底。这一点是其他豆豉所没有的，这种豆豉之所以风味独特，除了选料严格，加工精细外，还因宝珠江水含有40多种矿物质，用此水酿制出的豆豉风味绝佳，为佐餐、调味佳品。

（二）制作方法

制作黄姚豆豉的主要原料是当地盛产的一种黑豆及米曲霉菌种等。其传统工艺是干蒸、发酵、水洗、晒干及封储五大过程。即先把选好的黑豆上锅干蒸约 4 小时，再出锅晾凉，用水泡 1 小时，然后接米曲霉，入霉房发酵 5 天左右，置日光下晒干，最后是将加工好的豆豉入缸内，封储三个月至半年即可成为色、香、味俱全的黄姚豆豉。将其用干净的罐头瓶分装密封，即可上市。

三十八、陈酿香糟

陈酿香糟是浙江绍兴的传统特产，是制作糟鱼、糟肉、糟鸡、糟鸭、糟鹅、糟蛋等的调味佳品，深受中外消费者欢迎。

（一）制作方法

陈酿香糟系以优质绍兴酒的酒糟为主要原料酿制而成。其制法比较简单，在黄酒压榨后，将糟通过轧糟机压碎，经过筛后，即可配料制作。

其配料为每 100 千克糟加食盐 4 千克，加 0.03%的花椒。经充分搅拌后，放在石臼中捣烂；然后，将捣成糊状的酒糟灌入酒坛内，灌装时，必须边灌边压实；最后用荷叶将坛口包扎好，再用泥密封，陈酿 1 年左右，即为成品。

（二）产品质量

香气浓郁，味道甘甜，用它制成的糟制食品，其味更美，醇香异常。

三十九、香糟和红糟

（一）香糟

产于杭州、绍兴一带，是用小麦和糯米加曲发酵而成。含酒精 26%～30%。新货色白，香味不浓。经过存放后熟，色黄甚至微变红，香味浓郁。存于干燥阴凉处，防止日晒、雨淋。用食品袋包装，即可上市。

（二）红糟

产于福建省，是以糯米为原料酿制而成。含酒量在20%左右。质量以隔年陈糟，色泽鲜红，具有浓郁的酒香味者为佳。存于干燥阴凉处，防止日晒、雨淋。

（三）食用方法

这两种糟都是特殊调味品，可做糟熘肉片、糟鸡、糟鱼等。红糟在食前先用油把糟炒干，再加其他佐料。加热后色泽鲜红，具有特殊风味。用食品袋包装，即可上市。

四十、豌豆酱油

（一）原辅材料

豌豆135千克，面粉30～35千克。

（二）工艺流程

种曲、面粉 ↓

豌豆→清洗→浸泡→沥水→蒸煮→冷却→拌和→制曲→成曲→下缸→混合→晒露发酵→成熟酱醅→淋油→灭菌→澄清→过滤→包装→成品

（三）操作要点

（1）原料处理　豌豆洗净后，加水浸泡，以豆粒涨至无皱纹为度，然后将水沥干。装入蒸锅内常压蒸2小时，闷2小时左右。以蒸熟透，用手捻时豆皮易脱落为宜。此时即可出锅，置拌料台上摊凉至80℃左右，加入面粉拌匀。

（2）制曲　选用沪酿3.042米曲霉制造种曲，使用前先用面粉拌和均匀。当曲料降温至40℃左右时，接入种曲，放入曲室制曲。制曲温度控制在30～34℃，制曲时间为45～60小时。成曲颜色呈淡黄色，老曲色泽增深。

（3）露晒发酵　将曲料放入缸内压实；加入18～20波美度的盐水，盐水量为曲料的2.5倍左右，防止酱醪表面暴露于空气中，以减少氧化所产生的色素。酱醅日晒夜露发酵3～6个月，酱醪可以成熟。

（4）淋油　将发酵成熟的酱醪从发酵池底部将生酱油自然滤出，滤完后再分次加入酱油及18波美度盐水浸泡8～10天后淋油，将有效成分彻底拔尽。

（5）灭菌、澄清、过滤　配制好的生酱油通过热交换器以85～90℃加热灭菌。经澄清后，通过1500转/分调整离心机过滤。

（6）包装、灭菌　过滤后的酱油装瓶，然后再进行一次60℃的巴氏法灭菌。冷却至35℃左右，即为成品。

（四）质量要求

（1）色泽　红褐色，鲜艳，有光泽，不乌发黑。

（2）香气　有酱香气及酯香气，无其他不良气味。

（3）滋味　鲜美、适口，稍有甜味，味醇厚，无酸、苦、涩等异味。体态澄清、无沉淀、浓度适当。

四十一、豌豆面酱

（一）工艺流程

豌豆、面粉→拌和→蒸熟→冷却→接种→入池升温→保温发酵→磨细→灭菌→包装→成品

（二）操作要点

1. 制曲

用拌和机械将豌豆粉与水充分拌和，每100千克豌豆粉加水30升左右，使其成长条形或蚕豆大小的颗粒，然后及时放入常压蒸锅中，当最后1包碎面块放入蒸锅后，将面层翻拌，待全部冒汽后即可。出锅后通风冷却至40℃，然后接入沪酿3.042米曲霉种曲0.3%～0.4%，拌匀摊平保持38～40℃培养45～60小时即可。

2. 制酱

（1）配合比例　面糕曲100千克，加盐水100千克（14波美度盐水）。

（2）制酱操作　将14波美度的盐水加热至65℃左右，同时将面糕曲堆积或升温至45～50℃，第一次盐水用量为面糕曲的

50%，用制醅机将曲与盐水充分拌匀，入发酵容器。此时要求品温达53℃以上，面层用再制盐加盖，品温保持在53～55℃，发酵7天，发酵完毕。再第二次加沸盐水，拌匀，即得浓稠带甜的酱醪。

3. 过滤、灭菌

酱醪成熟后，用螺旋出酱机在发酵容器内直接将酱醪磨细同时输出，磨细的面酱再通过孔径为1毫米的筛子过滤。过滤后加热灭菌。

4. 装瓶

将过滤好的酱体，用玻璃瓶罐分装密封，即为成品。

（三）质量要求

（1）色泽　黄褐色，有光泽。

（2）香气　具有面酱香，无其他不良气味。

（3）滋味　味甜而鲜，咸淡适口，无酸，无苦焦煳或其他异味。

（4）体态　黏稠适度，无霉花、无杂质。

四十二、豌豆芝麻酱

（一）工艺流程

豌豆→浸泡→熟豆→制曲→豌豆曲→入缸醅酿→磨酱→磨细→装瓶→成品

（二）操作要点

（1）制曲　制豌豆曲的工序操作同豌豆酱油制曲，但出曲时曲的水分应低于28%。

（2）醅酿成酱　以每缸投豌豆50千克计算，豌豆曲制醪用盐水量为100%～110%，酿制时酱醪呈半干态，故称“醅酿酱”。醅酿操作，把豌豆曲放入缸中，曲的上面用箅筛加石块压住，再灌入12波美度盐水50～55千克。让其自然吸收。3天后取出箅筛，原缸翻醅一次，把醅面整平压实。加封面盐1%，晒酿20天成酱。

（3）磨酱、配料　将成熟豌豆酱取出用胶体磨磨细，再与配料混合。每缸配白芝麻 20 千克，大红辣椒坯 2 千克，白糖 8 千克，花椒粉 0.3 千克。

白芝麻要先炒爆，磨成麻酱，然后与其他配料、豌豆酱混合再磨细。

（4）包装　把磨细的豌豆芝麻酱，加热至 90℃，趁热装瓶盖封，即为成品。

（三）质量标准

（1）感官指标　色泽黄褐油润，体态均一的浓稠状。香、鲜、甜、咸、微辣适合，回味香甜，松润绵软而不粘口。

（2）理化指标　全固形物 60%，水分 32%～35%，食盐 5～5.3 克/100 克，酸 0.6 克/100 克（以乳酸计），氨基氮 0.3 克/100 克，油脂 6.5 克/100 克。

（3）微生物指标　无致病菌检出。

第十二章 西式调味品

随着改革开放的不断深入发展，外国朋友和贵宾大量涌入我国。为招待国外人士，特编选了部分西式调味品，以备需求。

一、辣酱油

（一）产品特色

辣酱油最初产于英国，是一种黑褐色、香辣味沙司。它具有促进食欲，帮助消化的作用，是富有营养的调味品。辣酱油多以蔬菜、水果、米醋、辛香料及各种调味料等作为原料。辣酱油多用于吃西餐、拌凉菜，也可佐蘸饺子食用，味道极为鲜美。

（二）原辅材料

配方一：海带 10 千克，蒜 4 千克，食盐 22 千克，胡椒 1.5 千克，肉豆蔻 1 千克，藿香 0.75 千克，洋葱 6 千克，陈皮 0.15 千克，红糖 30 千克，橘皮 0.7 千克，芥末粉 0.5 千克，桂花 0.75 千克，胡萝卜 5 千克，辣椒 2 千克，丁香 0.5 千克，百里香 1 千克，焦糖色适量，冰醋酸 2.4 千克。

配方二：洋葱 5 千克，胡萝卜 2 千克，海带 2 千克，辣椒 0.5 千克，蒜 1 千克，姜 0.3 千克，陈皮 100 克，胡椒粉 100 克，肉豆蔻 150 克，桂皮 250 克，丁香 150 克，藿香 250 克，百里香 250 克，芥子粉 100 克，桂花 250 克，蔗糖 10 千克，食盐 10 千克，焦糖色 0.8 千克，味精 250 克，五香子 100 克，藿香草 100 克，冰醋酸 1.3 千克。

（三）工艺流程

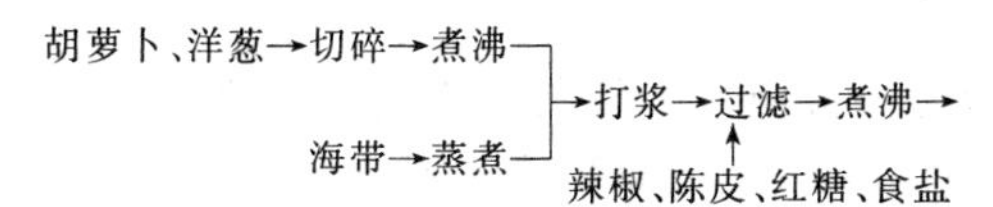

→文火煮沸→过滤→冷却→熟化→灭菌→灌装→成品
↑ ↑
胡椒粉、肉豆蔻、橘皮、丁香等粉碎 冰醋酸

（四）操作要点

（1）打浆过滤　将胡萝卜、洋葱洗净切碎备用。海带上屉蒸半小时，洗去盐分，切碎与胡萝卜、洋葱一起加适量水煮沸 1 小时，然后停火，打浆过滤。将滤渣加入少量水，稍煮沸后再过滤，合并两次滤液。

（2）煮料、过滤　将辣椒、陈皮切碎与红糖、食盐一起加入滤液中，煮沸约 30 分钟后，改用文火，再将胡椒粉、肉豆蔻、橘皮、丁香、百里香粉碎加入上液中，文火煮沸 20 分钟后。再加入桂花、芥末粉、蒜泥煮沸 10 分钟左右，停火过滤。滤渣用适量水浸渍后再过滤，合并两次滤液，用焦糖色调整颜色。

（3）加冰醋酸搅拌　当滤液冷却到 30～40℃时，加入冰醋酸，搅拌均匀。

（4）熟化灌装　将配好的辣酱油密封于罐中，熟化 15 日左右，常压灭菌、灌装于干净的玻璃瓶中压盖，密封冷却，即为成品。

（五）质量要求

（1）外观酱褐色，有微量辛香料沉淀。

（2）口感比较甜，香气柔和，带有辛辣味。

【注意事项】

（1）在煮沸海带或胡萝卜时要随时加水维持原有水量。

（2）各种辛香料要粉碎后再煮沸，这样香味可全部浸出。

（3）待调味汁冷却至 30～40℃时，再加入醋酸，以免温度过高，醋挥发。

（4）各种辛香料的比例可根据当地口味调整。

二、番茄沙司

番茄沙司是在番茄泥中加入白砂糖、食盐、米醋、辛香料以及其他调味料等加工而成。原料中番茄的质量和配料中米醋、辛香

料的选择、配比等都是决定番茄沙司质量的重要因素。

（一）原辅材料

配方一：番茄泥10升，30%的醋酸0.1升，砂糖0.5千克，食盐0.1千克，洋葱0.1千克，大蒜5克，丁香4克，肉桂3克，肉豆蔻衣1克，辣椒1克，天然调味液20克。

配方二：番茄泥45升，醋6升，冰醋酸0.5千克，砂糖6千克，食盐1千克，洋葱1千克，红辣椒50克，肉桂50克，多香果35克，丁香35克，肉豆蔻衣10克，大蒜10克。

配方三：番茄酱或泥（12%）50千克，砂糖7.5千克，食盐1千克，冰醋酸500千克，洋葱1千克，丁香50克，桂皮70千克，生姜粉10克，红辣椒10克，大蒜末10克。五香子15克，玉果粉5克，美司粉5克，煮调味料用水3.5千克左右。

（二）工艺流程

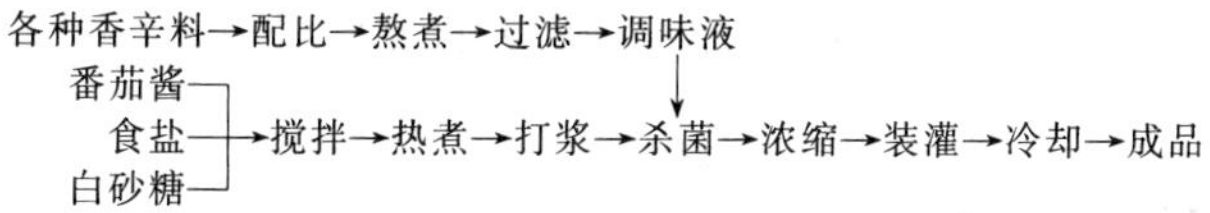

各种香辛料→配比→熬煮→过滤→调味液

番茄酱、食盐、白砂糖→搅拌→热煮→打浆→杀菌（加入调味液）→浓缩→装灌→冷却→成品

（三）操作要点

（1）原料处理　将洋葱外衣去掉，切去须根，洗净切成细丝。蒜头去掉外衣，并用斩拌机斩成细末。其他香辛料能洗的要洗净，然后尽可能粉碎或敲碎。

（2）制取滤液　先向夹层锅中加入适量的清水和米醋及冰醋酸，再加入各种香辛料，加热煮沸后，加盖焖2小时，然后用绢布过滤取汁，滤渣加适量水再煮一遍，过滤取汁，合并两次滤液，作为下次煮调味料的用水。

（3）打浆过滤　将所有配料（除调味液）加入搅拌锅中，加热搅拌，待糖、盐溶化后打浆，用0.6～0.8毫米的筛孔过滤。

（4）调味装瓶　打浆后加入调味液，搅拌煮沸后趁热灌装封口。先以50℃左右热水淋洒再降温，然后分段冷却至30℃左右，即为成品。

（四）质量要求

（1）成品为暗红色，酱体细腻，不分层，稠度适中。

（2）可溶性固形物≥33%，氯化钠3%～5%，酸度（以醋酸计）0.8%～1.2%。

【注意事项】

（1）调味液最好现用现煮，如要多煮，分次使用，应把配方中的糖、盐一同加入调味液中，这样可提高调味液的渗透压，达到抑制微生物的作用。必须储存于陶缸或不锈钢桶中。

（2）空瓶用清水洗净，倒置带孔容器中，在116℃消毒15分钟备用。瓶盖用沸水消毒，沥干备用。

（3）如使用塑料聚酯瓶，应采用消毒液浸泡消毒。必须在无菌条件下灌装封口。

三、辣椒沙司

辣椒沙司是以鲜辣椒为原料，配以果蔬及调味辛香料制成的一种西式调味料。

（一）原辅材料

辣椒咸坯50千克，苹果10千克，洋葱1.5千克，生姜0.2千克，大蒜0.2千克，白糖2.5千克，味精0.2千克，冰醋酸0.15升，柠檬酸0.4千克，增稠剂0.2～0.5千克，香蕉香精5克，山梨酸钾0.1千克，肉桂50克，肉豆蔻25克，胡椒粉、丁香各100克。

（二）工艺流程

鲜辣椒→洗涤→盐渍→转缸→咸坯→粉碎过滤

苹果→洗涤、去皮→去心→预煮→打浆

洋葱、蒜、姜→去皮→切丝→预煮→打浆

→混合→调味→磨细→熟化→灌装→成品

（三）操作要点

（1）选料　选用色泽红艳、肉质肥厚的鲜辣椒，最好选用既甜又辣的灯笼辣椒。

（2）制辣椒糊　将辣椒洗净，沥干水分，摘去蒂把，用人工或机械把辣椒破碎成1厘米见方的小块。每100千克辣椒用食盐20～25千克腌渍，并加入0.05千克明矾，要求一层辣椒一层盐，下少上多。前3天每天倒缸1次，后3天每天打耙1次，6天即成，用时将辣椒腌坯磨成粉。

（3）果蔬打浆　苹果洗净，去皮，挖去果心，放入2%食盐水中浸泡一下，然后放进沸水中煮软，连同煮水一同入打浆机打浆。洋葱、蒜、姜去掉外皮，切成丝，煮制，捣碎成糊状。

（4）辛香料煮汁　各种辛香料加水煮成汁备用。

（5）混合、调味　先将辣椒与苹果糊充分混合搅拌，再加入各种调味料、调味汁及溶化好的增稠剂，最后加入香精及防腐剂。

（6）磨细、熟化　将配好的料经胶体磨使其微细化，成均匀半流体，放入密封罐中，储存一段时间，使各种原料一步混合熟化。

（7）灌装　用干净玻璃瓶将熟化后的物料灌装，经常压灭菌，冷却至常温，即为成品。

（四）质量要求

（1）成品为红黄色，鲜艳夺目。

（2）半流体，不分层，均匀一致。

（3）鲜甜，酸咸适口，略有辛辣味。具有混合的芳香气味。

（4）无致病菌，符合卫生要求。

四、辣根沙司

（一）产品特色

辣根是西餐中常见的调味蔬菜，有较强的辣味。辣根沙司主要以辣根、醋精为主，并配以其他调味料制成，酸甜解腻，适合于佐食烤牛肉、烤猪肉、冷盘鱼等。

（二）原辅材料

辣根500克，白砂糖80克，米醋50克，精盐20克，凉开水400克。

（三）工艺流程

辣根→绞成细末→装罐→调味→灌装→成品

（四）操作要点

（1）辣根绞末　将辣根削去皮，洗净、切片，用绞肉机绞成细末。

（2）调味　将白砂糖、醋精、精盐一同加入罐内搅匀，随着加凉开水，边加边搅，混合均匀。

（3）冷藏　将调配好的辣根沙司连同瓦罐一起放入5℃左右的冰箱冷藏，随时随取。

（五）质量要求

成品混合均匀，无分层现象。辛辣利口，酸甜解腻。用于配胶冻类和油腻较大的肉食。

【注意事项】

（1）辣根量少时擦成末即可，量大时可用绞肉机绞碎。

（2）成品要置于冰箱内，以防污染。

五、炸猪排沙司

（一）产品特色

炸猪排沙司与辣酱油相同，呈黑褐色，有香辣味。所不同的是浓度较高，酸度比辣酱油低。目前在国际市场上中浓沙司及高浓沙司型的调味汁极为畅销。炸猪排沙司主要以蔬菜汁、氨基酸液为主要原料，香味独特，营养丰富，食用方便。

（二）原辅材料

蔬菜汁9千克，氨基酸液3千克，淀粉4千克，白砂糖3千克，饴糖5千克，酱油5千克，米醋15千克，食盐16千克，番茄泥0.8千克，胡椒0.8千克，肉桂0.3千克，丁香0.3千克，香叶0.2千克，百里香0.3千克，增香剂各适量。

（三）工艺流程

辛香料→煮沸→过滤→二次煮沸→二次过滤→滤液混合→煮沸→调配→增稠

成品←灌装←

（四）操作要点

（1）原料处理　将所有辛香料捣碎或粉碎，并加入适量水煮沸，文火煮约1小时。

（2）过滤　将煮沸过的辛香料液过滤，滤渣内加水再煮沸，约30分钟后过滤，将两次滤液混合。

（3）混合　将蔬菜汁、氨基酸液、食盐、番茄泥与辛香料液混合一同加热，在加热过程中，随即加入白糖、饴糖、酱油充分搅拌，混合均匀。

（4）调配、增稠　当白砂糖充分溶解后，即加入淀粉、增稠剂搅拌均匀，文火加热至沸腾，停止加热后，再加入米醋和少许增香剂，经均质后，用干净的玻璃瓶灌装，即为成品。

（五）质量要求

（1）成品色泽黑褐，有一定稠度，无沉淀，无分层。

（2）有浓郁的香味，酸、甜、咸、香等各味柔和。

【注意事项】

（1）要使辛香料的味充分浸出。

（2）在加工过程中火不宜过大，要用文火加热。

（3）蔬菜汁可以当地生产的新鲜蔬菜为主，可用多种蔬菜组成，如胡萝卜、洋葱、芹菜、大蒜等。

（4）在大规模生产中，辛香料捣碎后，可放入纱布袋中包好，再放入锅内，加适量水，煮沸约2～3小时后捞出。

六、果蓉沙司

（一）产品特色

果蓉沙司与辣酱油基本相同，酸度介于辣酱油和炸烤汁之间，口味柔和。主要以水果泥、米醋、辛香料等各种调味料等作为原料，经过煮熟、混合、储藏、熟化而制成。果蓉沙司不太辛辣，较甜，香气比较柔和，独具一格。

（二）原辅材料

配方一：番茄酱20千克，苹果泥40千克，胡萝卜汁0.6千克，洋葱汁1千克，大蒜汁0.4千克，砂糖40千克，饴糖1.2千克，食盐20千克，味精0.4千克，辣椒0.6千克，黑胡椒0.6千克，肉豆蔻0.4千克，丁香0.4千克。洋苏叶0.2千克，百里香0.2千克，月桂0.2千克，增稠剂适量，冰醋酸2升，焦糖色少量。

配方二：番茄酱6千克，苹果山楂汁20千克，胡萝卜汁2千克，枣汁2千克，洋葱汁2千克，砂糖24千克，味精0.1千克，食盐16千克，辣椒2.5千克，黑胡椒2千克，肉豆蔻2千克，丁香2千克，香叶0.5千克，小茴香0.5千克，桂皮1千克，生姜1千克，大蒜1千克，增稠剂适量，冰醋酸1.5升。

（三）工艺流程

辛香料→捣碎→煮沸→过滤→滤液→煮沸→增稠→冷却→熟化→灌装→成品
↑
各种原料混合

（四）操作要点

（1）辛香料煮沸过滤　将所有辛香料一同捣碎，并加入适量水加热至沸腾，沸腾后改用文火煮沸约1小时，然后过滤，滤液备用。

（2）混合煮沸　将各种原料连同辛香料一同加入锅内混合搅拌均匀，然后加热，文火煮沸，边煮边搅，使所有原料充分溶解，混合均匀。

（3）增稠、冷却　停止加热后加入增稠剂，搅拌均匀，冷却到室温，再加入冰醋酸。

（4）灌装、熟化　将调配完成的果蓉沙司，封闭熟化15天，也可灌装后熟化15天。

（五）质量要求

（1）成品棕褐色，属中浓沙司，无沉淀。

（2）香气柔和，甜、酸、辣等各种口味柔和适口，风味独特。

【注意事项】

（1）在过滤辛香料时不要使细小的渣子进入滤液。

（2）冰醋酸要在调味汁冷却至室温后才能加入，过早加入冰醋酸易挥发。

（3）在大量生产中，辛香料捣碎后可放入纱布袋中包好，加入适量水煮沸2小时左右。

七、芥末汁

（一）产品特色

芥末汁是凉拌菜中常用的一种调味品，它以强烈的辛辣味和刺鼻味使人食欲大增。在炎热的夏季，食用芥末汁拌的凉菜，给人以痛快凉爽的感受。

（二）原辅材料

芥末浸汁85千克，白糖5千克，食盐8千克，米醋1千克，增稠剂0.4千克，味精0.5千克，防腐剂0.1千克。

（三）工艺流程

芥末粉→粉碎→调酸→发制→浸提→过滤→调配→灭菌→灌装→贴标→成品

（四）操作要点

（1）粉碎 选新鲜芥末，进行粉碎，过80目以上的筛，得芥末细粉。

（2）调酸 将芥末粉称重，按芥末粉与水之比1∶2加温水，用白醋调整pH值为5～6。

（3）发制 将调好酸的芥末糊放入夹层锅中，盖上盖，在80℃左右温度下发制2～3小时。

（4）浸提 在发制好的芥末糊中，加2倍的70～80℃热水，浸泡30分钟左右，过滤，芥末渣再加少量的热水浸泡20～30分钟过滤，将两次汁合并，得到芥末浸汁。

（5）调配 先将增稠剂，加少量芥末浸汁搅拌使其溶化，剩余的芥末浸汁与白糖、食盐、米醋、味精、防腐剂混合，再加增稠剂，搅拌均匀。

（6）灭菌 配制好的芥末汁加热至80～85℃，灭菌20～30℃分钟。

（7）灌装 将灭菌后的芥末汁灌装于预先清洗、消毒、干燥的玻璃瓶内，密封、贴标，即为成品。

（五）质量要求

（1）成品为浅黄色、黏稠状液体。

（2）体态均匀，不得分层。

（3）应具有强烈刺激性辛辣味。不得有苦味及其他异味。

【注意事项】

（1）操作过程中，如发制、浸提、灭菌等都应在密闭的容器中进行，避免辛辣物质挥发，影响产品质量。

（2）浸提时尽量将辛辣物质提出，但加水量不宜过多，以免芥末浸汁稀释，辛辣味不浓。

（3）有条件的可采用蒸馏的办法，将芥末渣蒸馏，使其有效成分馏出。

（4）为了使芥末汁体态均匀，可使用胶体磨进行均质处理。

八、酸辣汁

（一）产品特色

酸辣汁属西式调味汁，与辣酱油近似，酸、辣味突出，较刺激。它以蔬菜、水果为主要原料，另外配有多种辛香料，经过煮沸、调配、储藏熟化而成。有浓郁香气，爽口，适合用于凉拌菜，烧烤、佐蘸饺子等食用，味道十分鲜美。

（二）原辅材料

番茄酱16千克，山楂泥20千克，胡萝卜10千克，洋葱汁2千克，大蒜0.5千克，枣汁2千克，砂糖44千克，味精0.1千克，食盐12千克，辣椒0.6千克，黑胡椒0.4千克。肉豆蔻0.4千克，丁香0.4千克，小茴香0.1千克，肉桂0.2千克，姜0.2千克，陈皮0.2千克，醋精40升，色素少量。

（三）工艺流程

各种调味料↓

辛香料→浸泡→过滤→滤渣→煮沸→二次过滤→二次滤液→煮沸→调配→储藏热化

成品←灌装←

（四）操作要点

（1）原料处理　将所有辛香料捣碎，加入醋浸泡 1 天。

（2）过滤　将浸泡后的辛香料过滤，得第一次滤液备用，滤渣加适量水煮沸，再过滤，得第二次滤液。

（3）煮沸　将各种调味料混合加入第二次滤液，用文火加热至沸，边加热边搅拌，使其充分溶解。

（4）调配　停止加热后，将调味汁冷却到室温，加入第一次滤液，搅拌均匀，酸辣汁即调配完毕。

（5）灌装熟化　将酸辣汁用干净的玻璃瓶灌装封闭好，放置暗凉处，储藏熟化 15 日，即为成品。

（五）质量要求

（1）成品为暗红色液体。

（2）酸、辣味突出，并有甜香味，味柔、爽口，有浓郁的香气。

【注意事项】

（1）在煮沸辛香料时，要用文火煮沸，过滤，滤渣可多次煮沸，使其香味充分析出。

（2）在加第一次酸浸滤液时，要等到调味汁冷却到室温时方可加入，过早加入酸易蒸发。

（3）在储藏熟化过程中，避免阳光照晒。

九、甜酸汁

（一）产品特色

甜酸汁以番茄为主要原料，配以各种调味料，经科学处理、调配而成，是做鱼、做菜的好调料，用以蘸食春卷、排叉等，亦别有风味。

（二）原辅材料

番茄酱 50 千克，白糖 50 千克，食盐 5 千克，葱、姜、蒜各 5 千克，增稠剂 3～5 千克，食醋适量，色素少量。

（三）工艺流程

调味料→煮沸→过滤→滤液→加热→磨浆→调酸→灌装→成品

↑（滤液）

各种原料混合

（四）操作要点

（1）原料处理　葱、姜、蒜捣碎，用适量水煮沸，约煮 30 分钟左右停火。

（2）过滤　将上述调味汁用一层纱布（或豆包布）过滤，除去滤渣，滤液备用。

（3）混合　番茄酱、白糖、食盐一同加入滤液中，文火加热至沸腾，边加热边搅拌，停火后加入增稠剂，搅拌片刻。

（4）磨浆　将混合后的调味汁经过胶体磨，使其充分溶解，混合均匀。

（5）调酸　在磨浆后的调味汁中加入食醋，使 pH 值达到 3 为止，搅拌均匀后用干净的玻璃瓶灌装，即为成品。

（五）质量要求

（1）色泽红润，半透明，无沉淀，无分层。

（2）甜、酸爽口，香气浓郁，风味独特。

【注意事项】

（1）在加热调味汁过程中要不停搅拌，切勿粘锅。

（2）调酸时可根据当地口味调配。

十、炸烤汁

（一）产品特色

炸烤汁以酱油为主要原料。酱油除普通的甜味酱油和辣味酱油外，现又生产出了生姜味的、芝麻味的、烤肉用的、火锅用的酱油。炸烤汁实际上就是一种具有特殊风味的酱油，是一种很有发展前途的调味品。

（二）原料配方

配方一：酱油 12 千克，料酒 3.6 千克，白糖 3 千克，水果泥 0.5 千克，蔬菜泥 0.2 千克，洋葱 0.1 千克，生姜粉 40 克，辣椒粉 20 克，猪肉香料粉 50 克，水解植物蛋白 0.1 千克，淀粉适量，色素少量。

配方二：酱油 10 千克，料酒 2 千克，白糖 5.5 千克，水解植物蛋白 0.1 千克，番茄泥 0.8 千克，洋葱 0.2 千克，大蒜汁 0.1 千克，生姜粉 60 克，辣椒 40 克，淀粉、增香剂各适量。

配方三：黄酱 10 千克，白糖 3.5 千克，料酒 2 千克，食醋 0.8 千克，食盐 0.2 千克，洋葱 0.1 千克，生姜粉 10 克，辣椒 10 克，肉味香料 30 克，增香剂、增稠剂各适量。

（三）工艺流程

香料→煮沸→过滤
蔬菜→打浆→菜泥　→滤液→加热煮沸腾→加淀粉及增香剂→均质→灌装→成品
酱油、白糖、大蒜汁

（四）操作要点

（1）煮沸过滤　在辣椒与生姜中加入适量水加热至微沸，约煮 30 分钟，停火、过滤，滤液备用。

（2）打浆　在蔬菜中加入适量水煮沸打浆，制成蔬菜泥备用；大蒜打浆，蒜汁备用。

（3）混合　将酱油、黄酱、白糖、蔬菜泥、水果泥、大蒜汁混合搅拌均匀，并将香料的滤液加入，加热搅拌。

（4）加热煮沸　上述调味汁中加入水解蛋白，用文火加热至沸腾停火，不断搅拌，使其混合均匀。

（5）增香调味　将淀粉加入上述汁中，用文火加热至微沸，再加入增香剂、肉味香精和洋葱、辣椒、料酒、姜粉、食醋等，搅拌均匀。

（6）均质灌装　将调配的炸烤汁经均质机均质后，灌装于干净的玻璃瓶中密封，即为成品。

（五）质量要求

（1）成品为酱黑色，有一定黏稠度，无分层，无沉淀。

（2）甜、咸、辣、香、鲜各味俱全，口感柔和，风味独特。

【注意事项】

（1）要用文火煮沸香料和调味汁。

（2）加工过程要不停地搅拌，使各种原料混合均匀。

（3）增香剂的加入量为0.01～0.015克/千克。

（4）辛香料中，若是胡椒粉、生姜粉，煮沸后不用过滤；若不是粉，煮沸后用勺捞出即可。

十一、熏烤汁

（一）产品特色

熏烤汁以酱油为主要原料，与炸烤汁相似，可以涂在肉上烤，也可以将肉烤熟后蘸食。熏烤汁风味独特，有浓郁的熏香味。

（二）原辅材料

酱油10千克，食盐1.5千克，饴糖4千克，黄酒1千克，水解蛋白0.1千克，花椒0.3千克，八角0.5千克，桂皮0.3千克，干姜0.3千克，蒜汁0.1千克，烟熏剂（HPLS）0.1千克，淀粉、增香剂、味精各适量。

（三）工艺流程

香料→煮沸→过滤
大蒜→打浆
酱油→饴糖等
（以上三路合并）→过滤→加热煮沸→加淀粉→增香剂→味精→均质→灌装→成品

（四）操作要点

（1）香料煮沸过滤　锅中加适量水，以文火煮沸花椒、八角、桂皮、干姜约30分钟，过滤，滤液备用。

（2）大蒜打浆　大蒜去皮洗净打浆，蒜汁备用。

（3）混合　将酱油、大蒜汁、饴糖、水解蛋白、香料和滤液一同加入锅内，搅拌均匀。

（4）加热煮沸　将上述调味汁用文火加热至沸腾停火，不断搅拌，停火后加入烟熏剂HPLS，再搅拌片刻。

（5）增香调味　将淀粉加入上述汁中，边加边搅拌，再用文火加热至微沸，停止加热，再加入增香剂、香精、味精、淀粉、黄酒等，搅拌均匀。

（6）均质灌装　将调配好的熏烤汁经均质机均质后，灌装于干净的玻璃瓶中，加盖密封，即为成品。

（五）质量要求

（1）成品为酱黑色，比炸烤汁的浓度低，无分层，无沉淀。

（2）有浓郁的熏香味，无异味。

（3）无致病菌，符合卫生要求。

十二、西式泡菜汁

（一）产品特色

西式泡菜汁风味独特，能解酒、解腻。将用沸水焯过的蔬菜浸泡在此汁中15～25小时便可食用。与传统泡菜相比，泡的时间短，制作简单，食用方便，兼有酸、甜、辛辣味，爽口开胃，诱人食欲，深受广大消费者欢迎。

（二）原辅材料

干辣椒5千克，丁香3千克，香叶1千克，胡椒粒1千克，砂糖300千克，精盐12千克，米醋50千克。

（三）工艺流程

干辣椒、香叶→切碎→煮沸 ┐
丁香、胡椒粒→捣碎 ┘→文火煮沸→过滤→加入糖、盐→溶解→冷却→加入米醋→灌装→成品

（四）操作要点

（1）原料煮沸　先将干辣椒、香叶切碎，加入适量水煮沸。约煮15分钟左右，再将丁香、胡椒粒捣碎与干辣椒一起煮沸，文火煮30分钟左右。

（2）滤液调味　煮后的辛香汁过滤，将糖、盐加入滤液中溶解。再将滤渣加入适量水煮沸，过滤，两次滤液混合。

（3）冷却灌装　将滤液冷却至室温，加入米醋，拌匀，灌装于干净的玻璃瓶中，压盖密封，即为成品。

（五）质量要求

（1）成品为透明的棕红色液体。

（2）具有酸、甜、辛辣等多种风味。

【注意事项】

(1) 干辣椒要切碎，不可整煮。丁香、胡椒粒要捣碎，否则香味不易全部浸出。

(2) 滤汁要冷却至室温后再加入醋，以防温度过高醋酸易挥发。

十三、蛋黄酱

(一) 产品特色

蛋黄酱是西餐中常用的调味品，它组织细腻，口感醇香，营养丰富，食用方便，可浇在米饭及沙拉上，亦可涂在面包及其他主食表面直接食用，并可作为中西凉拌菜和菜汤的最佳调料。

(二) 原辅材料

植物油 75%～80%，蛋黄 8%～10%，白糖 10%，砂糖 2%～2.5%，食盐 1%～1.5%，辛香料 1.5%～2%。

(三) 工艺流程

原料选择→混合搅拌→加油搅拌→均质→灌装→封口→成品

(四) 操作要点

(1) 原料选择　植物油最好选择无色无味的色拉油。蛋黄选择新鲜的。白醋酸含量高于 4.5%，糖、盐、辛香料均要求无色细腻。

(2) 混合搅拌　将植物油以外的原辅料放入搅拌机内，以 400～600 转/分的速度搅拌 3～5 分钟，使其充分混合，呈均匀的混合液。

(3) 加油搅拌　边搅拌边徐徐加入植物油，加油速度宜慢不宜快，朝一个方向搅拌，直至搅成黏糊的浆糊状。

(4) 均质　用胶体磨或均质机进行均质，胶体磨转速控制在 3600 转/分左右。使蛋黄酱组织细腻，避免分层。

(5) 灌装密封　将均质后的蛋黄酱装于洗净的玻璃瓶中或铝箔塑料袋中，封口，即为成品。

(五) 质量要求

(1) 感官指标　颜色乳黄，组织细腻，不分层。

(2) 理化指标　水分 14%，脂质 80%，灰分 2.4%，蛋白质

2.8%，碳水化合物3%。

（3）微生物指标　无致病菌检出。

【注意事项】

（1）制作蛋黄酱时，一般以16～18℃条件下储存的蛋品较好，如温度超过30℃，蛋黄粒子硬结，会降低蛋黄酱质量。

（2）由于蛋黄酱不能杀菌，所以在制作过程中应注意设备、用具要求卫生，进行必要的清洗、杀菌。一些原料可预先加热到60℃处理2～3分钟，冷却后备用。

（3）常用的辛香料有芥末、胡椒等。芥末既可以改善产品的风味，又可与蛋黄结合产生很强的乳化效果，使用时应将其研磨，粉越细乳化效果越好。

（4）为了增加产品稳定性，可酌情添加适量的明胶、果胶、琼脂等。

十四、方便咖喱

方便咖喱是在纯咖喱粉的基础上，用起酥油或精制猪油、植物油炒制而成，并加入一些小麦粉或淀粉。它是把咖喱菜中的肉、蔬菜等生鲜原料以外的所有原料混合在一起制成的固体或糊状产品。

（一）原辅材料

配方一：猪油100克，牛油300克，面粉400克，咖喱粉60克，食盐40克，脱脂奶粉20克，砂糖50克，洋葱20克，大蒜10克，琥珀酸钠0.1克，味精15克，植物蛋白水解液100克，姜末10克。

配方二：牛油100克，猪油100克，起酥油100克，面粉400克，砂糖50克，食盐35克，味精14克，5′-核苷酸钠1克，脱脂奶粉20克，鸡汁粉20克，辣酱油粉20克，咖喱粉100克，油煎洋葱味香料15克，油煎大蒜味香料5克，天然动物调味料10克。

（二）工艺流程

洋葱末等（加入炒制）；多种原料（加入压块）

油→加热→炒制→搅拌→压块→包装→成品

（三）操作要点

（1）原料煸炒　将花生油或猪油、芝麻油、黄油放入锅内，待油热时放入洋葱末、姜末煸炒成深黄色，再加入蒜泥和咖喱粉，继续煸炒。当咖喱粉炒透时，加入其他香料拌匀，即可离火。

（2）搅拌混合　煸炒的混合料加入熟面粉和其他各原料，搅拌混合均匀。如制糊状咖喱，可先将其烘烤熟或炒熟，趁热加入到炒制的咖喱粉中，热装袋，封口。

（3）压块包装　制块状咖喱时，要控制好混合料的含水量，然后装模压块。出模后用食品袋包装，即为成品。

（四）质量要求

成品黄褐色，具有一定咖喱香气，辛辣味柔和。

十五、法式调味汁

（一）产品特色

法国菜在世界上占有突出的地位，它征服了各国的美食家，被公认为西餐的代表。就调味汁来讲，在法国就多达百种以上。法式调味汁讲究味道的细微差别，还兼顾色泽的不同，调味汁做得尽善尽美，使食用者回味无穷，津津乐道。

（二）原辅材料

配方一：沙拉油 7 千克，白醋 2.5 千克，食盐 60 克，味精 40 克，白胡椒粉 10 克，芥末 10 克，洋葱汁 250 克，柠檬酸 350 克。

配方二：沙拉油 4 千克，米醋 2 千克，水 3 千克，食盐 0.4 千克，白糖 0.5 千克，洋葱汁 9 克，味精 20 克，白胡椒粉 15 克，芥末 3 克，大蒜 2 克，生姜 1 克，小豆蔻 0.5 克，香叶 0.5 克。

（三）工艺流程

调味混合料→加沙拉油→搅拌→灌装→成品

（四）操作要点

（1）混合各料　将各种调味料（除沙拉油）一同加入储料罐内，并快速搅匀，约 5 分钟左右，使其充分混合均匀。

（2）加沙拉油 将沙拉油徐徐加入上述调味料中，边加边搅拌，朝一个方向搅拌。加油速度越慢越好，直至搅成黏稠状为止，灌装，即为成品。

（五）质量要求

成品色泽乳白，细腻，无分层现象。

十六、美式烤肉酱

烤肉是美国人喜爱的美食，其原因是既简单又好吃。美式烤肉酱则是其不可缺少的调味品，味道甜酸微辣。

（一）原辅材料

配方一（约1000千克产量）：水550千克，果糖350千克，洋葱粉9.5千克，大蒜粉6千克，盐23.5千克，水解植物蛋白9千克，芥子粉4千克，罗勒粉1千克，丁香粉0.5千克，柠檬酸10千克，匈牙利椒1千克，烟熏香料1.5千克，淀粉45千克，醋64千克，胡椒0.5千克，番茄酱香料3千克，洋葱片4千克。

配方二（约1000千克产量）：水500千克，番茄糊175千克，果糖15千克，玉米糖浆30千克，淀粉45千克，白醋115千克，洋葱粉3千克，大蒜粉1.5千克，盐20千克，水解植物蛋白2.5千克，丁香粉0.25千克，柠檬酸3.5千克，烟熏香料0.5千克，匈牙利椒0.25千克，番茄酱香料0.5千克，番茄树脂0.1千克。

（二）工艺流程

水、果糖、盐、水解植物蛋白、辛香料→配料混合→煮沸→加入烟熏香料、番茄酱香料、醋

↑

淀粉（加水溶化）

成品←灌装←搅拌均匀←

（三）操作要点

（1）配料混合 将水、果糖、盐、水解植物蛋白、辛香料、柠檬酸等分别称重后放于蒸汽夹层锅内，搅拌均匀。

（2）加热糊化 混合料加热至沸，徐徐加入水淀粉，使其糊化10分钟左右。

(3) 降温加料　待糊化液温度冷却到 85℃时，再加入烟熏香料、番茄酱、香料及白醋，搅拌均匀，保温 20～30 分钟。

(4) 趁热装瓶　将保温的烤肉酱趁热装瓶，封口。装前要将空瓶清洗干净、干燥灭菌，冷却后即为成品。

【注意事项】

(1) 此品的质量决定于其黏稠度的大小，烤肉酱黏度大，较易附着在肉类表面，但又不能光顾及黏稠度而用大量淀粉，否则烤肉酱呈浆状，影响产品质量。如果提高番茄糊用量，比采用大量淀粉较合适。

(2) 白醋可提高烤肉酱的酸度，具有防腐作用，如用量超过20%会破坏其风味。若能采用苹果醋，其烤肉酱风味更佳。

(3) 香料的使用是非常重要的，粉状或筛选过的香料，可配出不含任何颗粒的烤肉酱。碎黑胡椒或洋葱片，可配出带有一些颗粒的烤肉酱。辣椒粉的用量，可根据当地消费者对辣的偏爱程度作适当调整。

(4) 烤肉酱于烹煮后，需添加适量的烟熏料，用量在 0.1%左右。添加过多，会出现苦涩。烤肉酱的颜色可用 40 号红色素调至鲜红和暗红，若产生烟熏香味烤肉酱，最好用黑色素调至暗棕色，以提高消费者的购买欲。

十七、墨西哥式调味汁

(一) 产品特色

墨西哥式调味汁具有浓郁的民族特色，常有一些少数民族顾客购买，用以烹煮鸡肉或猪肉，别有风味。

(二) 原辅材料

以 2280 千克产量计：水 1900 千克，盐 33 千克，柠檬酸 25 千克，辣椒粉 4 千克，碎大蒜 30 千克，碎洋葱 25 千克，味精 3 千克，树胶 15 千克，唇形科茉沃刺那叶 2 千克，柑橘香精 1 千克，橘黄色食用色素适量。

(三) 工艺流程

水、盐、柠檬酸、辣椒粉、碎大蒜、碎洋葱、唇形科茉沃刺那叶→配料混合→煮沸

搅拌均匀←加味精、柑橘香精、色素←煮沸、冷却←加入树胶(先加水加热溶化)←

└→灌装→成品

（四）操作要点

（1）配料煮沸　将水、盐、柠檬酸、辣椒粉、碎大蒜、碎洋葱、茉沃刺那叶分别称重后放于蒸汽夹层锅内，不断搅拌均匀，加热至沸，徐徐加入树胶，煮沸10分钟。

（2）调味调色　将温度冷却至85℃时，加入味精、柑橘香精、橘黄色色素，搅拌均匀，保温20～30分钟。

（3）装瓶灭菌　趁热装瓶，盖盖。装瓶前要将空瓶刷洗干净，干燥灭菌，冷却即为成品。

（五）质量要求

成品具有浓郁的墨西哥民族风味，香辣可口。

十八、墨西哥塔可酱

墨西哥塔可酱深受美国人喜爱。这种酱常与熟肉、家禽、鱼、玉米粉煎饼卷等一起食用。

（一）原辅材料

配方一（约2300千克产量）：水1600千克，番茄泥600千克，碎大蒜18千克，碎洋葱28千克，盐18千克，辣椒粉22千克，碎鲜红辣椒8千克，小茴香粉7千克。

配方二（约260千克产量）：碎鲜番茄1720千克，番茄泥600千克，碎鲜红辣椒200千克，蜂蜜50千克，碎洋葱50千克，辣椒粉15千克，碎大蒜10千克，小茴香粉8千克，盐15千克。

（二）工艺流程

水、番茄泥、碎洋葱、碎大蒜、盐、辣椒粉、碎鲜红辣椒、小茴香粉、蜂蜜→配料混合→煮沸

成品←灌装←保温20～30分钟/85℃以上←

（三）操作要点

（1）混合加热　配方一是将所有原料（含调味料大蒜、洋葱等）分别称重后放于蒸汽夹层锅内，不断搅拌均匀，加热至沸，10分钟后即可停止加热。

（2）高压蒸汽加热　配方二是采用番茄鲜果通过高压蒸汽加热、

软化后将果实破碎打成泥浆状，再进行过滤，除尽籽、皮、果肉粗纤维等，所得番茄泥再与其他原料（如辣椒粉和小茴香等）共同配制。

（3）保温装瓶　加热的酱液必须保温20～30分钟，在85℃以上趁热灌瓶。装瓶前应将空瓶刷洗干净，干燥灭菌。冷却即为成品。

【注意事项】

（1）水分的添加量，视番茄泥的水分、糖分和酸度适当调整。

（2）由于番茄的品种繁多，果胶质含量各异。如番茄泥本身已含有大量的果胶质，则不需使用其他树胶即可达到理想的黏度。若黏度不够，可适当添加树胶。

十九、墨西哥咖喱酱

墨西哥咖喱酱适用于烹制羊肉、鸡肉和杂烩米饭等，很受墨西哥人士欢迎。

（一）原辅材料

（以1000千克产量计）水800千克，番茄泥200千克，蜂蜜60千克，大豆油25千克，碎洋葱30千克，碎大蒜10千克，咖喱粉3千克，郁金根3千克，姜粉3千克，小茴香粉3千克，胡荽粉3千克，黑胡椒粉3千克。

（二）工艺流程

大豆油→加热→香辛料→加入其他原料→煮沸→保温(20～30分钟,85℃)以上→灌装→成品
　　　　　　　　↓
　　　　　　　煎炸

（三）操作要点

（1）大豆油称重后放入夹层锅内加热，加入全部香料煎炸1小时以上。

（2）再加入咖喱粉、番茄泥、水、蜂蜜，烹煮至沸10分钟。

（3）然后在85℃以上保温20～30分钟趁热灌瓶旋盖。装瓶前应将空瓶刷洗干净，干燥灭菌。

（4）冷却至常温，即为成品。

（四）质量要求

同墨西哥塔可酱。

二十、墨西哥烧烤酱

墨西哥烧烤酱适合于烧烤各类肉食品，其味道极为鲜美。

（一）原辅材料

（以 2000 千克产量计）水 400 千克，番茄泥 800 千克，葡萄浓缩糖浆 370 千克，白醋 200 千克，淀粉 23 千克，柠檬酸 4 千克，碎胡萝卜 20 千克，碎洋葱 15 千克，大蒜粉 1 千克，洋葱粉 1 千克，芥末粉 1 千克，碎芹菜 15 千克，碎辣椒 100 千克，西班牙红椒 1 千克，辣椒粉 0.5 千克，黑胡椒粉 0.5 千克，姜粉 0.5 千克，小茴香粉 0.5 千克，胡荽子粉 0.5 千克。

（二）工艺流程

水、葡萄糖浆、柠檬酸、碎蔬菜、辛香料→混合配料→煮沸→白醋→搅拌均匀→灌装→成品

（混合配料←淀粉（水溶解后））

（三）操作要点

（1）混合配料　将水、葡萄糖浆、柠檬酸、碎蔬菜、辛香料等分别称重后放于蒸汽夹层锅内，搅拌均匀。

（2）加热糊化　将混合料入锅加热至沸，徐徐加入水淀粉糊化 10 分钟，停止加热。

（3）保温装瓶　加热糊化的烧烤酱保温 20～30 分钟后加入白醋，在 85℃以上趁热灌瓶、旋盖。装瓶前应将空瓶刷洗干净、干燥灭菌，冷却后即为成品。

二十一、西式鸡味和牛肉味汤精

西式方便汤料在日本发展很快，随着人们生活方式的日趋欧化，市场销路越来越好。此类汤料在中国市场前景也很广阔。

（一）原辅材料

1. 牛肉汤精

牛肉汁 10 千克，牛油 5 千克，氢化植物油 4 千克，明胶粉 1 千克，砂糖 10 千克，食盐 45 千克，洋葱粉末 2.5 千克，胡萝卜粉末

0.8千克，大蒜粉末2.5千克，味精8千克，肌苷酸和鸟苷酸0.5千克，粉末牛肉香料0.1千克，洋苏叶0.04千克，百里香0.04千克，胡椒粉0.08千克，氨基酸粉10千克。

2. 鸡味汤精

鸡肉汁10千克，鸡油3千克，氢化植物油6千克，食盐42千克，砂糖13千克，明胶粉1千克，味精10千克，洋葱粉末1千克，胡萝卜粉0.5千克，大蒜粉0.2千克，胡椒粉0.8千克，核苷酸0.1千克，酵母粉6千克，氨基酸粉末5.2千克，辛香料混合物0.1千克，鸡味粉末香精0.1千克，乳糖1千克。

（二）工艺流程

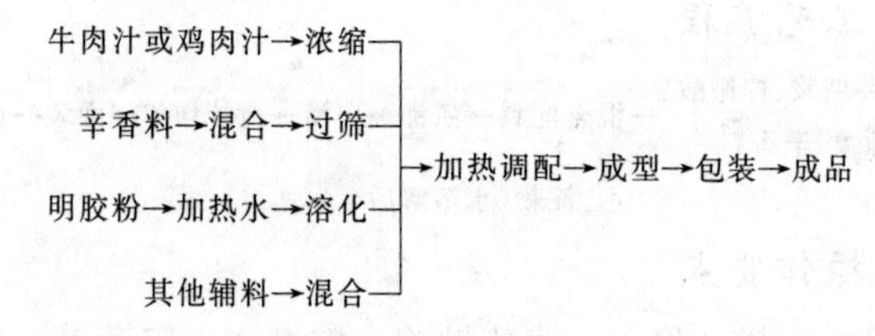

（三）操作要点

（1）将牛肉汁和鸡肉汁分别按配方加入肌苷酸、鸟苷酸和牛肉粉末香精（牛肉汤料）及鸡味粉香精（鸡味汤料），充分搅拌均匀，加热浓缩至7.5千克左右。

（2）将辛香料（洋葱粉末、大蒜粉末、明胶粉、百里香等）混合，过100目筛。

（3）将明胶粉用热水溶化，待用。

（4）将其他辅料（食盐、砂糖、味精、氨基酸粉、酵母粉等）混合均匀。

（5）将上述各料混合，加热调配，入模具压成2厘米见方的块，用食品袋分装，即为成品。

（四）质量标准

（1）块质柔软，用沸水一冲即化为汤料。

（2）含盐40%～50%，总糖8%～12%。

二十二、几种日式粉末汤料

（一）产品特色

目前，日本的汤料逐渐向多样化发展，主要有酱汤料、清汤料、鸡肉汤料、方便面汤料等，是以肉、禽、鱼、贝类的提取物，植物蛋白质和动物蛋白，酵母的水解物和蔬菜、海带、蘑菇等多种成分，配以辛香料、核苷酸类增鲜剂精制而成，很有发展前景。

（二）原辅材料

1. 酱汤料

黄酱粉 60 千克，白酱粉 10 千克，砂糖粉 5 千克，味精 5 千克，L+G 增鲜剂 0.2 千克，海带汁粉 5 千克，蛤蜊粉 3 千克，木鱼粉 10 千克，姜粉 0.4 千克，蒜粉 0.2 千克，盐 1.2 千克。

2. 清汤料

食盐 50 千克，麦精粉 5 千克，味精 5 千克，L+G 增鲜剂 0.05 千克，海带汁粉 10 千克，木鱼汁粉 13 千克，淡味酱油粉末 13 千克，松菌香料粉末 4 千克。

3. 鸡肉汤料

食盐 55 千克，砂糖 12 千克，味精 12 千克，鸡油粉末 8 千克，胡萝卜粉 0.2 千克，洋葱粉 1 千克，大蒜粉 0.2 千克，胡椒粉 0.8 千克，混合辛香料粉末 0.1 千克，L+G 增鲜剂 0.1 千克，鸡汁粉末 10 千克，鸡味香精粉 0.2 千克，氨基酸粉末 0.4 千克。

4. 方便面汤料

食盐 40 千克，味精 10 千克，麦精粉或葡萄糖粉 10 千克，酱油粉 20 千克，L+G 增鲜剂 0.2 千克，琥珀酸钠 0.1 千克，砂糖 2 千克，水解植物蛋白粉 2 千克，酵母粉 1 千克，胡椒粉 0.5 千克，姜粉 0.2 千克，辣椒粉 0.1 千克，混合辛香料粉 0.1 千克，肉汁粉 4 千克，粉末香油 1 千克，肉味香精粉 1 千克，大蒜粉 0.3 千克，洋葱粉 7.5 千克。

（三）工艺流程

粉状原料→混合→筛分→混合→包装→成品

提取物→吸附→干燥→粉碎→筛分（→混合）

赋形剂（→吸附）

（四）操作要点

（1）原料处理　先将提取物的香料或蛋白水解浓缩液等加入变性淀粉和胶类物质进行包埋、吸附，然后干燥、粉碎即为粉末。

（2）等量混合　将粉状原料进行混合。各种原料的颗粒细度应相近，采用“等量稀释法”逐步混合。先加入量少质轻的原料，再加入量大质重的原料，分次加入混合。

（3）包装　将混合物用瓶（袋）分装，即为成品。

（五）质量要求

为均匀一致的粉末，无结块，水分＜6％。

【注意事项】

（1）混合前，对于水分含量较高、微生物污染严重的原料应进行烘干、杀菌处理。

（2）密度较轻的粉末油脂，应先与密度大的原料进行研磨混合，然后再与其他原料混合加入。

二十三、日本的几种调味料

日本是世界上调味料工业最发达的国家之一，而且是第一个用谷氨酸钠（MSG）和核苷酸做调味料的国家。在日本食品工业中，调味料占有极其重要的位置。日本市场上常见的调味料，可以分为四大类，即化学调味料、天然调味料、风味调味料和发酵调味料。

（一）化学调味料

日本食品卫生法规定的“食品添加物”中，化学调味料属于“呈味剂”类，具有增强鲜味的调味功能。其中包括甘氨酸、丙氨酸、天冬氨酸钠和琥珀酸钠、柠檬酸钠等有机酸盐。“增鲜化学调味料”一般是指L-谷氨酸钠（MSG）和核苷酸系统的5′-肌苷酸钠、5′-鸟苷酸钠及5′-核苷酸钠盐的混合物而言。其他的一般呈味料，不属于化学调味料范畴。化学调味料根据其成分，又分成单一化学调味料和复合化学调味料两种不同类型。

1. 单一化学调味料

（1）L-谷氨酸钠（MSG，味素，味精）　1908年日本东经大学池田菊苗教授发现谷氨酸钠为海带的主要鲜味成分，遂与铃木商店合作，制造商品名称为“味の素”的增鲜调味料，获得20年专利权，专利期满，一夜之间，市场上出现形形色色的同类产品。

（2）核苷酸系调味料　日本食品卫生局指定的呈味核苷酸有三种：5′-肌苷酸钠、5′-鸟苷酸钠及5′-核苷酸钠。1964年作了修正，除核苷酸钠盐之外，允许使用核苷酸钙盐。

2. 复合化学调味料

复合化学调味料含有较高比例的核苷酸系调味料以及琥珀酸、柠檬酸和天冬氨酸的钠盐，具有独特的风味。对于成分的比例，添加核苷酸系呈味剂的谷氨酸钠，含量不得低于85%。

（二）天然调味料

鸡、肉、鱼各有其特殊风味，它们的呈味成分都能溶解于水，因此，食物的味道集中在水溶液中，不论是浸出或煮出，均称为浸出液。浸出液的成分主要包括氨基酸及其衍生物、有机酸、低级碳水化合物及无机盐等。天然调味料大致分为以下四个类型。

1. 配合型

将浸出液与各种有效成分及食品添加剂混合，或经过热处理、蒸发、浓缩制成粉末、颗粒或糊状，味觉成分以氨基酸为主，加上核酸系成分、有机酸、糖类及无机盐等。

2. 分解型

又名水解型，因原料不同，分成水解植物蛋白质、水解动物蛋白质及酵母浸膏三大类。

（1）水解植物蛋白质（HVP）　用酸水解脱脂大豆或面筋等植

物蛋白质，萃取以氨基酸为主的味觉成分。

(2) 水解动物蛋白质（HAP） 以兽肉、鲸肉、鱼虾等动物蛋白质为原料，用酸或酶水解的产物。

(3) 酵母浸膏 以啤酒或面包酵母为原料，经过自溶或酶水解制成的产品，经过处理，除去臭味、腥味或苦味，然后与其他呈味成分或分解浸出液混合，使风味调和。

3. 萃取型

在适当的温度、压力与pH条件下，选择合适的溶剂萃取天然食品的可溶成分，经过浓缩或干燥，制成粉末、颗粒或糊状。

4. 粉碎型

这是传统的天然调味料。将天然鲜味食物干燥后制成粉末状态，用于冲汤及面包类食品，例如江瑶柱粉（即干贝粉）、虾粉、虾子粉等，具有天然食物风味。

以上产品分别用干净的瓶袋分装，即可上市。

（三）风味调味料

风味调味料属于“汤精”一类。用鲣节或肉类浸膏等天然食物为基础，加适量食盐、砂糖及化学调味料配合而成。风味调味料除了鲜味之外，尚具备突出的香味。主要以鲣节为原料，也有用江瑶柱粉、海带等食物浸出液浓缩配制而成。

（四）发酵调味料

这种调味料是以日本米酒为基础，加2%～3%食盐调和而成，含酒精15%左右，须经过一定期间的陈酿，才能成熟。因为加有规定量的食盐，不能再当酒喝，主要用于水产食品类的加工，以除去腥味。也有在糖水中添加酒精与食盐，完全用人工配合的发酵调味料。

二十四、新型调味品——肉精

天然调味品是指以动植物或酵母等为原料，通过物理提取，酶或酸分解，将香和味等调味成分取出而成的调味食品，这类调味品，根据制作方法大致分为分解型，提取型和配制型。

在食品化学范畴，肉精本来是指肉类用热水浸出得到的成分。而现在一些国家生产的肉精产品则是以畜、禽的肉、骨等为原料生产的调味品，在一些国家已广泛应用于各种加工食品中，单纯的肉精产品主要有牛肉精、猪肉精和鸡肉精，这类产品一般称为精原体，产品中纯肉精含量约50%，另加有适量食盐，使之具有防腐性能。另一种肉精产品称为配制型畜肉调味品，它是在肉精中添加化学调味品、酵母精（酵母提取物）、蔬菜、香料、植物蛋白水解物（HVP）等天然调味品、酱油和砂糖等基础调味品等混合加工制成。这类产品种类较多，产量较大，目前日本市场销售的肉精产品主要是以骨精为主，加入猪油、鸡油、香料、蔬菜等制成。

（一）工艺流程

1. 分解法

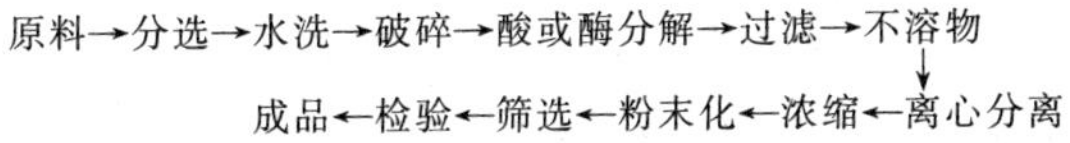

原料→分选→水洗→破碎→酸或酶分解→过滤→不溶物↓

成品←检验←筛选←粉末化←浓缩←离心分离

2. 提取法

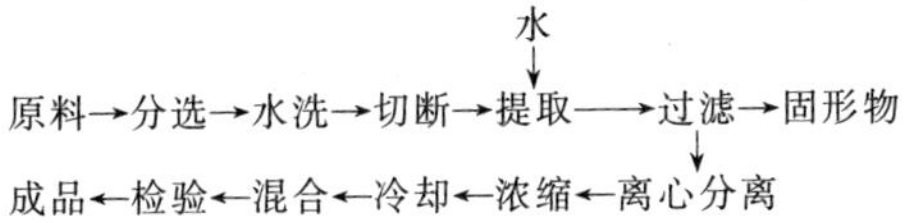

水↓

原料→分选→水洗→切断→提取——→过滤→固形物↓

成品←检验←混合←冷却←浓缩←离心分离

（二）操作要点

1. 原料处理

选择新鲜的精瘦肉、边角肉、内脏、骨、筋、皮等为原料，用自来水或热水清洗去附着的血液及污物，然后将原料破碎，以便取得更好的提取效果。

2. 肉精成分提取

提取方法有物理提取法、酶分解提取法和化学提取法。物理提取法是用热水蒸煮的提取方法，可采用常压或者高压。常压提取法与制作烹调用汤料的条件相似，产品的香味也很相似。高压提取法提取效率好，固形物得率较高，但是有特殊的焦臭味，风味不如常压提取的产品。酶分解提取法是采用蛋白酶将肉蛋白分解为肽和氨基酸使之溶于水中的提取方法。化学提取法是先用酸分解肉蛋白，然后进行中和、精制的提取方法。但是通常用化学提取法生产的产品一般归入动物蛋白水解物（HAP）制品。与前两种方法比较，有着不同的香味成分。

3. 分离浓缩

为了便于产品的保存和运输，需对提取液进行浓缩，有常压浓缩和减压浓缩两种方法。减压浓缩由于是在低温下进行的，因而可维持提取液的原有风味，而且可大量浓缩。常压浓缩与减压浓缩比较，浓缩温度较高，糖和氨基酸产生的美拉德反应等可引起产品的褐变和风味物质的变化。从香味上看，常压浓缩品附加有因加热而产生的风味。但常压浓缩产品的残留香味浓度较减压浓缩法的高。

4. 粉末化

为了作为方便面的粉末调味品或快餐汤料，常将提取物制成粉末制品。粉末制品是将赋形剂和其他风味成分等溶于肉精中，经喷雾干燥而成。除喷雾干燥法外，其他粉末化方法有冷冻干燥法、被膜干燥法，它已作为快餐食品的主体，广泛应用于各种加工食品中。

5. 包装

将所得粉末状肉精用干净的玻璃瓶或食品袋分装封口，即为成品。

（三）肉精的应用

肉精的应用主要有两个方面：一方面是用于各种加工食品中，如香肠和炸肉丸等肉制食品、水产加工品、松脆谷物食品、腌渍食品，以及罐头和蒸煮袋食品等；另一方面是用作汤料和调味品，如方便面调料、快餐汤料、烹调用调料等。

参 考 文 献

[1] 郑友军等．调味品加工与配方．北京:金盾出版社,1993.

[2] 刘家宝等．食品加工技术工艺和配方大全（中）．北京:科学技术文献出版社,1998.

[3] 严奉伟,吴光旭编著．水果深加工技术与工艺配方．北京:科学技术文献出版社,2001.

[4] 严奉伟等编著．蔬菜深加工247例．北京:科学技术文献出版社,1991.

[5] 严泽湘等编著．水产食品加工技术．北京:化学工业出版社,2014.

[6] 严泽湘等编著．菇菌保健食品加工技术．北京:化学工业出版社,2012.

[7] 严泽湘等编著．菇菌产品加工大全．北京:化学工业出版社,2014.

[8] 崔建云主编．食品加工机械与设备．北京:中国轻工业出版社,2009.

参考文献

[1] [illegible]

[2] [illegible]

[3] [illegible]

[4] [illegible]

[5] [illegible]

[6] [illegible]

[7] [illegible]